"十三五"普通高等教育本科系列教材

互换性与测量技术（第三版）

主　编　齐新丹

副主编　王国乾

参　编　奚天鹏　王海巧　凌秀军

主　审　郑凤琴

中国电力出版社
CHINA ELECTRIC POWER PRESS

内 容 提 要

本书系统地介绍了机械几何量的精度设计及常用检测原理。全书共分 11 章，包括概述、测量技术基础、尺寸公差与检测、几何公差与检测、表面粗糙度与检测、滚动轴承的公差与配合、键结合的公差与检测、圆锥结合的公差与检测、普通螺纹连接的公差与检测、圆柱齿轮传动公差与检测、尺寸链。本书紧跟最新修订的国家标准，侧重讲述概念和标准的应用，在理论部分重点阐述与几何量相关的国家标准，在测量部分重点阐述与测量有关的基本概念、典型仪器的测量原理与方法。同时，在附录中更新了与互换性有关的现行国家标准的编号及名称，方便读者查阅。本书与齐新丹主编的《互换性与测量技术学习指南及习题指导（第二版）》配套使用。

本书可作为高等工科院校机械类专业的教材，也可供其他相关专业师生和相关工程技术人员参考使用。

图书在版编目（CIP）数据

互换性与测量技术/齐新丹主编 . —3 版 . —北京：中国电力出版社，2019.6（2023.1 重印）
"十三五"普通高等教育本科规划教材
ISBN 978 - 7 - 5198 - 3314 - 5

Ⅰ. ①互⋯　Ⅱ. ①齐⋯　Ⅲ. ①零部件-互换性-高等学校-教材　②零部件-测量技术-高等学校-教材
Ⅳ. ①TG801

中国版本图书馆 CIP 数据核字（2019）第 125148 号

出版发行：中国电力出版社
地　　址：北京市东城区北京站西街 19 号（邮政编码 100005）
网　　址：http：//www. cepp. sgcc. com. cn
责任编辑：周巧玲
责任校对：黄　蓓　闫秀英
装帧设计：赵姗姗
责任印制：钱兴根

印　　刷：三河市百盛印装有限公司
版　　次：2018 年 11 月第一版　　2019 年 6 月第三版
印　　次：2023 年 1 月北京第八次印刷
开　　本：787 毫米×1092 毫米　16 开本
印　　张：17
字　　数：417 千字
定　　价：44.00 元

前 言

　　本书是在第二版的基础上，根据作者多年来的教学实践经验和当前教学改革以及最新颁布的国家标准重新编写而成。

　　本教材出版以来，已经使用多年。随着科学技术的发展和国家高等教育形势的变化，对教材建设的要求也逐步提高。与第二版相比，本书的主要做了以下内容的修订：

　　（1）根据教学大纲的要求，对各章节内容和习题进行了增删和调整，使之更加适应机械类专业教学的需要；删除第 12 章产品几何技术规范（GPS）概述，增加 1.4 产品几何技术规范（GPS）概述一节，并对该部分内容进行了大幅度删减。

　　（2）根据最新国家标准的规定，对第 4 章几何公差与检测的内容进行了调整，采用最新颁布的国家标准，以适应产品设计和加工的需要；第 6 章滚动轴承的公差与配合、第 9 章普通螺纹连接的公差与检测，也根据最新国家标准，对相关数据进行了更新。

　　（3）为了使读者更好地掌握互换性与测量技术的相关内容，加深理解并提升处理实际问题的能力，还编写了《互换性与测量技术学习指南及习题指导（第二版）》，可与本书配套使用。

　　本书由齐新丹任主编，奚天鹏任副主编。具体编写分工如下：第 1、2 章由南京工业大学王国乾编写；第 3～6 章由南京工业大学齐新丹编写；第 7 章由金陵科技学院王海巧编写；第 8 章由金陵科技学院凌秀军编写；第 9、10、11 章由南京工业大学奚天鹏编写。另外，本书文字校对由李胜兵完成，插图由李博竑绘制，课件由王国乾制作。本书提供电子课件，需要者可与主编联系 xindanqi@163.com。

　　本书由南京工业大学郑凤琴主审，并提出了宝贵的意见和建议，在此表示感谢。

　　本书得到江苏高校品牌专业建设工程项目（PPZY2015A022）的资助。

　　由于编者水平所限，书中疏漏和不足之处在所难免，欢迎广大读者批评指正。

编　者
2019.4

第二版前言

　　随着科学技术的发展，我国不断颁布新的国家标准，并对原有国家标准进行了修订和调整。与此同时，教育部高等教育"质量工程"的实施，对教材建设的要求也在逐步提高。为此，编者对本书的内容进行了修订和补充。与第一版相比，本书具有以下特点：

　　（1）根据教学大纲的要求，对各章节内容和习题进行了调整和完善，使之更加适应高等教育教学的需要。

　　（2）根据国家标准的变化，重点对第十章渐开线圆柱齿轮传动公差与检测的内容进行彻底的修订，全部采用最新颁布的国家标准，以适应产品设计和加工的需要。

　　（3）为了使读者更好地掌握教材的相关内容，加深理解并增强处理实际问题的能力，编者还编写了《互换性与测量技术学习指南及习题指导》配套使用。

　　本书由齐新丹任主编，徐秀英、凌秀军任副主编。具体编写分工如下：第1～4章、第10章由南京工业大学齐新丹编写；第5章由南京农业大学李骅编写；第6章由巢湖学院蒋全胜编写；第7章由南京工业大学奚天鹏编写；第8章由三江学院王海巧编写；第9章由南京农业大学徐秀英编写；第11、12章由金陵科技学院凌秀军编写。书稿校核由潘亦成完成，插图由齐新丹、连静绘制。

　　本书由南京工业大学郑凤琴教授主审。审稿老师提出了宝贵的意见和建议，在此表示衷心的感谢。

编　　者

2011 年 10 月

第一版前言

为贯彻落实教育部《关于进一步加强高等学校本科教学工作的若干意见》和《教育部关于以就业为导向深化高等职业教育改革的若干意见》的精神，加强教材建设，确保教材质量，中国电力教育协会组织制订了普通高等教育"十一五"教材规划。该规划强调适应不同层次、不同类型院校，满足学科发展和人才培养的需求，坚持专业基础课教材与教学急需的专业教材并重、新编与修订相结合。本书为新编教材。

"互换性与测量技术"是高等院校机械类各专业的重要技术基础课。包含几何量精度设计与误差检验两方面的内容，把标准化和计量学两个领域的内容有机地结合在一起，涉及机械设计、机械制造、质量控制、生产管理等诸多领域，是机械工程技术人员必备的一门综合应用技术基础学科。

在机械产品的精度设计和制造过程中，正确地应用相关的国家标准和设计原则来进行机械产品的精度设计，运用现代和常规的检测技术手段来保证机械零件加工质量，对于提高工程领域科技人才的素质，贯彻面向现代化建设、面向世界、面向未来的战略方针，具有十分重要的作用。

本教材是根据全国高校机械专业教学指导委员会的教学大纲，吸取了各高校多年的教学经验和成果编写而成。本书总结了现有教材中存在的不足；根据 2008 年颁布的最新国家标准和国际标准，对部分内容进行了更新，力求做到紧跟科技前沿，为工程教学与实践提供最大的支持。

由于近年来各高校教学计划的调整和教学大纲的差异，本书按 48 学时编写，以扩大应用面，使用时可以根据实际情况来取舍。

全书共 12 章，包括绪论、测量技术基础、尺寸精度设计与检测、几何公差（即形位公差）与检测、表面粗糙度与检测、滚动轴承与孔轴结合的互换性、键结合的互换性与检测、圆锥结合的互换性与检测、螺纹公差与检测、圆柱齿轮公差与检测、尺寸链、产品几何技术规范（GPS）等内容，对 2008 年最新修订的国家标准进行了诠释。

本书由南京工业大学齐新丹主编，南京农业大学李骅任副主编。具体编写分工如下：前言、第 1 章～第 4 章、第 10 章～第 12 章由南京工业大学齐新丹编写；第 5 章由南京农业大学张维强编写；第 6 章和第 9 章由南京农业大学李骅编写；第 7 章由南京工业大学陈国荣编写；第 8 章由广东茂名学院钟贤栋编写。全书插图由齐新丹、奚天鹏绘制。

本书由南京工业大学郑凤琴主审，并提出了许多宝贵的意见和建议，在此表示感谢。

由于编者水平所限，书中疏漏和不足之处在所难免，欢迎广大读者批评指正。

编　　者

2008 年 8 月

目　　录

第1章 概　　述

现代社会生产活动是建立在先进技术装备、严密分工、广泛协作基础上的社会化大生产。产品的互换性生产已进入新的发展阶段，远远超出机械工业的范畴，扩大到国民经济各个行业和领域。互换性原则已成为机械工业和其他行业生产的基本技术经济原则。

标准化是实现互换性生产的前提，技术检测是实现互换性生产必不可少的技术保证。因此，标准化、技术检测和互换性三者形成了一个有机的整体，而质量管理体系则是提高产品质量的可靠保证和坚实基础。

1.1 互　换　性

1.1.1　互换性的定义

在机械工业中，互换性是产品设计最基本的原则。互换性是指在同一规格的一批零部件中具有互相代换的性能。也就是说，按同一规格产品图样要求，在不同时空条件下制造出来的一批零部件，在总装时，任取一个合格品，便可完好地安装在机器上，并能达到预期的使用功能要求，这样的零部件就称为具有互换性的零部件。

1.1.2　互换性的分类

互换性可以按不同的方法分类。

（1）按互换参数范围，可分为几何参数互换性和功能互换性。几何参数互换性着重于保证产品尺寸配合或装配要求的互换性，为狭义互换性；功能互换性着重于保证除几何参数外的其他功能参数（如物理、化学参数）的互换性要求，为广义互换性。

（2）按互换程度，可分为完全互换和不完全互换。若零部件在装配或互换时，无须辅助加工或修配，也不必进行挑选，就能完好地安装在机器上，并能达到预定的使用功能要求，这样的零部件便具有完全互换性。例如，常用的标准连接件和紧固件、各类滚动轴承等，都具有完全互换性。但是，装配精度要求很高时，若采用完全互换，则会使零件的加工难度和成本大大提高，甚至无法加工。因此，在产品设计、制造时，往往将零件加工要求适当放宽；而在装配时，则按实际尺寸分组（如大孔配大轴）装配。如此，既能保证装配精度和预定的使用功能要求，又能解决工艺困难、降低成本。这时，同一组内的零件间可以互换，但组间的零件不能互换，因此称为不完全互换。不完全互换除分组互换法外，工程上还有修配法、调整法等。一般而言，装配时需要挑选或调整的零件，多属于不完全互换零件；需要附加修配的零件，为不具有互换性的零件。不完全互换一般只限于制造厂内部的装配，厂外协作件一般要求满足完全互换性条件。

采用完全互换或不完全互换，是设计者根据产品精度、生产批量、生产技术装备等多种因素决定的。

1.1.3　互换性的意义

互换性原则的普及和深化对我国现代化建设具有重大意义。特别是在机械行业中，遵循互换性原则不仅能大大提高劳动生产率，而且能促进技术进步，显著提高经济效益和社会效益。主要表现在以下几个方面：

（1）在设备使用时，容易保证其运转的连续性和持久性，从而提高设备的使用价值。若机械设备上的零部件具有互换性，一旦某一零部件损坏，就可以方便地用另一个新备件替换，保证连续运转。在某些情况下，互换性所起的作用难以用经济价值衡量。例如，在电厂设备、消防设备、军用设备等影响范围广的设备中，必须采用具有互换性的零部件，以保证机械设备连续持久运转。

（2）在制造时，同一台设备的各个零部件可以分散到多个工厂同时加工。这样，每个工厂产品单一，批量较大，有利于采用高效率的专用设备或采用计算机辅助制造，容易实现优质、高产、低耗，生产周期也会显著缩短。

（3）产品装配时，由于其零部件具有互换性，使装配作业能够顺利进行，易于实现流水作业或自动化装配，缩短装配周期，提高装配作业质量。

（4）在产品设计时，尽量多地采用具有互换性的标准零部件，乃至大的总成，将大幅简化绘图、计算等设计工作量，也便于采用计算机辅助设计，缩短设计周期。

（5）在机械设备的管理上，无论是技术和物资供应，还是计划管理，零部件的互换性都有利于实现科学化管理。

总之，互换性原则可以为产品的设计、制造、维护、使用及组织管理等各个领域带来巨大的经济效益和社会效益，而生产水平的提高、技术的进步又可促进互换性原则在深度和广度上的进一步发展。

1.1.4　互换性的实现

由于任何零件都要经过加工的过程，因此无论设备的精度和操作工人的技术水平多么高，都会存在加工误差。所谓加工误差指的是零件的尺寸、形状、位置等对理想状态的偏离量。加工误差包括尺寸误差、形状误差、位置误差和表面粗糙度。加工误差是不可避免的，因此，要使具有互换性的产品几何参数完全一致是不可能且不必要的。在此情况下，要使同种产品具有互换性，只能令其几何参数、功能参数充分近似，即只要将加工后各几何参数（尺寸、形状和位置）所产生的误差控制在一定的范围内，就可以保证零件的使用功能，同时还能实现互换性。

零件几何参数这种允许的变动量称为公差。它包括尺寸公差、几何公差等。公差用来控制加工中的误差，以保证互换性的实现。因此，建立各种几何参数的公差标准是实现对零件误差控制和保证互换性的前提条件。

加工完的零件是否满足公差要求，要通过检测加以判断。检测包含检验和测量，检验是指确定零件的几何参数是否在规定的极限范围内，并判断其是否合格；测量是将被测量与作为计量单位的标准量进行比较，以确定被测量的具体数值的过程。检测不仅用来评定产品质量，而且用于分析产生不合格品的原因，及时调整生产，监督工艺过程，预防废品的产生。产品质量的提高，除设计和加工精度的提高外，往往更依赖于检测精度的提高。

综上所述，合理确定公差与正确进行检测是保证产品质量、实现互换性生产的必不可少的条件和手段。

1.2 标　准　化

1.2.1 标准化的意义

为了组织专业化协作生产，各生产部门之间、各生产环节之间必须保持协调一致，保持必要的技术统一，成为一个有机的整体，有节奏地组织互换性生产。实现这种有机的统一和联系是以标准化作为主要途径和手段的。因此，标准化是实现互换性生产的基础。

标准化也是科学管理的重要组成部分，是组织现代化生产的重要手段，是发展贸易、提高产品在国际市场竞争能力的技术保证。现代化程度越高，对标准化的要求也越高。

综上所述，根据标准化对象的不同，可以把一个标准划归不同的类别。它们之间相互关联，互为补充。

标准化是以技术标准来体现的。技术标准（简称标准）是指在经济、技术、科学、管理等社会实践中，对重复性的事物和概念在一定范围内通过科学简化、优选和协调，经一定程序审批后所颁发的统一规定。标准是特定形式的技术法规，是评定产品质量的技术依据。标准是标准化活动的成果，是实现互换性生产的前提。

标准化是指制订（修订）、贯彻标准而使事物获得最佳秩序和社会效益的全部活动过程。

标准化是实现专业化生产的前提和基础，是组织现代化大生产、提高生产效率和效益的重要手段。标准化能够推动人类社会的进步和科学技术的发展。

1.2.2 标准的分类

标准可以按不同的方法分类。

按照法律属性，标准可分为强制性标准和推荐性标准两类。

标准按照其性质，可分为技术标准和管理标准。

技术标准按照标准化对象的特征，可分为以下几类：

（1）基础标准。以标准化共性要求和前提条件为对象的标准称为基础标准，它是为了保证产品的结构、功能和制造质量而制订的，一般工程技术人员必须采用的通用性标准，也是制订其他标准时可依据的标准。计量单位、术语、概念、符号、数系、制图、技术通则标准及公差与配合标准等，均属基础标准范畴。这类标准是产品设计和制造中必须采用的技术数据和工程语言，也是精度设计和检测的依据。国际标准化组织（ISO）和各国标准化机构都十分重视基础标准的制订工作。

（2）产品标准。产品标准是指为保证产品的适用性而对产品必须达到的某些或全部要求所制订的标准。其主要内容有产品的适用范围、技术要求、主要性能、验收规则及产品的包装、运输、储存方面的要求等。

（3）方法标准。方法标准是指以试验、检查、分析、抽样、统计、计算、测定、作业等各种方法为对象而制订的标准。包括与产品质量鉴定有关的方法标准、作业方法标准、管理方法标准等。

（4）安全、卫生与环境保护标准。为保护人和物的安全而制订的标准称为安全标准；为保护人的健康而对食品、医药及其他方面卫生要求而制订的标准称为卫生标准；为保护人身健康、保护社会物质财富、保护环境和维持生态平衡而对大气、水、土壤、噪声、振动等环境质量、污染源、监测方法或满足其他环境保护方面所制订的标准称为环境保护标准。

标准的分类如图 1-1 所示。

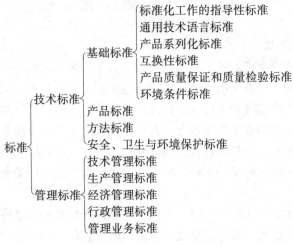

图 1-1　标准的分类

1.2.3　标准的分级

我国标准分为国家标准、专业标准（行业标准）、地方标准和企业标准。

国家标准是指对全国经济、技术发展有重大意义，必须在全国范围内统一执行的标准。国家标准的编号由国家标准的代号、发布的顺序号、发布年代号组成，其代号有以下三种：GB 表示强制性国家标准，GB/T 表示推荐性国家标准，GB/＊表示降为行业标准而尚未转化的原国家标准。例如 GB/T 1800.2—2009，GB/T 为推荐性国家标准的代号，1800.2 为标准号，2009 为发布年代号，标准名为《产品几何技术规范（GPS）极限与配合　第 2 部分：标准公差等级和孔轴极限偏差表》，由中华人民共和国国家质量监督检验检疫总局与中国国家标准化委员会联合发布。

地方标准一般指以省为单位、为本地区发展而制定的地方性标准，标准代号以 DB 开头。例如 DB34/T 2060—2018，DB34 为江苏省地方标准，/T 为推荐性标准，2060 为标准号，2018 为发布年代号，标准名为《单位能耗限额》，由江苏省质量技术监督局发布。

行业标准是指没有国家标准而又需在全国某行业范围内统一执行的标准，又称专业标准，如机械工业标准（代号为 JB）、建设工业机械标准（代号为 JJB）等。例如 QC/T 29104—2013，QC/T 为汽车行业推荐性标准，29104 为标准号，2013 为发布年代号，标准名为《专用汽车液压系统液压油固体颗粒污染度的限值》，由中华人民共和国工业与信息化部发布。

另外，还有没有国家标准和行业标准而由企业制订的标准，称为企业标准。有的企业为了提高产品质量，强化竞争能力，制订出高于专业标准和国家标准的内控标准。企业标准有两种类型：一种是国家大型企业标准，编号由 Q/企业区分号、顺序号、年代号组成，例如 Q/SY 1267—2010 为中国石油的企业标准，1267 为标准代号，2010 为发布年代号，标准名为《钢质管道内检测开挖验证规范》；另一种是地方企业标准，编号由各省（自治区、直辖市）简称汉字、Q/企业区分号、序号、年代号组成，例如皖 Q/JX 16—2017，皖是安徽省简称，JX 为企业名称缩写，16 为标准号，2017 为发布年代号，标准名是《客货共线铁路弹条Ⅲ型扣件》，由企业发布。

在国际上，由国际标准化组织（ISO）和国际电工委员会（IEC）、国际电信联盟（ITU）等国际组织负责制订和颁布国际标准。ISO 的工作领域主要是信息技术、质量管理、环境管理、职业安全和卫生、与世界贸易组织的合作等方面的标准化，我国于 1978 年加入 ISO 组织。IEC 的工作领域包括电工和电子技术的标准化，该组织已并入 ISO 组织，但单独开展工作，我国于 1957 年加入 IEC 组织。ITU 是世界各国政府的电信主管部门之间协调电信事务的国际组织，其主要工作领域是电信和无线电通信技术的标准化。此外，还有区域标准，是指世界某区域标准化团体颁布的标准或采用的技术规范，如欧洲标准化委员会（EN）、经互会标准化常设委员会（DB）所颁布的区域标准。

我国是 ISO 的成员国，为了促进国际技术交流和贸易发展，提高产品质量，参照国际标准制订和修订我国的国家标准，是我国重要的技术政策，从而为加快我国工业进步奠定基础。

1.3 优先数和优先数系

1.3.1 优先数和优先数系的概念

各种产品的功能参数和几何参数都要用数值来表述，而产品参数的数值具有扩散传播性。例如，在设计变速箱时，当功率和转速的数值确定后，不仅会传播到其本身的轴、轴承、键、齿轮等一系列零部件的尺寸和材料特性参数上，而且必然会传播到加工和检测这些零部件的刀具、夹具、量具及专用机床的相应参数上，也会传播到有关机器的参数上。为了满足用户需要，产品规格当然多一些比较好，但即使规格参数间仅有很小的差别，经过反复扩散传播后，也会造成相关产品的规格参数繁多杂乱，给组织生产、协作配套、使用维修等带来很大的困难和浪费，这是生产现实中存在的普遍现象。

优先数和优先数系就是对各种技术参数的数值进行协调、简化和统一的一种科学的数值标准。它同互换性原则相结合，构成了产品和零部件标准化的主要理论基础。该标准 GB/T 321—2005，等同于国际标准 ISO 3—73。

1.3.2 优先数系

优先数系是一种十进制等比数列，以此作为标准数列，例如，…、0.1、…、1、1.6、2.5、4、6.3、10、16、25、63、100、…、1000、…。

所谓十进制，就是在数列的项值中包括有 10^n 和 $10^{1/n}$ 这些数值（n 为整数）。把这些数值按 $0.01\sim0.1$、$0.1\sim1$、$1\sim10$、$10\sim100$、…，划分区间，称为十进段，每一段内的项数都是（相等的）m 项。设首项为 a，公比为 q，则十进制几何数列的形式为 a、aq、aq^2、aq^3、…、aq^m，且 $aq^m=10a$，所以公比 $q=\sqrt[m]{10}$。

此外，工程上某些产品参数的数值有倍增的要求，因此又规定在十进几何数列中每隔 x 项可构成倍数系列，即同时满足式（1-1）和式（1-2）：

$$aq^m = 10a \qquad\qquad (1-1)$$

$$aq^x = 2a \qquad\qquad (1-2)$$

联立式（1-1）和式（1-2），取对数，得

$$\frac{x}{m}=\lg2\approx\frac{3}{10}\left(=\frac{6}{20}=\frac{12}{40}=\frac{24}{80}=\cdots\right)$$

如取组合，则 $m=10$，以首项为 1，$q_{10}=\sqrt[10]{10}\approx1.25$ 构成系列：1.00、1.25、1.60、2.00、2.50、3.15、4.00、5.00、6.30、8.00、10.00、…，而 $x=3$，即其中每隔 3 项构成倍数系列为 1、2、4、8、…。

我国优先数系标准（GB/T 321—2005）与国际标准 ISO 3—73 相同，规定 m 值为 5、10、20、40 和 80 五种，分别用 R5、R10、R20、R40 和 R80 表示，其中，R5 为不包含倍数系列的数列。R5、R10、R20、R40、R80 五种优先数系的公比 q_5、q_{10}、q_{20}、q_{40}、q_{80} 分别为

$$q_5=\sqrt[5]{10}=1.585\approx1.60$$
$$q_{10}=\sqrt[10]{10}=1.259\approx1.25$$
$$q_{20}=\sqrt[20]{10}=1.122\approx1.12$$
$$q_{40}=\sqrt[40]{10}=1.059\approx1.06$$
$$q_{80}=\sqrt[80]{10}=1.029\approx1.03$$

R5、R10、R20、R40 系列为基本系列（见表 1-1）。R80 系列为补充系列，是最密的数系，一般不常用。

表 1-1　　　　优先数系的基本系列（常用值）（摘自 GB/T 321—2005）

R5	1.00		1.60		2.50		4.00		6.30		10.00
R10	1.00	1.25	1.60	2.00	2.50	3.15	4.00	5.00	6.30	8.00	10.00
R20	1.00	1.12	1.25	1.40	1.60	1.80	2.00	2.24	2.50	2.80	3.15
	3.55	4.00	4.50	5.00	5.60	6.30	7.10	8.00	9.00	10.00	
R40	1.00	1.06	1.12	1.18	1.25	1.32	1.40	1.50	1.60	1.70	1.80
	1.90	2.00	2.12	2.24	2.36	2.50	2.65	2.80	3.00	3.15	3.35
	3.55	3.75	4.00	4.25	4.50	4.75	5.00	5.30	5.60	6.00	6.30
	6.70	7.10	7.50	8.00	8.50	9.00	9.50	10.00			

1.3.3　优先数

优先数系中的每一个数值称为优先数。优先数的理论值是无理数，在实践中不应用。表 1-1 中所列的计算值（5 位有效数）是作为工程上精确计算之用。优先数是指表列的常用值，它是对计算值修约成的 3 位有效数。

优先数系主要特性如下：

（1）同一系列中，任意相邻两项常用值的相对差近似相等；任意两项之积和商仍为优先数；任意一项的整数乘方、开方仍为优先数；优先数的对数排列为等差级数。

（2）各系列之间依次相含。例如，从 R10 系列中隔项取值便是 R5 系列，R5、R10、R20、…，依次由疏到密。

（3）当有特殊需要时还可采用派生系列。在基本系列中，依次每隔 2、3、4、…，等项数选取优先数值，便可导出派生系列。例如，在 R5 系列中每隔一项选取一项，则得到 R5/

2 系列。

（4）在基本系列和补充系列中的项值，可按十进法向两端延伸。

优先数系为数值的简化、统一和协调提供了理论基础。因此，在设计任何产品时，对主要参数和尺寸应注意采用优先数。

1.4　产品几何技术规范（GPS）概述

GPS 是产品几何技术规范（geometrical product specifications and verification）即产品几何量技术规范与认证的简称，它贯穿于几何产品的研究、开发、设计、制造、验收、出厂、使用及维修全过程。

GPS 是一套关于产品几何参数的完整技术标准体系，它覆盖了工件尺度、几何形状和位置、表面形貌等方面，如图 1-2 所示。

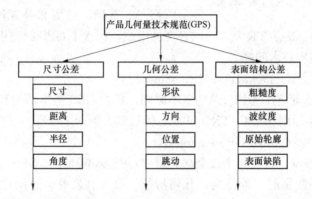

图 1-2　产品几何量的范围与规范

1.4.1　新一代 GPS 体系的产生

随着信息技术的发展，基于传统的几何技术精度设计和控制方法已经不适应现代设计和制造技术发展的需要，公差理论和标准的落后已成为制约 CAD/CAM 技术继续发展的瓶颈。为此，1996 年国际标准化组织（ISO）决定将原来独立的 ISO/TC 3（极限与配合）、TC10/SC 5（尺寸与公差注法）和 TC 57（表面特征及其计量学）三个技术委员会合并，成立新的技术委员会 ISO/TC 213（产品尺寸和几何及认证技术委员会），着手全面地修订 ISO 公差标准体系，研究和建立一个基于信息技术，适应 CAD/CAM 的技术要求，以保证预定几何精度为目标的标准体系，即 GPS 标准体系。该标准体系包括从公差理论、标注方法、精度控制到检验规则的一系列标准。这一标准体系与现代设计和制造技术相结合，是对传统公差设计和控制思想的一次大的变革。

ISO/TC 213 的最初目标是制订以几何学理论为基础的产品几何技术规范，被称为第一代 GPS 语言。第一代 GPS 语言包括产品的尺寸公差、几何公差、表面特征、测量原理和仪器标准，它提供了产品设计、制造及检验的技术规范，但没有建立三者之间的联系。

随着经济的发展和科技的进步，特别是先进设计和制造技术以及坐标测量技术的采用，第一代 GPS 语言因其标准未能将功能和测量统一带来的矛盾日益显现。在 ISO/TC 213 各个成员国的共同努力下，逐步形成了新一代 GPS 语言。新一代 GPS 语言以计量数学为基础，应用物理学中的物像对应原理，把标准与计量用不确定度的传递关系联系起来，将产品的功能、规范与认证（检验）集成一体，从而彻底解决一直困扰人们的基于几何学技术标准的烦琐，以及由于测量方法不统一而引起测量评估失控的问题。

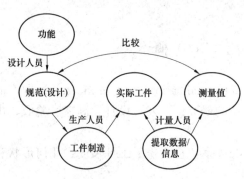

图 1-3　新一代 GPS 的基本框架

新一代 GPS 以数学作为基础语言结构，用计量数学为根基，给出产品功能、技术规范、制造与检验之间的量值传递的数学方法，为设计、产品开发、计量测试人员等提供了共同的技术语言，建立了一个交流平台，新一代 GPS 基本框架如图 1-3 所示。

1.4.2　新一代 GPS 体系的结构

ISO/TR 14638 给出了新一代 GPS 体系的总体结构，如图 1-4 所示。它包括全局（也称综合）、基础、通用和补充四种类型的 GPS 标准，由 200 多个 ISO、ISO/TR 及 ISO/TS 文件组成，包含了 GPS 的应用范围，以及所涉及的标准与计量中的基本技术问题。

1. 基础 GPS 标准（fundamental GPS standards）

基础 GPS 标准是确定尺寸和公差的基本原则，建立 GPS 基本结构和关系的标准，包括 ISO 8015 公差的基本原则和 ISO/TR 14638 总体规划大纲两个标准。

2. 全局 GPS 标准（global GPS standards）

全局 GPS 标准涉及、影响几个或全部的通用 GPS 标准和补充 GPS 标准。主要包括通用原则和定义标准，如测量的基准温度，几何特征，尺寸、公差、通用计量学名词术语与定义，测量不确定度的评估等。在全局 GPS 标准中最重要的是 ISO 1《长度测量温度参考》、ISO 14660—1《几何要素的术语和定义》与 ISO 17450《GPS 的基本概念》、ISO 14253《测量不确定》系列标准，以及《VIM 国际标准计量基本和通用术语》与《GUM 测量不确定度表述指南》两个技术文件，它们在 GPS 中起着重要的核心作用，被归为全局 GPS 标准。

3. 通用 GPS 标准（general GPS standards）

通用 GPS 标准是 GPS 标准的主体，用来确立零件的不同几何特性在图样上表示的规则、定义和检验原则等标准。通用 GPS 标准构成了一个 GPS 矩阵。其中，"行"是不同几何特征的分类，"列"是不同的技术规范与计量。矩阵中每一行构成一个标准链，给出了从设计规范、检测技术到比对原则和量值溯源的标准关系。在通用 GPS 标准矩阵中包括 18 种几何要素，每种几何要素对应一个标准链，每个标准链由七个环组成，每个环中至少包含一个标准，它们之间相互关联，并影响着其他环中的标准。

通用 GPS 标准矩阵中七个环的内容和意义如下：

环 1　产品文件标注——法规：表达工件特征图样标注的有关标准。

环 2　公差定义——理论定义及其数值。

环 3　实际要素的特征、参数及定义。

环 4　工件误差评判-与公差极限比较：比较认证标准。

环 5　几何要素检验与认证：有关检验过程和检验方法的标准。

环 6　计量器具要求：描述特定测量器具的标准。

全局GPS标准(The Global GPS standards)								
基础GPS标准(The Fundamental GPS standards)	通用GPS标准(The General GPS chains of standards)							
	链环号 要素的几何特征	1 产品图样表达	2 公差的定义	3 实际要素特征的定义	4 工件误差的评判-与规定极限的比较	5 要素的特征计量值的提取	6 计量设备要求	7 计量设备的标定标准
	1　尺寸							
	2　距离							
	3　半径							
	4　角度							
	5　与基准线无关的线的形状							
	6　与基准线有关的线的形状							
	7　与基准线无关的面的形状							
	8　与基准线有关的面的形状							
	9　方向							
	10　位置							
	11　圆跳动							
	12　全跳动							
	13　基准							
	14　轮廓粗糙度							
	15　轮廓波纹度							
	16　基本轮廓							
	17　表面缺陷							
	18　边沿							
补充GPS标准(The Complementary GPS standards)								

图 1-4　GPS 的总体框架

环 7　计量器具计量特性的定标和校准：对环 6 中描述的测量器具进行定标和校准，规定计量标准的特性。

4. 补充 GPS 标准（complementary GPS standards）

补充 GPS 标准是对通用 GPS 标准在要素特定范畴的补充规定。这些规定是基于制造工艺和要素本身的类型而提出的。它包含特定的特征和要素制图标注方法、定义及验证原理。这些标准中，部分与加工类型有关，如切削加工、铸造焊接等；另一部分与机械要素的几何特征有关，如螺纹、键、齿轮等。

新一代 GPS 贯穿于产品的设计、制造与认证（检验）整个过程中，并将它们连成一个整体。因此，新一代 GPS 标准体系的构成特点可归纳为"一个方针，两个基础，两大原则"。

一个方针：成为提高产品开发和制造效率的有效工具。

两个基础：

（1）ISO/TR 14638《GPS 总体规划》给出的标准矩阵作为体系的结构基础。

（2）以 ISO 14659《GPS 基本原则》作为体系的原则。

两大原则：

（1）功能控制原则：为精确地描述功能提供丰富的语言，建立数学模型，实现功能、设计、检验系统的联系和全方位的规范化。每个标准应做到以下几点：

明确性：全局 GPS 标准要给出完善的定义、规则及数学语言的表达，以保证几何特性功能要求在图样上表达的准确性、唯一性及特性值的可溯源性。

完整性：通用 GPS 标准要考虑各种的可能性，使其能表达涉及工件广泛的功能要求。

独立性：每个 GPS 标准要求具有独立件，且相关标准之间互补。

（2）简化及最小成本原则：在满足功能要求前提下体现简化原则，建立一套全球一致的缺省定义和准则，以简化制图和提高生产效率。用"不确定度"作为经济杠杆进行整体资源的优化与分配，以最小的成本获取最大的效益。

1.4.3　质量管理体系 ISO 9000 系列标准的产生

在产品设计、制造、测量及维护过程中，除了必须贯彻执行保证产品质量的各项精度标准，遵守互换性、标准化和优先数原则外，还必须建立有效的质量管理体系，来控制影响质量的诸多因素，减少或消除质量缺陷的产生，使产品质量持续稳定。

质量管理体系是指实施质量管理所必须的组织结构、程序和资源等诸要素，以及由相互关联或相互作用的各要素组成的实体。

国际标准化组织质量管理和质量保证技术委员会（ISO/TC 176）总结了各国质量管理和质量保证的经验，正式颁布 2000 版 ISO 9000 族国际标准，即 ISO 9000 系列标准。

ISO 9000 系列标准总结、提取了各国质量管理和质量保证理论的精华，统一了质量管理学的原理、方法和程序，反映了世界上技术先进、工业发达国家的质量管理实践经验，因此很快得到各国工业界的普遍承认。ISO 9000 自颁布以来已有 75 个国家和地区直接采用，其中包括欧洲联盟和欧洲自由贸易联盟国，以及美国、加拿大、瑞士等工业发达国家。约有 50 多个国家和地区根据 ISO 9000 系列标准开展了第三方的评定与有关的咨询工作。

2000 版 ISO 9000 族国际标准包括以下 4 个基础标准：

ISO 9000《质量管理体系——概念和术语》

ISO 9001《质量管理体系——要求》

ISO 9004《质量管理体系——业绩改进指南》

ISO 10011《质量体系审核指南》

其中，ISO 9000 是一个指导性标准，它阐述了 ISO 9000 族标准的基本概念、定义、术语；规定了选择和使用质量体系的原则、范围、程序和方法，以及使用的文件和评价等。

ISO 9001—2000 将取代 ISO 9001—1994，并且将 ISO 9002—1994 和 ISO 9003—1994 的内容合并到该标准中。ISO 9001—2000 与 ISO 9004—2000 是一对协调的质量管理体系标准，其目的是一起使用，但也可作为独立的文件使用。为了使用方便，这两个标准结构类似，但范围不同。

　　ISO 10011 提供了管理和实施内部和外部质量管理体系审核的指南，为质量管理提供了有力的依据。

　　上述 4 个标准构成了一组密切相关的质量管理体系标准，为提高质量、发展品种、增加效益提供了有效的保证。

习　　题

1-1　什么是互换性？按互换性原则组织生产活动有哪些优越性？

1-2　完全互换性与不完全互换性有何区别？各用于何种场合？

1-3　什么是技术标准？什么是标准化？

1-4　标准的种类和级别各有哪些？

第2章 测量技术基础

2.1 概　述

要实现互换性，除了需要合理规定各种几何参数的要求及公差外，在加工和装配时，还必须判断零件质量是否合格。本课程中涉及的是长度、角度、表面形状、位置、粗糙度等几何量的测量问题，习惯上称为测量技术。

机械加工精度的提高与测量技术的发展密切相关。1940 年，由于有了比较仪，加工精度从过去的 $3\mu m$ 提高到 $1.5\mu m$；1950 年，电学比较仪的出现使加工精度提高到 $0.2\mu m$；1960 年，圆度仪的出现又使加工精度提高到 $0.1\mu m$；1969 年，激光干涉仪的出现再次将加工精度提高到 $0.01\mu m$；1981 年，苏黎世实验室发明了扫描隧道显微镜（STM），可以在表面形成 $5\sim20\mu m$ 的线条；被誉为"测量中心"的三坐标测量机则集机械、光学、数控、计算机等各种技术于一体，成为现代工业测量中必不可少的精密量仪。

2.1.1　测量的基本概念

在实际工作中，人们经常会用到有关测量的名词，如测量、计量检验、测试等，它们既有相同的含义，又有所区别，分别用于不同的场合。

1. 测量

测量是指为确定被测对象的量值而进行的实验过程，其实质就是将被测量与作为单位的标准进行比较，从而确定二者比值的过程。这是应用最广泛的名词，其他名词则属于某一性质或范围内的测量。

一个完整的测量过程应包含 4 个要素。

（1）测量对象：主要指几何量，即长度、角度、表面形状和位置、表面粗糙度及螺纹、齿轮的各种参数。

（2）测量单位：在长度计量中单位为米（m），其他常用单位有毫米（mm）、微米（μm）；角度单位是弧度（rad），实用中常以度（°）、分（′）、秒（″）为单位。

（3）测量方法：是指在测量时所采用的计量器具与测量条件的综合。

（4）测量精度：是指测量结果与真值的一致程度。

对测量的基本要求：必须将测量误差控制在允许限度内，以保证测量准确度；同时要正确选择测量方法和计量器具，以保证所需的测量效率，做到经济合理。

2. 计量

计量是研究测量、保证量值准确一致的一门科学，具有准确性、一致性、溯源性和法制性的特点。过去我国称为"度量衡"，其含义是关于长度、容积和质量的测量，主要器具是尺、斗、秤。随着科技的进步和生产的发展，计量的概念和内容在不断地变换和更新。BIPM、IEC、ISO、OIML 四个有关计量的国际组织在编写的《国际通用计量学名词》中，简单地称计量学为"关于测量知识领域"的科学，可见计量学是关于测量理论与实践的一门技术基础科学，其研究对象主要包括：计量单位及其基准、标准的建立、保存和使用，测量方法和计量器具，测量精度，观测者进行测量的能力，计量法制和管理等。

当前比较成熟和普遍开展的计量技术领域有几何量（又称长度）、力学、热工、电磁、无线电、时间频率、声学、光学、化学、电离辐射等。

3. 检验

检验是指判断被测几何量是否合格（在规定范围内）的过程，通常不一定要求得到被测几何量的具体数值。检验包括测量、比较与判断三个过程。

4. 测试

测试是指试验研究性质的测量，也可理解为试验和测量的全过程。

5. 检定

检定是指为评定计量器具的计量性能（准确度、稳定度、灵敏度等）并确定其是否合格所进行的全部工作。检定的主要对象是计量器具。

6. 比对

比对是指在规定的条件下对相同准确度等级的同类基准、标准或工作用计量器具之间的量值进行比较。比对一般是精确度相近的标准仪器间相互比较（如国际上各国基准器之间进行比对），其数据只能起到旁证与参考作用，不能起到量值传递作用，也不能对一台仪器做出合格与否的结论。

2.1.2 长度基准与量值传递

新中国成立之前的计量单位制有公制（米制）、英制、市制等。1984 年国务院颁布《中华人民共和国法定计量单位》，确定米制为我国的基本计量制度，规定"米"（m）为长度的基本单位。

1. "米"的定义

长度单位"米"已经历三次演变。1875 年，国际米制公约规定以"通过巴黎的地球子午线全长的四千万分之一"作为"米"的定义。1889 年，第 1 届国际计量大会根据 31 根基准尺与档案米尺的比较结果，确定其中的第 6 根尺（No.6）为国际米原器（即米的基准）。随着光波技术的发展，1960 年，第 11 届国际计量大会上将米的定义改为"米的长度等于 Kr^{86} 原子在真空中从能级 $2P_{10}$ 至 $5d_5$ 跃迁时辐射的谱线波长的 1 650 763.73 倍"，精度为 1×10^{-8}。随着激光稳频技术的发展，1983 年，第 17 届国际计量大会又通过了新的"米"定义，即"米是光在真空中 1/299 792 458s 时间间隔内经过的距离"。

新的"米"定义既科学又简明，其特点是将定义本身与复现方法分开，并且以真空中的光速为常值。也就是说，随着科学技术的发展，复现长度单位的方法可以不断改革，复现的准确度可以不断提高，不受定义的限制。米定义咨询委员会（CCDM）推荐了五种激光稳频系统来复现米定义，不仅可以保证测量单位稳定、可靠和统一，而且使用方便，提高了测量基准精度。我国使用碘吸收稳定的 $0.633\mu m$ 氦氖激光辐射作为波长标准来复现米定义，使米的不确定度提高到 1×10^{-9}。

2. 量值传递系统

用光波波长作为长度基准不便于在生产中直接使用，必须把复现的长度基准量值逐级准确地传递到生产中所使用的各种测量器具直至工件上去，即建立量值传递系统，才能保证量值的统一。

依据《中华人民共和国计量法》，各级计量行政部门负责监督量值传递工作的实施。目前，我国长度量值传递的主要标准器具是量块和线纹尺。长度量值传递系统如图 2-1 所示。

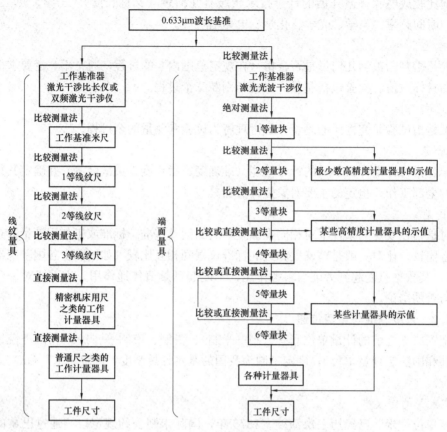

图 2-1　长度量值传递系统

2.1.3　量块

量块又称块规，是由两个相互平行的测量面之间的距离来确定其工作长度的高精度量具，在计量和机械制造中应用较广。除了作为量值传递的媒介外，量块还可用于计量器具、夹具的调整及工件的测量、检验。

1. 量块的材料、形状和尺寸

量块一般用铬锰钢或线膨胀系数小、材质稳定、耐磨、不易变形的材料制成，其参数有中心长度和标称长度、长度变动量。

标称长度是指刻印在量块上用以标明其与主单位"米"之间比值的量值，也称为量块长度的示值；中心长度是指量块一个测量面的中心点到另一个测量面之间的垂直距离；量块的长度是指量块一个测量面上任意一点到另一个测量面之间的垂直距离。量块测量面上最大长度和最小长度之差称为量块的长度变动量，一般测量面中心和四角（距两相邻侧面各为1.5mm）位置的长度，其中测得最大长度与最小长度之差的最大绝对值为量块的长度变动量。

量块一般是长方形六面体形状，如图 2-2（a）所示。它有两个表面非常光洁且平面度很好的平行平面（测量面）。标称长度不大于 10mm 的量块，截面尺寸为 30mm×9mm；标称长度大于 10～100mm 的量块，截面尺寸为 35mm×9mm。标称长度不大于 5.5mm 的量块，尺寸标注在测量面上；标称尺寸大于 5.5mm 的量块，尺寸字刻在左侧面上，如图 2-2（b）所示。

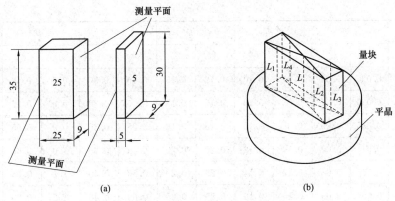

图 2-2 量块及其中心长度

(a) 量块；(b) 中心长度

2. 量块的精度

GB/T 6093—2001《几何量技术规范（GPS）长度标准 量块》将量块按照制造精度从高到低分为 5 级，即 00 级、0 级、1 级、2 级、3 级，00 级最高，3 级最低。此外，还规定了一个校准级，即 K 级。分级的主要依据是量块的中心长度的极限偏差、长度变动量允许值、量块测量面的平面度、粗糙度、研合性等。各级量块的精度指标见表 2-1。

表 2-1 各级量块的精度指标（摘自 GB/T 6093—2001） μm

标称长度 (mm)	00		0 级		K 级		1 级		2 级		3 级	
	①	②	①	②	①	②	①	②	①	②	①	②
~10	0.06	0.05	0.12	0.10	0.20	0.05	0.20	0.16	0.45	0.30	1.0	0.50
>10~25	0.07	0.05	0.14	0.10	0.30	0.05	0.30	0.16	0.60	0.30	1.2	0.50
>25~50	0.10	0.06	0.20	0.10	0.40	0.06	0.40	0.18	0.80	0.30	1.6	0.55
>50~75	0.12	0.06	0.25	0.12	0.50	0.06	0.50	0.18	1.00	0.35	2.0	0.55
>75~100	0.14	0.07	0.30	0.12	0.60	0.07	0.60	0.20	1.20	0.35	2.5	0.60
>100~150	0.20	0.08	0.40	0.14	0.80	0.08	0.80	0.20	1.60	0.40	3.0	0.65
>150~200	0.25	0.09	0.50	0.16	1.00	0.09	1.00	0.25	2.00	0.40	4.0	0.70
>200~250	0.30	0.10	0.60	0.16	1.20	0.10	1.20	0.25	2.40	0.45	5.0	0.75

注 ①为量块长度的极限偏差（±）；②为长度变动量允许值。

JJG 146—2003《量块检定规程》将量块按检定精度从高到低分为 6 等，即 1 等、2 等、3 等、4 等、5 等、6 等，1 等最高，6 等最低。分等的主要依据是量块中心长度测量的测量极限误差和平面平行性极限偏差。各等量块的精度指标见表 2-2。

表 2-2 各等量块的精度指标（摘自 JJG 146—2003） μm

标称长度 (mm)	1 等		2 等		3 等		4 等		5 等		6 等	
	①	②	①	②	①	②	①	②	①	②	①	②
~10	0.022	0.05	0.06	0.10	0.11	0.16	0.22	0.30	0.6	0.50	2.1	0.5

续表

标称长度 （mm）	1 等		2 等		3 等		4 等		5 等		6 等	
	①	②	①	②	①	②	①	②	①	②	①	②
>10～25	0.025	0.05	0.07	0.10	0.12	0.16	0.25	0.30	0.6	0.50	2.3	0.5
>25～50	0.030	0.06	0.08	0.10	0.15	0.18	0.30	0.30	0.8	0.55	2.6	0.55
>50～75	0.035	0.06	0.09	0.12	0.18	0.18	0.35	0.35	0.9	0.55	2.9	0.55
>75～100	0.04	0.07	0.10	0.20	0.20	0.20	0.40	0.35	1.0	0.60	3.2	0.60
>100～150	0.05	0.08	0.12	0.14	0.25	0.20	0.50	0.40	1.2	0.65	3.8	0.65
>150～200	0.06	0.09	0.15	0.16	0.30	0.25	0.60	0.40	1.5	0.70	4.4	0.70
>200～250	0.07	0.10	0.18	0.16	0.35	0.25	0.70	0.45	1.8	0.75	5.0	0.75

注　①为量块长度的极限偏差（±）；②为长度变动量允许值。

量块按"级"使用时，以刻在量块上的标称长度为工作尺寸，该尺寸包含了量块的制造误差，对测量精度产生影响，但因不需要加修正值，使用方便。量块按"等"使用时，以检定后所给出的量块实测中心长度（标称长度＋修正量）作为工作尺寸，消除了量块制造误差的影响，仅包含检定时的测量误差，检测精度高。量块既分"级"又分"等"，由于检定时的测量误差小于制造误差，按"等"使用比按"级"使用精度高。

3. 量块的应用

量块按一定的尺寸系列成套生产，国家标准规定了 17 种成套的量块系列。常见的有 83 块、38 块、20 块等。量块具有稳定性、准确性和研合性的基本特性。研合性是指量块的一个测量面与另一个量块的测量面或与另一精密加工的类似量块测量面（如平晶）的平面，通过分子吸力的作用而粘合的性能。利用这一特性，可以从成套的量块中选择适当的量块组成所需的尺寸，为减小量块的组合误差，一般测量时不超过 4 块。成套量块的尺寸组成见表 2 - 3。

表 2 - 3　　　　　　　成套量块的尺寸组成（摘自 GB/T 6093—2001）

总 块 数	级　　别	尺寸系列（mm）	间隔（mm）	块　　数
91	00，0，1	0.5	—	1
		1	—	1
		1.001～1.009	0.001	9
		1.01～1.49	0.01	49
		1.5～1.9	0.1	5
		2.0～9.5	0.5	16
		10～100	10	10
83	00，0，1，2，(3)	0.5	—	1
		1	—	1
		1.005	—	1
		1.01～1.49	0.01	49
		1.5～1.9	0.1	5
		2.0～9.5	0.5	16
		10～100	10	10

续表

总 块 数	级　别	尺寸系列（mm）	间隔（mm）	块　数
46	0，1，2	1 1.001～1.009 1.01～1.09 1.1～1.9 2.0～9.0 10～100	— 0.001 0.01 0.1 1 10	1 9 9 9 8 10
38	0，1，2，(3)	1 1.005 1.01～1.09 1.1～1.9 2.0～9.0 10～100	— — 0.01 0.1 1 10	1 1 9 9 8 10

注　带（　）的等级根据订货供应。

例如，从 83 块一套 2 级的量块中组成尺寸 41.595mm，可选择 1.005、1.09、9.5 和 30 四块量块研合得到所需尺寸。选择量块时采用消尾法，每选一块量块就消去一位小数，41.595－1.005－1.09－9.5－30＝0。尺寸 41.595mm 的基准件误差用各块的极限偏差按随机合成法得到。从表 2－1 中查得各量块的长度极限偏差分别为±0.45、±0.45、±0.45 和±0.8。因此，有

$$\Delta = \sqrt{\Delta_1^2 + \Delta_2^2 + \cdots + \Delta_i^2} = \sqrt{3 \times 0.45^2 + 0.8^2} = 1.117 （\mu m）$$

所以，组成了（41.595±0.0011）mm 的尺寸。

2.2　测　量　方　法

测量方法是测量过程的四要素之一，是测量过程的核心部分。一个好的测量方法，必须根据被测对象的特性和精度要求，采用相应的标准量，遵循一定的测量原则，选择相应的计量器具，并且考虑测量条件、测量力等的影响，实现被测量与标准量的比较过程，并且能使测量的误差不超过一定的范围。

2.2.1　测量方法的分类

测量方法可以按照不同的方式进行分类。

1. 直接测量和间接测量

直接测量是不需要对被测量与实测量进行函数关系的辅助计算，而直接得到被测量值的过程；间接测量是根据实测量与被测量之间已知的函数关系，从实测量计算得到被测量值的测量，如用弓高弦长法测量圆弧的直径值。

2. 绝对测量和相对测量

绝对测量是由计量器具的示值可以直接得到被测量值的一种测量过程；相对测量又称为比较测量，是由于计量器具读数装置上得到的仅仅为测量相对标准量偏差值的一种测量。

3. 接触测量和非接触测量

接触测量是指测量时，计量器具的测量头与零件的被测量表面直接接触，如图 2－3 所示的游标卡尺；非接触测量是指测量的计量器具与被测工件无直接的机械接触。

4. 单项测量和综合测量

单项测量：分别对工件上的每个参数进行独立测量的一种测量方法。

　　综合测量：将影响互换性的有关参数综合测得合格与否的测量方法，或者将有关参数折合为一个主要参数的测量方法。

5. 等精度测量和不等精度测量

　　等精度测量是指决定测量精度的全部因素或者条件都不变的测量。例如，由同一个人员，使用同一台仪器，在同样的条件下，以同样的方法测量相同的次数，同样仔细地对同一个量进行测量。不等精度测量是指在测量过程中决定测量精度的全部因素或者条件可能完全改变或者部分改变的测量。一般情况下都采用等精度测量。不等精度测量的数据处理比较麻烦，只应用于重要科研实验中的高精度测量。

6. 主动测量和被动测量

　　主动测量是在零件加工过程中进行测量，其测量信息可以反馈，从而控制后续加工过程，及时防止废品的产生；被动测量是指对完工零件进行测量，如有缺陷无法修正。

2.2.2　两个重要的测量原则

1. 阿贝原则

　　1890 年，阿贝（Abbe）指出：若使量仪给出正确的测量结果，必须使仪器的读数刻度尺安放在被测尺寸线的延长线上，也就是说，被测零件的尺寸线和量仪中作为读数用的基准线（如线纹尺）应依次排成一条直线。这就是在长度测量中应用广泛的阿贝原则。

　　如图 2-3 所示，用游标卡尺测量轴的直径，由于轴径与读数刻线尺的基准长度不在一条直线上，不符合阿贝原则，则由于主尺和游标间隙的影响，将使量爪发生倾斜。由此产生的测量误差为

$$\Delta_1 = S\tan\beta \approx S\beta$$

式中：β 为倾斜角；S 为刻度尺与被测尺寸之间的距离。

　　设 $S = 30\text{mm}$，$\beta = 1' = 0.0003\text{rad}$，则

$$\Delta_1 = 30 \times 0.0003 = 0.009(\text{mm}) = 9\ (\mu\text{m})$$

　　图 2-4 所示为用千分尺测量轴的直径，被测件的尺寸线和千分尺的读数线在一条直线上，符合阿贝原则。如果由于安装等原因，测微丝杠轴线的移动方向与尺寸线有一夹角，则测量误差为

$$\Delta_2 = d(1 - \cos\beta) \approx \frac{d\beta^2}{2}$$

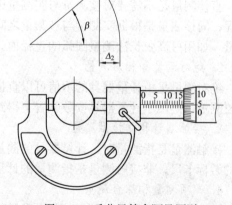

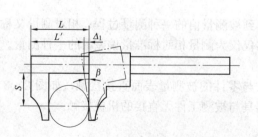

图 2-3　游标卡尺不符合阿贝原则　　　　　　图 2-4　千分尺符合阿贝原则

设 $d=30\text{mm}$，$\beta=1'=0.0003\text{rad}$，则

$$\Delta_2=20\times0.0003^2/2=1.35\times10^{-6}(\text{mm})=1.35\times10^{-3}(\mu\text{m})$$

遵循阿贝原则，测量误差较小。阿贝原则的意义就在于它避免了因导轨有误差而引起测量的一次放大误差。有时在量仪设计上也采取违背阿贝原则的方案，但为了保证仪器精度，必须采取措施消除阿贝一次放大误差，如 1m 光学补偿式测长机上采取了光学补偿措施，从而提高仪器的测量精度。

2. 封闭原则

封闭原则是指圆周分度首尾相接的间隔误差总和为 0。它利用圆周 360°这个自然基准在不需要高精度角度基准件的情况下，可实现对被测角度的高精度测量（自检）。

在用节距法测量直线度或平面度误差时，所得到的一系列数据是相互联系的。在测量齿轮周节累计误差的过程中，在测量 n 边棱体角度时，棱体内角之和为 $(n-2)\times180°$。这类测量过程从原理上称为封闭性连锁测量，应遵守封闭原则，最后累积误差应为 0，即

$$\Delta_1=\sum_{i=1}^{n}\Delta_i=0$$

此外，测量过程中应该遵循的原则还有基准统一原则、最小变形原则、最短链原则等。

2.2.3　影响测量的因素

影响测量的因素主要有以下几个方面。

1. 被测对象的特性

被测对象的特性包括其大小、形状、质量、材料、批量、精度要求等。例如，被测对象材料的软硬程度是采用接触式还是非接触式测量的依据；根据被测对象的批量大小可确定是采用现成的仪器或是临时组合的装置进行测量。再如，测量表面粗糙度时会受到表面波纹度的影响，为此，国家标准规定应在取样长度内测量和计算表面粗糙度。

2. 测量力的影响

测量力是测量时工件表面承受的测量压力。在检验标准中规定了测量过程中测量力应为 0，否则应考虑由此引起的误差。

3. 自重变形

细长工件和尺寸大的笨重工件由于自重容易发生弯曲变形，其变形量大小因支撑点位置不同而有所差异。如果使纵向长度缩减，端面的平行度也将发生变化。

如图 2-5 所示，当 $a=0.2113L$ 时，杆两端平行度的变化量小，检定大量块时采用这种支撑（艾利点）；当 $a=0.2232L$ 时，杆的长度变化量最小，检定长线纹尺时采用这种支撑（贝塞尔点）。

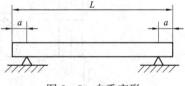

图 2-5　自重变形

4. 测量条件

测量条件是指在测量时的环境，如温度、湿度、气压、振动、气流、磁场、灰尘等因素。其中，温度是首先要考虑的因素。我国早在秦代就利用自然条件来保持温度的相对稳定，如规定度量衡器具的校正时间为春分和秋分时节，这是因为届时气温适宜，所谓"昼夜均而寒暑平"，对器具的影响较小，便于保证校正的精度。

由于物体具有热胀冷缩的物理特性，因此被测件的尺寸在不同温度条件下会有所不同，20℃是国内外规定的测量标准温度。实际测量时偏离标准温度可通过式（2-1）修正：

$$\Delta L = L\left[\alpha_{l1}(t_1 - 20℃) - \alpha_{l2}(t_2 - 20℃)\right] \tag{2-1}$$

式中：ΔL 为由于温度和线膨胀系数的不同而引起的测量误差，mm；L 为工件的被测量尺寸，mm；α_{l1} 为工件材料的线膨胀系数；α_{l2} 为量仪材料的线膨胀系数；t_1 为工件的温度；t_2 为量仪的温度。

2.3　计　量　器　具

2.3.1　计量器具的分类

计量器具按本身的结构特点可以分为以下四类：

（1）基准量具。基准量具是指以固定形式复现量值的测量工具，包括单值量具（如量块）和多值量具（如线纹尺）两类。

（2）极限量规（专用量具）。极限量规是一种没有刻度的专用检验工具，用这种工具不能得到被检验工件的具体尺寸，但能确定被检验工件是否合格，如光滑极限量规、螺纹量规等。

（3）计量仪器（通用量具）。计量仪器是指将被测量转化成可直接观察的示值或等效信息的计量器具。按信号转换原理可分为以下几种：游标类量具，如游标卡尺、游标高度尺等；螺旋类量具，如千分尺、公法线千分尺等；机械量仪，如百分表、杠杆比较仪、内径百分表等；电学量仪，如电感测微仪、电动轮廓仪等；光学量仪，如立式光学计、工具显微镜、投影仪、干涉仪等；气动量仪，如水柱式气动量仪、浮标式气动量仪等。

（4）计量装置。计量装置为确定被测量值所必需的计量器具和辅助设备的总体。

2.3.2　计量器具的主要技术指标

如图 2-6 所示，计量器具的主要技术指标有以下几项：

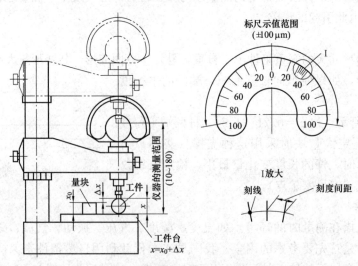

图 2-6　测量器具的计量学指标

(1) 刻度间隔：计量器具标尺或刻度盘上相邻两线中心的距离（一般取 0.75 ～ 2.5mm）。

(2) 分度值：标尺或刻度盘上相邻两刻线所代表的量值，即一个刻度间隔所代表的被测量的量值。例如，立式光学计的刻度间隔为 0.08mm（经目镜放大 12 倍后成为可以被眼睛分辨的 0.96mm），其分度值为 1μm。

(3) 示值范围：由计量器具所显示或指示的最低值到最高值的范围。

(4) 测量范围：在允许误差限内，计量器具的被测量值的范围。

(5) 灵敏度：计量器具对被测量的反应能力。对于一般长度量仪，灵敏度又称放大比，它等于刻度间隔与分度值之比。一般分度值越小，灵敏度就越高。

(6) 示值误差：计量器具上的示值与真值之差。各种计量器具的示值误差可从使用说明书或鉴定书中得到。一般示值误差越小，计量器具的精度就越高。

(7) 修正值：为消除系统误差而用代数法加到测量结果上的值。修正值等于未修正测量结果的绝对误差，但正负号相反。

(8) 测量不确定度：评定测量结果与被测量真值接近程度的指标，一般用极限误差来表示。这是一个综合指标，包含示值误差、回程误差等。例如分度值 0.01mm 的百分表，在测量≤50mm 的零件时，其不确定度为±0.004mm。

2.3.3　计量器具的选择

正确选择计量器具是保证产品质量、提高检测效率和降低成本的重要条件之一。在考虑精度适宜、使用方便、经济使用的原则基础上，根据具体情况，可按检验标准或精度系数选择计量器具。

GB/T 3177—2009《产品几何技术规范（GPS）　光滑工件尺寸的检验》适用于用普通计量具（如游标卡尺、千分尺及车间使用的比较仪）、对图样上注出的公差等级为 6～8 级（IT6～IT8）、基本尺寸≤500mm 的光滑工件尺寸的检验。

1. 按检验标准选择计量器具

(1) 验收极限的确定。验收极限是检验工件尺寸合格与否的尺寸界限。验收极限可按以下两种方式之一确定。

1) 验收极限内缩制。如图 2-7 所示，验收极限是从规定的最大实体极限 L_{max} 和最小实体极限 L_{min} 向工件公差带内移动一个安全裕度 A 来确定，A 值按工件公差 T 的 1/10 确定。

孔尺寸的上验收极限 $K_{孔上}$ 和下验收极限 $K_{孔下}$ 为

$$K_{孔上} = L_{min} - A$$
$$K_{孔下} = L_{max} + A$$

轴尺寸的上验收极限 $K_{轴上}$ 和下验收极限 $K_{轴下}$ 为

$$K_{轴上} = L_{max} - A$$
$$K_{轴下} = L_{min} + A$$

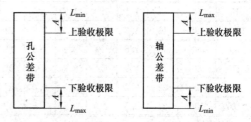

图 2-7　验收极限

2) 验收极限不内缩制。如图 2-7 所示，验收极限等于规定的最大实体极限 L_{max} 和最小实体极限 L_{min}，即 A 值等于 0。

（2）验收极限的适用性。验收极限方式的选择要结合尺寸功能要求及其重要程度、尺寸公差等级、测量不确定度、工艺能力等因素综合考虑，应注意以下几点：

1）对遵循包容要求的尺寸和公差等级高的尺寸，其验收极限按极限内缩制确定。

2）当工艺能力指数 $C_p \geqslant 1$ [$C_p = T/(c\sigma)$，c 为常数，σ 为工序样本的标准偏差；当工件尺寸遵循正态分布时，$c=6$，$C_p = T/(6\sigma)$]时，其验收极限可以按 $A=0$ 确定上、下验收极限，但对遵循包容要求的尺寸，其最大实体极限一边的验收极限仍应按极限内缩制确定。

3）对偏态分布的尺寸，其验收极限可以仅对尺寸偏向的一边按极限内缩制确定。

4）对非配合和一般公差的尺寸，其验收极限按不内缩制确定上、下验收极限。

（3）计量器具的选择。这是检验工作中重要一环。测量不确定度 u 包括计量器具的测量不确定度 u_1 和测量条件的不确定度 u_2。根据误差的来源，国家标准给出了不同计量器具的 u_1 和 u_2，由于两者均为独立的随机变量，故 u 也是随机变量，但 u_1 影响大，u_2 影响小，故规定

$$u = \sqrt{u_1^2 + u_2^2} \approx A$$

一般按 $u_1 : u_2 = 2 : 1$ 的关系，由此可以取 $u_1 = 0.9A$，$u_2 = 0.45A$。

国家标准规定，测量不确定度 u_1 值的大小分为 Ⅰ、Ⅱ、Ⅲ 三挡，分别为工件公差的 1/10、1/6、1/4。对 IT6～IT11，分为 Ⅰ、Ⅱ、Ⅲ 三挡；对 IT12～IT18，分为 Ⅰ、Ⅱ 两挡。选择时优先选用 Ⅰ 挡，其次选用 Ⅱ、Ⅲ 挡。测量不确定度的评定应符合有关标准的规定，其置信概率为 95%。对测量结果如发生争议，可以采用更精确的计量器具或按事先商定的方法解决。安全裕度 A 与计量器具的测量不确定度允许值 u_1 见表 2-4，各种计量器具的不确定度值见表 2-5～表 2-7。

表 2-4　安全裕度 A 与计量器具的测量不确定度允许值 u_1（摘自 GB/T 3177—2009）　　　　μm

公差等级			IT6					IT7					IT8		
基本尺寸（mm）		T	A	u_1			T	A	u_1			T	A	u_1		
大于	至			Ⅰ	Ⅱ	Ⅲ			Ⅰ	Ⅱ	Ⅲ			Ⅰ	Ⅱ	Ⅲ
—	3	6	0.6	0.54	0.9	1.4	10	1.0	0.9	1.5	2.3	14	1.4	1.3	2.1	3.2
3	6	8	0.8	0.72	1.2	1.8	12	1.2	1.1	1.8	2.7	18	1.8	1.6	2.7	4.1
6	10	9	0.9	0.81	1.4	2.0	15	1.5	1.4	2.3	3.4	22	2.2	2.0	3.3	5.0
10	18	11	1.1	1.0	1.7	2.5	18	1.8	1.7	2.7	4.1	27	2.7	2.4	4.1	6.1
18	30	13	1.3	1.2	2.0	2.9	21	2.1	1.9	3.2	4.7	33	3.3	3.0	5.0	7.4
30	50	16	1.6	1.4	2.4	3.6	25	2.5	2.3	3.8	5.6	39	3.9	3.5	5.9	8.8
50	80	19	1.9	1.7	2.9	4.3	30	2.7	2.7	4.5	6.8	46	4.6	4.1	6.9	10
80	120	22	2.2	2.0	3.3	5.0	35	3.5	3.2	5.3	7.9	54	5.4	4.9	8.1	12
120	180	25	2.5	2.3	3.8	5.6	40	4.0	3.6	6.0	9.0	63	6.3	5.7	9.5	14
公差等级			IT9					IT10					IT11		
基本尺寸（mm）		T	A	u_1			T	A	u_1			T	A	u_1		
大于	至			Ⅰ	Ⅱ	Ⅲ			Ⅰ	Ⅱ	Ⅲ			Ⅰ	Ⅱ	Ⅲ
—	3	25	2.5	2.3	3.8	5.6	40	4.0	3.6	6.0	9.0	60	6.0	5.4	9.0	14
3	6	30	3.0	2.7	4.5	6.8	48	4.8	4.3	7.2	11	75	7.5	6.8	11	17

续表

公差等级		IT9					IT10					IT11				
基本尺寸(mm)		T	A	u_1			T	A	u_1			T	A	u_1		
大于	至			I	II	III			I	II	III			I	II	III
6	10	36	3.6	3.3	5.4	8.1	58	5.8	5.2	8.7	13	90	9.0	8.1	14	20
10	18	43	4.3	3.9	6.5	9.7	70	7.0	6.3	11	16	110	11	10	17	25
18	30	52	5.2	4.7	7.8	12	84	8.4	7.6	13	19	130	13	12	20	29
30	50	62	6.2	5.6	9.3	14	100	10	9.0	15	23	160	16	14	24	36
50	80	74	7.4	6.7	11	17	120	12	11	18	27	190	19	17	29	43
80	120	87	8.7	7.8	13	20	140	14	13	21	32	220	22	20	33	50
120	180	100	10	9.0	15	23	160	16	15	24	36	250	25	23	38	56

公差等级		IT12				IT13				IT14			
基本尺寸(mm)		T	A	u_1		T	A	u_1		T	A	u_1	
大于	至			I	II			I	II			I	II
—	3	100	10	9.0	15	140	14	13	21	250	25	23	38
3	6	120	12	11	18	180	18	16	27	300	30	27	45
6	10	150	15	14	23	220	22	20	33	360	36	32	54
10	18	180	18	16	27	270	27	24	41	430	43	39	65
18	30	210	21	19	32	330	33	30	50	520	52	47	78
30	50	250	25	23	38	390	39	35	59	620	62	56	93
50	80	300	30	27	45	460	46	41	69	740	74	67	110
80	120	350	35	32	53	540	54	49	81	870	87	78	130
120	180	400	40	36	60	630	63	57	95	1000	100	90	150

表 2-5　　千分尺和游标卡尺的不确定度 (摘自 GB/T 3177—2009)

尺寸范围(mm)		计量器具类型			
		分度值 0.01mm 外径千分尺	分度值 0.01mm 内径千分尺	分度值 0.02mm 游标卡尺	分度值 0.05mm 游标卡尺
大于	至	不确定度 (mm)			
—	50	0.004			
50	100	0.005	0.008		
100	150	0.006			0.05
150	200	0.007		0.020	
200	250	0.008	0.013		
250	300	0.009			
300	350	0.010			0.100
350	400	0.011	0.020	—	
400	450	0.012			

表 2-6　　　　　　　　　　　比较仪的不确定度（摘自 GB/T 3177—2009）

尺寸范围 （mm）		所用计量器具			
		分度值为 0.000 5mm 的比较仪	分度值为 0.001mm 的比较仪	分度值为 0.002mm 的比较仪	分度值为 0.005mm 的比较仪
大于	至	不确定度（mm）			
—	25	0.000 6	0.001 0	0.001 7	
25	40	0.000 7			
40	65	0.000 8	0.001 1	0.001 8	0.003 0
65	90	0.000 8			
90	115	0.000 9	0.001 2	0.001 9	
115	165	0.001 0	0.001 3		
165	215	0.001 2	0.001 4	0.002 0	0.003 5
215	265	0.001 4	0.001 6	0.002 1	
265	315	0.001 6	0.001 7	0.002 2	

注　测量时使用的标准器有 4 块 1 级（或 4 等）量块组成。

表 2-7　　　　　　　　　　　指示表的不确定度（摘自 GB/T 3177—2009）

尺寸范围		所用计量器具			
		分度值 0.001mm 的 千分表（0 级在全程范 围内，1 级在 0.2mm 范围内） 分度值 0.002mm 的 千分表在 1 转范围内	分 度 值 0.001、 0.002、0.005mm 的千 分表（1 级在全程范围 内） 分度值 0.01mm 的 百分表（0 级在任意 1mm 内）	分度值 0.01mm 的 百分表（0 级在全程范 围内，1 级 在 任 意 1mm 内）	分度值 0.01mm 的 百分表（1 级在全程 范围内）
大于	至	不确定度（mm）			
—	115	0.005	0.010	0.018	0.030
115	315	0.006			

注　测量时使用的标准器有 4 块 1 级（或 4 等）量块组成。

当用普通计量器具测量尺寸时，应根据零件公差的大小按表 2-4 查取安全裕度 A 和所需计量器具的不确定度 u_1，再按表 2-5～表 2-7 所列的普通计量具的不确定系数值选取适用的计量器具，即所选的计量器具的不确定度 u_1' 等于或小于允许值 u_1。在所选计量器具的精度得到满足的前提下，还必须选择计量器具的测量范围，使之与被测零件的尺寸大小相符合。

【例 2-1】　被测工件尺寸为 $\phi40f8$，试确定验收极限并选择计量器具。

解　1）被测工件（轴）的基本尺寸为 $\phi40$mm，公差等级为 IT8，从表 2-4 可以查得，$T=39\mu m$，$A=3.9\mu m$，u_1 的 Ⅰ、Ⅱ、Ⅲ 挡值分别为 3.5、5.9、8.8μm。

2）确定验收极限。轴的基本偏差可查表 3-3，其上偏差为 es$=-25\mu m$，故下偏差为

$$ei = es - IT8 = -25 - 39 = -64\ (\mu m)$$

所以

$$d_{max} = 40 - 0.025 = 39.975\ (mm)$$

$$d_{min} = 40 - 0.064 = 39.936\ (mm)$$

采用极限内缩制，该轴的上验收极限 $K_{轴上}$ 为

$$K_{轴上} = d_{max} - A = 39.975 - 0.0039 = 39.9711 \text{（mm）}$$

下验收极限 $K_{轴下}$ 为

$$K_{轴下} = d_{min} + A = 39.936 + 0.0039 = 39.9399 \text{（mm）}$$

3）选择计量器具。优先选择 I 挡，因 $u_1 = 3.5 \mu m$，从表 2-6 中查得分度值为 0.005mm 的比较仪的不确定度为 0.0030mm，小于 u_1 值，能满足要求。

千分尺在生产车间使用比较普遍，但从表 2-5 中可知千分尺的不确定度为 0.004mm，不能满足被测工件的要求，这时可采用相对测量法，即先用量块校准千分尺，得到千分尺的误差，然后测量工件并进行误差修正，这样可以提高测量精度，满足测量要求。

2. 按精度系数选择计量器具

对于不符合标准规定的工件，测量用的计量器具按精度系数 K 来选择，有

$$K = \frac{\delta}{T}$$

式中：δ 为测量结果的极限误差；T 为被测工件的公差值。

K 一般取为 $1/10 \sim 1/3$。对于精度较高的工件，由于公差较小，计量器具选择困难，测量误差占工件公差的比例可大一些，K 可等于或接近 $1/3$；对于精度较低的工件，测量误差所占的比例可小一些，K 最小可等于 $1/10$；一般情况下 K 值可取为 $1/5$，可参照表 2-8 规定的数值选择精度系数。常用计量器具的极限误差见表 2-9。

表 2-8　　　　　　　　　　　精 度 系 数 K

公差等级	IT5	IT6	IT7	IT8	IT9	IT10	IT11～IT16
K（%）	32.5	30	27.5	25	20	15	10

表 2-9　　　　　　　　　　　常用计量器具的极限误差

计量器具名称	分度值（μm）	所用量块检定等别	所用量块精度级别	1～10	10～50	50～80	80～120	120～180	180～260	260～360	360～500
				测量极限误差（$\pm \mu m$）							
立式、卧式光学计测外尺寸	1	4 5	1 2	0.4 0.7	0.6 1.0	0.8 1.3	1.0 1.6	1.2 1.8	1.8 2.5	2.5 3.5	3.0 4.5
立式、卧式测长仪测外尺寸	1	绝对测量		1.1	1.5	1.9	2.0	2.3	2.3	3.0	3.5
卧式测长仪测内尺寸	1	绝对测量		2.5	3.0	3.3	3.5	3.8	4.2	4.8	—
测长机	1	绝对测量		1.0	1.3	1.6	2.0	2.5	4.0	5.0	6.0
万能工具显微镜	1	绝对测量		1.5	2	2.5	2.5	3	3.5	—	—

续表

计量器具名称	分度值（μm）	所用量块		1～10	10～50	50～80	80～120	120～180	180～260	260～360	360～500
		检定等别	精度级别	测量极限误差（$\pm\mu m$）							
大型工具显微镜	1	绝对测量		5	5	—	—	—	—	—	—
接触式干涉仪				$\Delta \leqslant 0.1$							

2.4　测量误差与数据处理

2.4.1　测量误差及精度的基本概念

1. 测量误差的定义

测量误差是指测量结果与被测量真值之差，即

$$\Delta = X - X_0$$

式中：X 为测量结果；X_0 为测量真值。

被测量真值是一个理想的概念，一般是未知的。实际测量时，常用实测量值或者已经修正过的算术平均值来代替真值。

2. 测量误差的表示方法

测量误差可以用绝对误差和相对误差来表示。绝对误差是从数据处理的角度而言，指测量结果与被测量的真值之差；相对误差是绝对误差与被测量的真值之比，$\varepsilon = \Delta / X_0$，一般以百分比表示。

3. 测量误差的分类

测量误差按其性质和出现的规律可分为系统误差、随机误差和粗大误差三类。

（1）系统误差：是指在偏离测量条件下或由测量方法所引入的因素按某确定函数规律所引起的误差。系统误差又可分为定值系统误差和变值系统误差。

定值系统误差是指误差的大小和符号固定不变的测量误差。例如，比较测量时量块的误差。

变值系统误差是指误差的大小和符号按确定的规律变化的测量误差。例如，分度盘安装的偏心误差即为按正弦规律变化。

（2）随机误差：是指在相同的测量条件下，多次测量同一量值时，误差的数值和符号与其测量的次序不存在确定的关系，但各次测量误差的总体服从正态分布，这样的测量误差属于随机误差。随机误差的分布服从统计规律。

（3）粗大误差：若重复测量的数列中发现特别大或特别小的量值，且其残余误差超出测量极限误差，该误差属于粗大误差。其原因包括错误读取示值、使用有缺陷的计量器具、计量器具使用不正确等。

4. 测量精度

测量精度是指测量结果与真值的接近程度。它与误差的大小相对应，测量误差越大，测量精度越低。

测量精度可分为精密度、正确度和准确度三类，其含义可形象地比喻成打靶（见图2-8）。

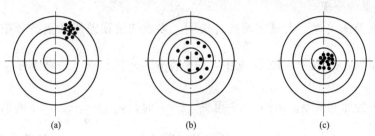

图 2-8　测量精度
(a) 精密度高；(b) 正确度高；(c) 准确度高

(1) 精密度：用于衡量在相同测量条件下对同一量进行反复测量时，这些测量值之间的相互接近程度或分散程度。精密度高则分散程度小。如图2-8 (a) 所示，打靶的精密度高。

(2) 正确度：用于衡量测量值对真值的偏离程度。如图2-8 (b) 所示，打靶的正确度高。

(3) 准确度：是精密度和正确度的综合反映，表示测量结果与真值的一致度。从误差观点来看，准确度反映了测量的各类误差的综合。如图2-8 (c) 所示，打靶的准确度高，不仅正确度高，精密度也高。

2.4.2　测量误差的来源

测量过程中有很多因素都会引起测量误差，但主要有以下几个方面：

(1) 测量器具的误差。测量器具的误差包括计量器具的设计、制造、装配、使用调整等不准确所引起的误差。

(2) 方法误差。方法误差是指测量方法的不完善所引起的误差。例如，采用近似的测量方法，或测量所依据的理论本身不完善所造成的误差。如用钢卷尺测量大轴的周长，并根据公式 $D=L/\pi$ 计算，由于 D 取值的精确度不同，将会引起一个相应的测量误差。

(3) 环境条件引起的误差。环境条件引起的误差是指由于环境因素与要求的标准状态不一致所引起的测量误差。例如，测量的标准温度应为 20℃，根据不同的测量要求，恒温室的温度变化幅度一般控制在 20℃±(0.2~2)℃，变化周期为 10~100min，而且并不是所有的计量测试工作都要求 20℃的恒温，如角度、圆分度、对称几何形状及电学量的相对测量，只要求温度相对恒定即可。

(4) 人员误差。人员误差是指由于人为原因所引起的测量误差。例如，测量人员的眼睛分辨率、视差、测试技术的熟练程度等因素所引起的测量误差。

2.4.3　测量误差的处理方法

1. 系统误差的发现和消除

系统误差一般通过标定的方法获得。从数据处理的角度出发，发现系统误差的方法有多种，直观的方法是"残余误差观察法"，即根据测量值的残余误差列表或作图进行观察。若残余误差大体正负相间，无显著变化规律，则可认为不存在系统误差；若残余误差有规律地递减或递增，则存在线性系统误差；若残余误差有规律地逐渐由负变正或由正变负，则存在周期性系统误差。当然，这种方法不能发现定值系统误差。

发现系统误差后需要采取措施加以消除。例如，测量螺纹零件时，分别测出左、右牙面螺距，然后取平均值，则可抵消螺纹零件测量安装不正确所引起的系统误差。

2. 随机误差的处理

（1）随机误差的特性。大量实验统计表明，多数随机误差服从正态分布，$y = f(\delta) = \dfrac{1}{\sigma\sqrt{2\pi}}e^{-\frac{\delta^2}{2\sigma^2}}$，如图 2-9 所示。图 2-9 中，横坐标 δ 表示随机误差，纵坐标 y 表示随机误差的概率密度，σ 为标准偏差。由图 2-9 可见，$\delta = 0$ 时，$y_{max} = \dfrac{1}{\sigma\sqrt{2\pi}}$。不同的 σ 对应不同的正态分布曲线。σ 越小，y_{max} 越大，曲线越陡，随机误差越集中，测量精密度越高；反之，σ 越大，y_{max} 越小，曲线越平坦，随机误差越分散，测量精密度越低。

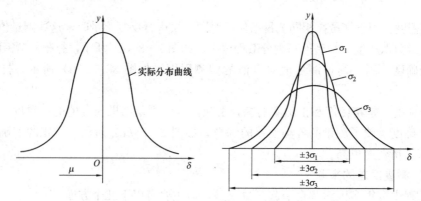

图 2-9　正态分布

正态分布具有以下特点：

1）单峰性：绝对值小的误差比绝对值大的误差出现的次数多，图形上有明显的高峰。

2）对称性：绝对值相等的正、负误差出现的次数相同，图形呈对称分布。

3）有界性：在一定的测量条件下，随机误差的绝对值不超过一定的界限。

4）抵偿性：随着测量次数的无限增多，误差的算术平均值趋向 0。

（2）随机误差评定指标。

1）算术平均值 $\bar{x}$。由于测量误差的存在，在同一条件下，对同一个量多次重复测量，将得到一系列不同的测量值，这些量的平均值为

$$\bar{x} = \frac{\sum\limits_{i=1}^{n} x_i}{n}$$

2）残差 v_i。残差 v_i 是指每次测量所得的量值与算术平均值的代数差，即

$$v_i = x_i - \bar{x}$$

3）标准偏差 σ。标准偏差 σ 是反映测量值精密度的重要指标，实际测量中常用贝塞尔公式计算：

$$\sigma = \sqrt{\dfrac{\sum\limits_{i=1}^{n} v_i^2}{n-1}}$$

4）算术平均值的标准偏差 $\sigma_{\bar{x}}$，有

$$\sigma_{\bar{x}} = \dfrac{\sigma}{\sqrt{n}}$$

5）极限误差。如图 2 - 9 所示，当极限误差 $\delta = \pm 3\sigma$ 时，置信概率为 99.73%，仅 0.27% 的随机误差超出其范围（1000 次测量中约 3 次测量值落在 $-3\sigma \sim +3\sigma$ 区间之外，所以一次测量落在 $-3\sigma \sim +3\sigma$ 区间之外的可能性很小），因而常以 $\pm 3\sigma$ 作为随机误差的极限误差。

6）测量结果。单次测量的测量结果为 $x_e = x \pm 3\sigma$，多次测量的测量结果为 $x_e = \bar{x} \pm 3\sigma_{\bar{x}}$。

3. 粗大误差的剔除

粗大误差会对测量结果产生明显的歪曲，因而应将它从测量结果中加以剔除。剔除的判别准则有拉依达准则、肖维勒准则、格拉布斯准则、T 检验准则等。

拉依达准则又称 3σ 准则，主要适用于服从正态分布的、误差重复测量次数比较多的情况。如果一个测量数列中某一次测量值残差的绝对值大于 3σ，则该次测量值为粗大误差，应剔除，然后重新计算算术平均值、标准偏差等，直到剔除完粗大误差为止。

2.4.4　数据处理

1. 直接测量数列的数据处理

【例 2 - 2】　对某轴同一部位进行 12 次测量，测得数据见表 2 - 10，求测量结果。

解　（1）求算术平均值，有

$$\bar{x} = \dfrac{\sum x_i}{n} = 28.787$$

（2）求残余误差 v_i，见表 2 - 10。

（3）求残余误差平方和 v_i^2。

（4）求单次测量的标准偏差：

表 2 - 10　　轴尺寸测量数据

序号	x_i	v_i	v_i^2
1	28.784	−3	9
2	28.789	+2	4
3	28.789	+2	4
4	28.784	−3	9
5	28.788	+1	1
6	28.789	+2	4
7	28.786	−1	1
8	28.788	+1	1
9	28.788	+1	1
10	28.785	−2	4
11	28.788	+1	1
12	28.786	−1	1

$$\sigma = \sqrt{\dfrac{\sum\limits_{i=1}^{n} v_i^2}{n-1}} = \sqrt{\dfrac{40}{11}} = 1.9 \ (\mu m)$$

（5）判断粗大误差。由标准偏差求得粗大误差的界限 $3\sigma = 5.7\mu m$，对照表 2 - 10 中残余误差的数值，可知不存在粗大误差。若存在粗大误差，则应剔除后，再对剩余数据重新计算，重复步骤（1）～（5）。

（6）求算术平均值的标准偏差：

$$\sigma_{\bar{x}} = \dfrac{\sigma}{\sqrt{n}} = \dfrac{1.9}{\sqrt{12}} = 0.55 \ (\mu m)$$

（7）写出测量结果：

$$x_e = \bar{x} \pm 3\sigma_{\bar{x}} = 28.787 \pm 0.001\,6 \, (mm)$$

2. 间接测量数列的数据处理

间接测量时，被测量是各直接测量数列测得值的函数，其数据处理按函数误差的处理方法进行。

【例 2 - 3】　一厚度为 1mm 的圆弧样板，如图 2 - 10 所示，$R = 12_{-0.011}^{0}$，$S = 23.664$，$H = 10$，试拟订对圆弧样板 R 的测量方法。

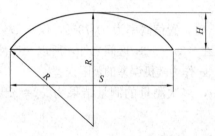

图 2 - 10　圆弧样板（弓高弦长法）

解　（1）初步选定测量方法。被测对象圆弧样板为一薄片，故不宜采用接触法测量，而应采用非接触法测量。由于是非整圆，因而半径 R 无法直接测量，故必须采用间接测量，可先分别测出弓高 H 和弦长 S，然后由函数关系间接算出 R 值。

（2）计量器具的选择。根据初步选定的测量方法可知，难以用 GB/T 3177—2009 选择普通计量器具实现测量，因而可按精度系数选择计量器具。

该工件公差 IT $= 0 - 0.011 = 0.011$（mm）$= 11$（μm），查表可知为 IT6，参照表 2 - 8，测量结果极限误差值为 $11 \times 30\% = 3.3$（μm）。实现对半径 R 的测量需要两个方向的标准量来分别测量弓高和弦长，由表 2 - 9 可知，可选择万能工具显微镜来进行测量。

设用万能工具显微镜实测得 $H = 10$mm，$S = 23.664$mm，系统误差为 $\Delta S = +4\mu m$，$\Delta H = -2\mu m$。

（3）测量结果数据处理。

1）确定间接测量的函数关系式。由图 2 - 10 可知

$$R^2 = \left(\frac{S}{2}\right)^2 + (R - H)^2$$

$$R = f(S, H) = \frac{S^2}{8H} + \frac{H}{2}$$

$$dR = \frac{\partial f}{\partial S}dS + \frac{\partial f}{\partial H}dH = \frac{S}{4H}dS + \left(\frac{1}{2} - \frac{S^2}{8H^2}\right)dH$$

2）计算函数系统误差。若直接测量测得值中存在系统误差 ΔS、ΔH，则函数（被测量）也相应存在系统误差：

$$\Delta R = \frac{\partial f}{\partial S}\Delta S + \frac{\partial f}{\partial H}\Delta H = \frac{S}{4H}\Delta S + \left(\frac{1}{2} - \frac{S^2}{8H^2}\right)\Delta H$$

$$= \frac{23.664}{4 \times 10} \times (+0.004) + \left(\frac{1}{2} - \frac{23.664^2}{8 \times 10^2}\right) \times (+0.002)$$

$$\approx +0.0028 \text{（mm）}$$

3）计算函数随机误差。若直接测量数列中存在随机误差，则函数中也存在随机误差，查表 2 - 9 得到用万能工具显微镜测量的极限误差测 S 时为 $\pm 2\mu m$，测 H 时为 $\pm 1.5\mu m$，则

$$\delta_{\lim R} = \sqrt{\left(\frac{\partial f}{\partial S}\right)^2 \delta_{\lim S}^2 + \left(\frac{\partial f}{\partial S}\right)^2 \delta_{\lim H}^2} = \sqrt{\left(\frac{S}{4H}\right)^2 \delta_{\lim S}^2 + \left(\frac{1}{2} - \frac{S^2}{8H^2}\right)^2 \delta_{\lim H}^2}$$

$$= \sqrt{\left(\frac{23.664}{40}\right)^2 \times (0.002)^2 + \left(\frac{1}{2} - \frac{23.664}{800}\right)^2 \times (0.0015)^2} \approx 0.001 \text{ (mm)}$$

4）列出测量结果的表达式：

$$R = (R_测 - \Delta R) \pm \delta_{\lim R} = (12 - 0.0028) \pm 0.001 = 11.9972 \pm 0.001 \text{ (mm)}$$

（4）测量结果的评定。评定内容包括以下几项：

1）被测工件是否合格。

该工件的极限尺寸为 $R_{\max} = 12 \text{mm}$，$R_{\min} = 12 - 0.011 = 11.989$ （mm）。

该工件公差等级为 IT6，查表 2-4 可知，$T = 11 \mu m$，$A = 1.1 \mu m$。

按 GB/T 3177—2008，采用极限内缩制，可得到

$$K_上 = 12 - 0.0011 = 11.9989 \text{ (mm)}$$

$$K_下 = 11.989 + 0.0011 = 11.9901 \text{ (mm)}$$

由测量结果可知，该样板的真实尺寸在 11.9901 和 11.9989 之间，既在尺寸公差之内，又在采用极限内缩制的验收极限范围之内，故该尺寸合格。

2）测量精度是否满足要求。由于被测尺寸公差为 $11 \mu m$，采用万能工具显微镜测量，其测量结果的极限误差为 $1 \mu m$，仅占工件公差的 1/10。因此，用万能工具显微镜测量能满足使用要求。实际测量中，精度系数 K 为 1/5，比较适宜，可以选择测量精度比万能工具显微镜低的测量仪器，如大型工具显微镜或小型工具显微镜，重新进行测量评定。

2.5　三 坐 标 测 量 机

2.5.1　三坐标测量机的特点

三坐标测量机是 20 世纪 60 年代发展起来的一种以精密机械为基础，综合运用电子技术、光栅、激光等先进技术的测量仪器。它的基本功能是指示测量头所处空间位置的 X、Y、Z 坐标值。

用三坐标测量机进行测量具有很高的精密度，通过计算机应可以运用误差补偿功能使测量值达到很高的精密度。

用三坐标测量机进行测量具有较大的万能性。不论多么复杂的几何表面和几何形状，只要测量机的测头能够瞄到的地方，就可以通过坐标测量机系统得到各点的坐标值，再由计算机完成数据处理。

用三坐标测量机进行测量还具有显著缩短测量时间、提高检测效率的特点。这是因为用三坐标测量机测量时，不要求工件严格与测量机轴线方向一致，可以通过测量工件的若干点后算出二者的倾斜度，并在该工件以后的测量中进行修正，避免了工件调整的时间，提高了检测效率。

目前，三坐标测量机已经被广泛应用于机械制造、电子、汽车、国防、航空等行业中，被誉为"测量中心"。在现代自动化生产（如 CIMS、FMS 等）中，把测量机搬出实验室，放在生产线上在线检测，可以对每个零件的每道工序进行检查，并且采取相应对策，及时防止废品的发生。

2.5.2　三坐标测量机的类型

三坐标测量机按技术水平可以分为以下几个类型：

（1）数字显示打印型。该类型主要用于几何尺寸测量，采用数字显示，可以打印测量结果。测量时一般手动操作，记录下的数据仍然需要人工计算处理。

（2）计算机数据处理型。该类型是在前一类型的基础上，加上计算机进行数据处理，数据打印输出。测量为手动或者机动，可完成工件安装倾斜的自动校正计算、孔心距计算、坐标变换、自动补偿等工作。

（3）计算机数据控制型。这类测量机水平高，是在第二类测量机基础上增加程序控制和程序编制功能，可以按照程序进行自动测量，尤其适用于对一些大型零件（如汽车外壳和复杂曲面零件）的检验。

2.5.3　三坐标测量机的结构

三坐标测量机的结构类型有以下几种：

（1）悬臂式［见图2-11（a）、（b）］，其特点是小巧，紧凑，工作面开阔，装卸工件方便；缺点是悬臂结构容易变形。

（2）桥框式［见图2-11（c）、（d）］，其特点是 Y 轴刚性强，变形影响小，X、Y、Z 向的行程都可以增大，适用于大型测量机。

（3）龙门式［见图2-11（e）、（f）］，其特点是当龙门移动或工作台移动时，装卸工件方便，操作性能好，适用于小型测量机。

（4）卧式镗式或坐标镗式［见图2-11（g）、（h）］，是在卧室镗床或者坐标镗床的基础上发展起来的，其测量精度高，但是结构复杂。

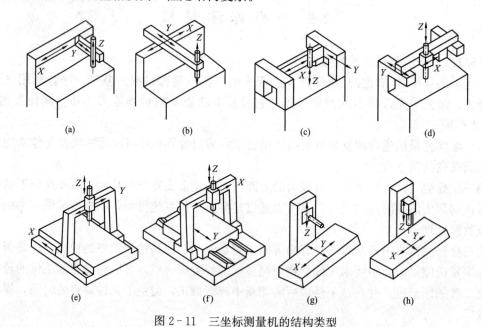

图2-11　三坐标测量机的结构类型
（a）、（b）悬臂式；（c）、（d）桥框式；（e）、（f）龙门式；（g）、（h）卧式镗式或坐标镗式

2.5.4　三坐标测量机的组成

就测量机的主体来说，它的组成部分有底座、测量工作台、立柱、导轨及支撑，X、

Y、Z 向测量机系统等。一般三坐标测量机都带有计算机、打印机、绘图仪等外部设备和软件。

下面主要介绍三坐标测量机的测量系统,其主要部件是测量头和标准器。

1. 测量头

三坐标测量机的工作效率、精度与测量头密切相关。没有先进的测量头,就无法发挥测量机的功能。三坐标测量机测量头种类很多,大致可归纳为以下几类:

(1) 机械接触式测量头。又称硬测头,没有传感系统,只是一个纯机械式接触头(见图 2-12)。典型的机械测头包括圆锥测头、圆柱测头、球型测头等。

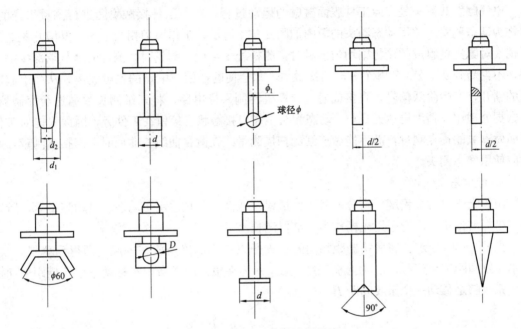

图 2-12 机械接触式测量头

(2) 光学非接触测头。在三坐标测量机上配备光学非接触测头可以对软、薄、脆的工件实现测量。近几年,随着激光器和新型光电器(如电荷耦合器件 CCD、光电位置敏感器件等)的发展,激光三角法在测量精度、动态范围、灵敏度、相应时间等方面都有了较大改善,使经典的三角法光学非接触传感技术获得广泛应用,尤其适用于航天航空、汽车、模具等行业对自由曲面的高速测量。激光三角法测距原理见图 2-13。

从激光器发出的光束经过透镜 S1 聚焦到被测表面上,散射光的一部分经过透镜 S2 成像在 PSD 上,则

$$X = \frac{Ya}{Y\cos\theta + b\sin\theta}$$

PSD 是非离散型器件,其输出电流随光电位置不同而连续变化,与 CCD 比较具有体积小、灵敏

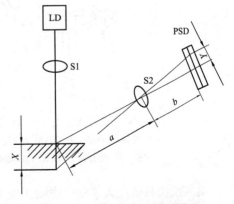

图 2-13 激光三角法测距原理

度高、响应速度快、外围电路简单等特点。入射到 PSD 上的光电位置变化 Y 被转换为电流信号，经信号调理电路及处理系统后，可以得到与观点位置信号成正比的电压信号，通过检测电压信号可以得到 Y 值，由公式计算出被测的位移 X。

（3）电气式测量头。现代三坐标测量机主要采用电气式测量头，或以电气式为基本配置另外辅助配置光学式。

电气式测量头分为电气接触式（静态）测头和电气触发式（动态）测头两种。

电气接触式测头，即软测头（静态测头），测头的测端与被测件接触后可做偏移，由传感器输出位移量信号。这种测头不但可用于瞄准，还可用于测微。

电气触发式测头是在向工件表面碰触的运动过程，在与工件接触瞬间进行测量采样的，故称为动态测头。常用动态测头的简图如图 2-14 所示，工作原理相当于零位发信开关。当形销 3 对圆柱销组成的接触副均匀接触时，测杆处于零位。测量时，测针的球状端部接触工件，不论受到 X、Y、Z 哪个方向的接触力，都会使圆柱销与触点的接触脱离，从而引起电路的断开，产生阶跃信号，直接或通过计算机控制采样电路，将三维测长数据送至存储器，供数据处理用，精度可达 $\pm 1\mu m$。动态测头不能以接触状态停留在工件旁，因而只能对工件表面做离散的逐点测量，而不能做连续的扫描测量。在测量曲线、曲面时，需扫描测量，此时应使用静态测头。

2. 标准器

由于光栅具有高精度、高分辨率、大量程等特性，并且适用于动态、自动测量等，所以在三坐标测量机上广泛采用光栅作为标准器测长。

如图 2-15 所示，将两块栅距相同的长光栅以一小的夹角放在一起，即得到莫尔条纹。莫尔条纹间距 $B = W/\theta$，W 为光栅刻线宽度，θ 为夹角，两光栅相对移动一个光栅距 W 时，莫尔条纹随之移动一个条纹间距 B。

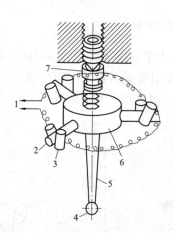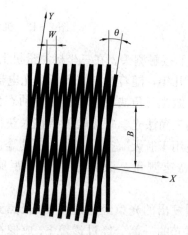

图 2-14　电气触发式（动态）测头　　　　　图 2-15　光栅

1—信号线；2—销；3—形销；4—红宝石
测头；5—测杆；6—块规；7—陀螺

莫尔条纹具有放大作用，因而 θ 很小，$1/\theta$ 是一个较大的数，即 B 对 W 起放大作用。

莫尔条纹还具有平均作用。由于莫尔条纹由许多光栅刻线的交点组成，因此一条刻线交点位置的变化，对一条莫尔条纹影响非常小。

光栅莫尔条纹通过光电元件（如光电二极管）接收，并经计数电路送入计算机处理后，即可得到两个光栅的相对位移量。

2.5.5　三坐标测量机的测量方法

目前，三坐标测量机大都配备专用计算机，由计算机采集数据，通过计算，并与预先存储的理论数据相比较，然后输出测量结果。

测量机生产厂家一般提供若干测量软件，如测头校验程序、坐标转换程序、普通测量程序、齿轮测量程序、几何误差评定程序、凸轮测量程序、螺纹测量程序、叶片测量程序、学习程序等。用户可使用厂方提供的程序，也可使用提供的语言自编程序，或通过功能键操作。

不同的测量机有不同的测量方法。选取测头的数目不同，数据处理软件也不同，但其中有一些方法是共同的。

1. 零件测量前的准备

（1）选择校验基准件。在零件测量前，需根据被测零件的形状，选择适当的测头组合使用，测定各测针的球径和测针间的相互位置，并在测量机的工作台上固定一校验基准件。

校验基准件有基准球和基准立方体两种类型，相应地有以下两种方法和程序：

1）基准球。基准球工作面是直径已知的高精度的球体，用于测头上第 i 个测针对此基准球进行测量，测得基准球心坐标 x_i、y_i、z_i 及基准球球心和测针中心构成的球半径 R_i。已知基准球半径 R_0，则该指针的半径 r_i 为

$$r_i = R_i - R_0$$

由于基准球的位置是固定的，因此不同测针测得的 x_i、y_i、z_i 值决定了其相对位置。在用不同的测针对工件各表面进行测量时，应从测量的三维数据中消去此数值。

球方程有 4 个参数，因此，在测头校验时，至少要对基准测量 4 次，通常测量 5 次，第 5 次数据供校核用。

2）基准立方体。基准立方体的工作表面是 3 个互相垂直且与三坐标测量机的 3 组导轨相互平等的平面。用测头上的某个测针对基准立方体的 3 个平面做三次测量，即可确定此时测针在测头中的相对位置。用基准立方体不能测定测针的半径。

（2）坐标变换。

在坐标测量机中存在三种坐标系。

1）测头坐标系。不同测针在此坐标系中有不同的坐标位置，引起测量数据的基准不统一。测头校验相当于将不同位置的测针统一到一个位置固定的"虚拟"测针上。

2）三坐标测量机坐标系。

3）工件坐标系。

从三坐标测量机测长系统采集到的测量数据是相对于测量机坐标系的，但工件的尺寸和形状位置要求是标注在工件坐标系中的，二者需要统一。在传统的机械和光学坐标系的测量中，需调整高速测量坐标系或工件坐标系，使二者相互平行或重合。而在三坐标测量机中，则可以通过软件，将测量机坐标数据转换到工件坐标机中，相当于建立一个"虚拟"的与工件坐标系重合的测量坐标系。这个虚拟的坐标系由软件形成，可随工件位置而变，故称为柔性坐标系。

坐标转换包括建立坐标系和坐标转换两项工作。

1）建立坐标系。按工件的实际位置确定上述虚拟坐标系的位置，即确定工件坐标系与测量机坐标系的相对位置。常用的方法有以面为基准和以工件为基准两种。

以面为基准和建立坐标系的步骤如下：

首先，选择工件上的一个平面作为坐标面（XY、YZ 或 ZX），对此平面测量 3 点，即可确定此坐标面（如 XY 面）。

然后，选择与上一平面垂直的第二个面作为另一坐标平面（如 YZ 面），对此平面测量 2 点，过此平面作一平面垂直前一坐标面（如 XY 面），所作平面即为第二坐标面（YZ 面），两坐标面的交线即为坐标轴线（Y 轴）。

最后，选择与前两个平面垂直的第三个面，对此平面测量一点，过此点作一平面垂直于已测定的坐标线，此平面即为第三坐标平面（如 ZX 面），此平面与坐标轴线的交点即为原点。

以线为基准建立坐标系的方法常用于旋转类零件。

以线为基准建立坐标系的步骤如下：

首先，选择、测量工件上的一条线（一般为轴或孔的中心线）作为一个坐标轴线（如 X 轴）。

然后，选择、测量工件上的一个点，过此点作直线垂直于已选定的坐标轴线，则此直线为第二条坐标轴线（如 Y 轴）。已选定的两轴线的交点即为原点。过原点作两轴线的垂线，为第三条坐标轴线（如 Z 轴）。

2）坐标转换。每次测量后，用程序将采集到的测量机坐标值转换到工件坐标系中，再计算几何参数。

2. 参数计算

根据工件表面各测点的坐标值，计算各种几何参数值。

（1）两点间距离的测量。点 A（x_1，y_1，z_1）与点 B（x_2，y_2，z_2）间的距离 L 可由式（2-2）计算：

$$L = \sqrt{(x_2 - x_1)^2 + (y_2 - y_1)^2 + (z_2 - z_1)^2} \tag{2-2}$$

（2）圆的直径和圆心的测量。设圆心 C 的坐标为 x_C 和 y_C，半径为 R，圆上任意 3 点的坐标为 (x_1, y_1)、(x_2, y_2)、(x_3, y_3)，则

$$R = \sqrt{\frac{[(x_1 - x_2)^2 + (y_1 - y_2)^2][(x_2 - x_3)^2 + (y_2 - y_3)^2][(x_3 - x_1)^2 + (y_3 - y_1)^2]}{2[x_1 + (y_2 - y_3) + x_2(y_3 - y_1) + x_3(y_1 - y_2)]}} \pm r$$

$$x_C = \frac{x_1^2(y_2 - y_3) + x_2^2(y_3 - y_1) + x_3^2(y_1 - y_2) - (y_1 - y_2)(y_2 - y_3)(y_3 - y_1)}{2[x_1 + (y_2 - y_3) + x_2(y_3 - y_1) + x_3(y_1 - y_2)]}$$

$$y_C = \frac{y_1^2(x_2 - x_3) + y_2^2(x_3 - x_1) + y_3^2(x_1 - x_2) - (x_1 - x_2)(x_2 - x_3)(x_3 - x_1)}{2[x_1 + (y_2 - y_3) + x_2(y_3 - y_1) + x_3(y_1 - y_2)]}$$

式中：r 为测头半径，测内圆时取正值，测外圆取负值。

r 的数值可以由程序输入计算机，当计算内、外半径时，自动将测头半径计入。在测量孔间距时，先分别求出各个孔曲率半径，这时需要在球面上测取同一圆周上 4 点的坐标值。

（3）求直线方向。根据 $P_1(x_1, y_1, z_1)$ 和 $P_2(x_2, y_2, z_2)$ 两点，可以确定其在 XY

平面上的投影与 X 轴的夹角为

$$\theta = \arctan \frac{y_2 - y_1}{x_2 - x_1} \tag{2-3}$$

直线与垂直于 XY 面的轴的夹角为

$$\varphi = \arctan \frac{\sqrt{(x_2 - x_1)^2 + (y_2 - y_1)^2}}{z_2 - z_1} \tag{2-4}$$

直线与其他坐标轴的夹角，以及直线在其他坐标平面的投影与坐标轴的夹角，均可参照式 (2-3) 和式 (2-4)。

(4) 求两直线交点和夹角。由 $P_1(x_1, y_1)$、$P_2(x_2, y_2)$、$P_3(x_3, y_3)$、$P_4(x_4, y_4)$，可以计算出两直线 P_1P_2 与 P_3P_4 的交点坐标和夹角，即

$$x_P = \frac{(y_1 x_2 - x_1 y_2)(x_4 - x_3) - (y_3 x_4 - x_3 y_4)(x_2 - x_1)}{(y_4 - y_3)(x_2 - x_1) - (x_4 - x_3)(y_2 - y_1)}$$

$$y_P = \frac{(y_1 x_2 - x_1 y_2)(y_4 - y_3) - (y_3 x_4 - x_3 y_4)(y_2 - y_1)}{(y_4 - y_3)(x_2 - x_1) - (x_4 - x_3)(y_2 - y_1)}$$

$$\theta = \arctan \frac{(y_4 - y_3)(x_2 - x_1) - (x_4 - x_3)(y_2 - y_1)}{(x_4 - x_3)(x_2 - x_1) + (y_4 - y_3)(y_2 - y_1)}$$

对于几何误差评定，应用比较普遍的是最小二乘法。最小区域法是最合理的评定方法，但是算法比较复杂。有些几何误差的数据处理，如圆柱度的评定，只能是近似计算。

3. 自动测量

自动测量适用于成批零件的重复测量。测量时，先对第一个零件测量一次，计算机将存储测量过程（如测头的移动轨迹、测量点的坐标、子程序的调用等），然后通过数控伺服机构控制测量机，按程序自动对其余零件进行测量，由计算机计算得到测量结果。

习　题

2-1　随机误差的评定指标是什么？随机误差能消除吗？应怎样进行处理？

2-2　量块分等与分级的依据是什么？按等使用与按级使用有什么不同？

2-3　试从 83 块一套的量块中同时组合下列尺寸（单位为 mm）：29.875、48.98、40.79。

2-4　用万能测长仪对某工件的长度等精度测量 16 次，各次测量值为 38.724、38.743、38.740、38.757、38.741、38.939、38.740、38.739、38.741、38.742、38.743、38.739、38.740、38.743、38.742、38.741，求测量结果。

2-5　已知某仪器的不确定度（测量极限误差）为 $\pm 4\mu m$。某一次测量的测得值为 28.359mm，4 次测量的平均值为 28.356mm，分别写出测量结果。

2-6　GB/T 3177—2009《产品几何技术规范（GPS）　光滑工件尺寸的检验》规定了哪两种验收极限方式来验收工件？这两种方式的验收极限是如何确定的？

2-7　三个 1 级量块的标称尺寸和极限误差分别为 (1.005±0.000 2)mm、(1.48±0.000 2)mm、(20±0.000 3)mm，试计算这三个量规组合后的尺寸和极限误差。

2-8　用两种测量方法分别测量 100mm 和 200mm 两段长度，前者和后者的绝对测量误差分别为 $+6\mu m$ 和 $-8\mu m$，试确定两者的测量精度中何者较高。

2-9　某计量器具在示值为 40mm 处的示值误差为 $+0.004mm$。若用该计量器具测量工件时，读数正好为 40mm，试确定该工件的实际尺寸。

2-10　用普通计量器测量下列的孔和轴时，试分别确定它们的安全裕度、验收极限以及应使用的计量器具的名称和分度值。

（1）$\phi 50e9$；（2）$\phi 60js8$；（3）$\phi 40h7$；（4）$\phi 50H14$。

第 3 章　尺寸公差与检测

3.1　概　　述

任何机械产品都是由零件装配而成的。该产品精度的高低及性能的优劣在很大程度上是由零件几何量的精度所决定的，其中包括本章所述的零件几何尺寸公差与配合及第 4 章所述的几何要素形状与位置公差。

众所周知，任何一个零件的几何要素在加工过程中不可避免地会产生误差。实践证明，只要这些误差不超过允许的范围（即公差范围），仍然可以满足产品的正常使用要求。由此可见，公差的大小反映了零件几何参数的使用要求，配合则反映了组成机械的零部件之间的关系。因此，尺寸精度的设计问题就是合理确定组成产品的零部件几何参数的公差与配合问题。

为了满足互换性的要求，国家标准计量局已对这些公差和配合实现了标准化，制订并颁布了相应的国家标准。这些标准是尺寸精度设计的重要依据。为此，我们应对这些标准的构成特点、规定的术语定义，以及孔、轴尺寸精度设计的原则和方法进行研究，以完成尺寸精度设计的任务。

与尺寸精度有关的国家标准包括：

GB/T 1800.1—2009 《产品几何技术规范（GPS）　极限与配合　第 1 部分：公差、偏差和配合的基础》

GB/T 1800.2—2009 《产品几何技术规范（GPS）　极限与配合　第 2 部分：标准公差等级和孔、轴极限偏差表》

GB/T 1801—2009 《产品几何技术规范（GPS）　极限与配合　公差带和配合的选择》

GB/T 1803—2003 《极限与配合　尺寸至 18mm 孔轴公差带》

GB/T 1804—2000 《一般公差　未注公差的线性和角度尺寸的公差》

3.2　基 本 术 语

3.2.1　孔与轴

孔通常是指工件的圆柱形内表面，也包括非圆柱形内表面（由两平行表面或切平面形成的包容面）。由单一尺寸确定的内表面称为孔。

轴通常是指工件的圆柱形外表面，也包括非圆柱形外表面（由两平行平面或切平面形成的包容面）。由单一尺寸确定的外表面称为轴。

在机器或仪器中，最基本的装配关系是由一个零件的内表面包容另一个零件的外表面所形成的。这里的孔与轴具有广泛的含义，不仅表示圆柱形内、外表面，而且表示其他几何形状的内、外表面中由单一尺寸确定的部分。

图 3-1 所示的各表面中，由 D_1、D_2、D_3、D_4 各单一尺寸所确定的部分称为孔，由 d_1、d_2、d_3 各单一尺寸所确定的部分称为轴。

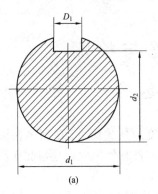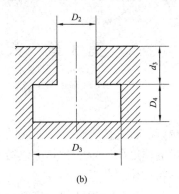

图 3-1　孔和轴的定义示意

如果两个表面同向，不能形成包容与被包容状态，则该单一尺寸所确定的部分既不是孔也不是轴。

3.2.2　尺寸

尺寸包括线性尺寸、公称尺寸、实际尺寸、极限尺寸、作用尺寸等。

1. 线性尺寸

线性尺寸简称尺寸，是指以特定单位 mm 表示的长度值的数值，如直径、半径、深度、宽度、中心距离等。

2. 公称尺寸

公称尺寸是指设计给定的尺寸，根据零件的强度、刚度等要求计算并经修约后确定的。一般采用标准尺寸，以减少定值刀具、量具的规格。用 D、d 分别表示孔、轴的公称尺寸。

3. 实际尺寸

实际尺寸是指通过测量得到的尺寸。由于零件表面存在形状误差，所以测量零件表面不同部位得到的实际尺寸不尽相同。由于存在测量误差，实际尺寸并非尺寸真值，而是近似真值的尺寸。用 D_a、d_a 分别表示孔、轴的实际尺寸。

4. 极限尺寸

极限尺寸指允许尺寸变化的两个界限值。两值中，大者称为最大极限尺寸，小者称为最小极限尺寸。孔和轴的最大极限尺寸分别用 D_{max} 和 d_{max} 表示，最小极限尺寸分别用 D_{min} 和 d_{min} 表示。

极限尺寸以公称尺寸为基数，也是在设计时确定的，它可能大于、等于或小于公称尺寸。极限尺寸用于控制完工零件的实际尺寸。

5. 体外作用尺寸

在被测试要素（孔或轴）的给定长度上，与实际内表面体外相接的最大理想面或实际外表面体外相接的最小理想面的直径或宽度，称为体外作用尺寸。孔或轴的体外作用尺寸分别用 D_{fe} 和 d_{fe} 表示。当工件存在形状误差时，孔的体外作用尺寸小于实际尺寸，轴的体外作用尺寸大于其实际尺寸。一个实际孔或实际轴可能有很多个大小不同的实际尺寸，但体外作用尺寸或体内作用尺寸只有一个，如图 3-2 所示。

3.2.3　偏差、公差及公差带

1. 尺寸偏差

尺寸偏差简称偏差，是指某一尺寸（实际尺寸、极限尺寸等）减其公称尺寸所得的代数

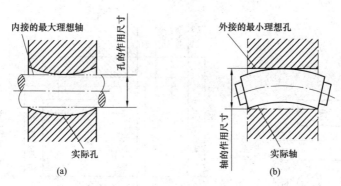

图 3-2 孔和轴的体外作用尺寸

差。偏差值可以是正值、负值或零。

偏差包括实际偏差和极限偏差。

实际偏差是某一实际尺寸减其公称尺寸的代数差，孔的实际偏差用 E_a 表示，轴的实际偏差用 e_a 表示，则

$$E_a = D_a - D, \quad e_a = d_a - d$$

极限偏差是极限尺寸减其公称尺寸的代数差，用于控制实际偏差，分为上偏差和下偏差。

上偏差是最大极限尺寸减其公称尺寸的代数差，孔的上偏差用 ES 表示，轴的上偏差用 es 表示，则

$$ES = D_{max} - D, \quad es = d_{max} - d$$

下偏差是最小极限尺寸减其公称尺寸的代数差，孔的下偏差用 EI 表示，轴的下偏差用 ei 表示，则

$$EI = D_{min} - D, \quad ei = d_{min} - d$$

基本偏差是国家标准规定的用于标准化公差带位置的上偏差或下偏差，一般是靠近零线的那个偏差。

2. 尺寸公差

尺寸公差简称公差，是指允许尺寸的变动量，等于最大极限尺寸与最小极限尺寸之差的绝对值，也等于上偏差与下偏差的代数差绝对值。公差用于控制实际尺寸的变动范围，公差值是不为 0 的绝对值。孔和轴的公差分别用 T_h 和 T_s 表示。

公差和极限偏差的关系如下：

$$T_h = |D_{max} - D_{min}| = |ES - EI|$$

$$T_s = |d_{max} - d_{min}| = |es - ei|$$

3. 公差带及公差带图

为了清晰、直观地表示公称尺寸、极限偏差公差及孔和轴的关系，最好用图形表示；而公称尺寸和公差数值相差悬殊，将三者画在一个图上不成比例，故国家标准规定了极限与配合图解，又称公差带图，如图 3-3 和图 3-4 所示。

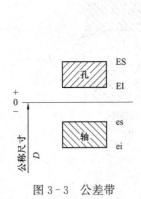

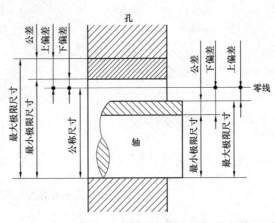

图 3-3　公差带　　　　　　　　　　图 3-4　极限与配合示意

偏差以公称尺寸为零线，零线以上的偏差为正偏差，零线以下的偏差为负偏差。图中，由代表上、下偏差的两条直线段形成的区域称为公差带。其纵向宽度代表公差值，用比例画出。横向长度可适当选取，图中基本尺寸单位为 mm，偏差和公差的单位为 μm。

公差带图包括公差带大小与公差带位置两项参数。

公差带大小由公差值决定，位置由基本偏差决定。为使公差带标准化，GB/T 1800—2009 规定了标准公差和基本偏差。

标准公差是国家标准规定的公差值，使公差的大小标准化，用 IT 表示。

【例 3-1】　孔和轴的公称尺寸 D 和 d 均为 $\phi20.000\text{mm}$；孔的最大极限尺寸和最小极限尺寸分别为 $D_{\max}=\phi20.019\text{mm}$，$D_{\min}=\phi20.000\text{mm}$；轴的最大和最小极限尺寸分别为 $d_{\max}=\phi19.994\text{mm}$，$d_{\min}=\phi19.982\text{mm}$。现在测得孔、轴的实际尺寸分别为 $D_a=\phi20.010\text{mm}$，$d_a=\phi19.990\text{mm}$，求孔、轴的极限偏差、实际偏差及公差。

解　孔的极限偏差

$$ES=D_{\max}-D=20.019-20=+0.019\ (\text{mm})$$

$$EI=D_{\min}-D=20.000-20=0$$

轴的极限偏差

$$es=d_{\max}-d=19.994-20=-0.006\ (\text{mm})$$

$$ei=d_{\min}-d=19.982-20=-0.018\ (\text{mm})$$

孔的实际偏差

$$E_a=D_a-D=20.010-20=+0.010\ (\text{mm})$$

轴的实际偏差

$$e_a=d_a-d=19.990-20=-0.01\ (\text{mm})$$

孔的公差

$$T_h=D_{\max}-D_{\min}=20.019-20=0.019\ (\text{mm})$$

轴的公差

$$T_s=d_{\max}-d_{\min}=19.994-19.982=0.012\ (\text{mm})$$

3.2.4 配合及配合公差

1. 配合

配合是指公称尺寸相同、相互结合的孔和轴公差带之间的关系。

2. 间隙或过盈

间隙或过盈是指孔与轴的配合中，孔尺寸减去相互配合的轴尺寸所得到的代数差。其值为正时是间隙，用 X 表示；其值为负时是过盈，用 Y 表示。

3. 配合种类

根据孔和轴公差之间的相互关系，配合分为间隙配合、过盈配合和过渡配合三类。

(1) 间隙配合。孔公差带位于轴公差带之上时，具有间隙（包括最小间隙等于 0）的配合（见图 3-5）。表征间隙配合特征的参数有最大间隙 X_{max}、最小间隙 X_{min} 和平均间隙 X_{av}。

$$X_{max} = D_{max} - d_{min} = ES - ei$$

$$X_{min} = D_{min} - d_{max} = EI - es$$

$$X_{av} = \frac{X_{max} + X_{min}}{2}$$

(2) 过盈配合。孔公差带位于轴公差带之下时，具有过盈（包括最小过盈配合等于 0）的配合（见图 3-6）。表征过盈配合特征的参数有最大过盈 Y_{max}、最小过盈 Y_{min} 和平均过盈 Y_{av}。

$$Y_{max} = D_{min} - d_{max} = EI - es$$

$$Y_{min} = D_{max} - d_{min} = ES - ei$$

$$Y_{av} = \frac{Y_{max} + Y_{min}}{2}$$

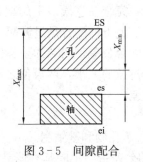

图 3-5 间隙配合

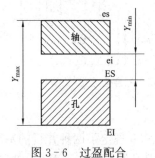

图 3-6 过盈配合

(3) 过渡配合。孔公差带和轴公差带相互交叠时，可能具有间隙，也可能具有过盈（见图 3-7）。表征过盈配合特征的参数有最大间隙 X_{max}、最大过盈 Y_{max} 和平均间隙 X_{av}（或平均过盈 Y_{av}）。

$$X_{max} = D_{max} - d_{min} = ES - ei$$

$$Y_{max} = D_{min} - d_{max} = EI - es$$

$$X_{av}(Y_{av}) = \frac{X_{max} + Y_{max}}{2}$$

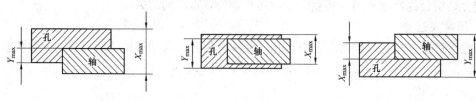

图 3-7　过渡配合

需要强调的是，过渡配合是对一批孔、轴间的结合而言的，具体对一个孔和一个轴结合时，只能具有间隙或过盈，不会出现"过渡"性质，而且包括间隙或过盈为 0 的情况，不可能出现 Y_{min}、X_{min}。

4. 配合公差

配合公差是指允许间隙或过盈的变动量，用 T_f 表示。配合公差表示对配合精度的要求，控制间隙或过盈变化范围，反映使用要求。它是评定配合质量的一个重要指标。配合公差在数值上等于孔公差与轴公差之和，即

$$T_f = T_h + T_s$$

这是一个很重要的公式，它反映了使用要求与制造要求的关系，也反映了配合精度与加工精度的关系。为使间隙或过盈的变动范围减小，应减小零件的公差，提高零件的加工精度。设计时可根据配合精度的要求确定孔和轴的尺寸公差。

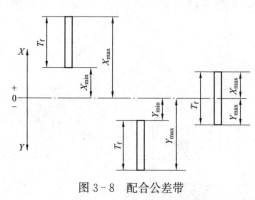

为了直观地表示相互结合的孔与轴的配合精度和配合性质，可用配合公差带表示。如图 3-8 所示，零线表示间隙或过盈等于 0，零线上方为间隙，零线下方为过盈。

配合公差带完全在零线以上的配合是间隙配合，完全在零线以下的配合是过盈配合，跨在零线上下的配合是过渡配合。

配合公差带两端的坐标值代表极限间隙或极限过盈的大小，两极值之间区域的宽度为配合公差。

图 3-8　配合公差带

5. 基准制

GB/T 1800—2009 规定了两种并行的基准制：基孔制和基轴制。

(1) 基孔制。基孔制是基本偏差为一定的孔的公差带与不同基本偏差的轴的公差带形成各种配合的一种制度。如图 3-9（a）所示，Ⅰ为间隙配合，Ⅱ为过渡配合，Ⅲ为过渡配合或过盈配合，Ⅳ为过盈配合。基孔制的孔为基准孔，它的公差带在零线上方，且基本偏差为 0，即 EI=0。

(2) 基轴制。基轴制是指基本偏差为一定的轴的公差带与不同基本偏差的孔的公差带形成各种配合的一种制度，如图 3-9（b）所示。基轴制的轴为基准轴，它的公差带在零线下方，且基本偏差为 0，即 es=0。

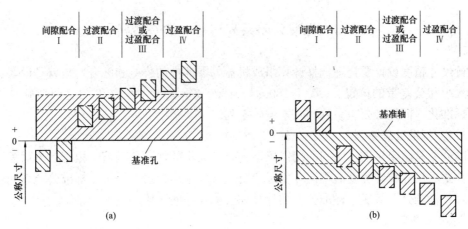

图 3-9 基孔制和基轴制

(a) 基孔制；(b) 基轴制

【例 3-2】 已知某一配合的公称尺寸为 $\phi 80\text{mm}$，配合公差为 $T_f = 49\mu m$，最大间隙为 $X_{max} = +19\mu m$，孔的公差为 $T_h = 30\mu m$，轴的下偏差为 $ei = +11\mu m$，试画出此配合的孔、轴尺寸公差带图和配合公差带图，并说明基准制及配合类别。

解 因为 $\qquad T_f = T_s + T_h = X_{max} - X_{min}$

有 $\qquad\qquad T_s = T_f - T_h = 49 - 30 = 19 \ (\mu m)$

又 $\qquad\qquad T_s = es - ei$

则 $\qquad\qquad es = ei + T_s = +11 + 19 = +30 \ (\mu m)$

$\qquad\qquad X_{min} = X_{max} - T_f = +19 - 49 = -30 \ (\mu m)$

负间隙即为过盈，该配合为过渡配合。

$\qquad\qquad X_{max} = ES - ei$

有 $\qquad\qquad ES = X_{max} + ei = 19 + 11 = +30 \ (\mu m)$

$\qquad\qquad T_h = ES - EI$

则 $\qquad\qquad EI = ES - T_h = 30 - 30 = 0$

由此可见，孔和轴公差带是交叠的，且孔的下偏差为 0，所以应为基孔制过渡配合。

故 $\qquad\qquad Y_{max} = EI - es = -30 \ (\mu m)$

此配合的孔、轴尺寸公差带图和配合公差带图分别如图 3-10 和图 3-11 所示。

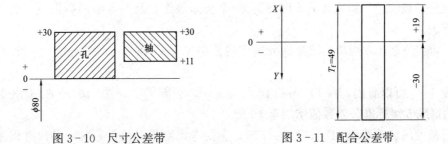

图 3-10 尺寸公差带 　　　　　　　　图 3-11 配合公差带

3.3　标准公差系列与基本偏差系列

进行尺寸精度设计要合理选择计算组成机器的零部件的公差和配合，也就是说要选择公差带的大小和公差带的位置。GB/T 1800.1、1800.2—2009 对公差带的这两个基本要素分别予以标准化，即标准公差系列和基本偏差系列。

3.3.1　标准公差系列

标准公差是国家标准表所列的用以确定公差带大小的任一公差值。根据各方面需要的不同，以及要求尺寸准确程度的不同，将标准公差分为不同的公差等级。标准公差系列包括三方面内容：标准公差等级、标准公差的计算和公称尺寸的分段。

1. 标准公差等级

国家标准将标准公差等级分为 20 个公差等级，用 IT 和阿拉伯数字表示，如 IT01、IT0、IT1、…、IT18，其中，IT01 最高，等级依次降低，IT18 最低。

2. 标准公差的计算

公称尺寸≤500mm，IT5～IT18 的各级标准公差为

$$T = ai$$

式中：T 为标准公差计算值，μm；a 为公差等级系数；i 为公差因子，μm。

（1）公差因子 i。尺寸公差是用来控制尺寸误差的，通过大量的生产实践和科学实验，发现机械零件的制造误差不仅与加工方法有关，而且与公称尺寸的大小有关。当尺寸较小时，是立方抛物关系；当尺寸较大时，近似呈线性关系。又考虑到温度变化所产生的测量误差，引入公差因子 i 的概念，它是计算标准公差的基本单位，也是制订标准公差数值系列的基础，反映了公差与公称尺寸的关系。

对于公称尺寸≤500mm、IT5～IT18 的常用尺寸段，公差因子 i 为

$$i = 0.45\sqrt[3]{D} + 0.001D \quad (\mu m) \tag{3-1}$$

式中：D 为公称尺寸的计算值，用所属尺寸分段内首尾两个尺寸的几何平均值来计算，mm。

式（3-1）中第一项主要表示加工误差的规律，第二项用于补偿和直径成比例的误差，主要是由于测量时温度不稳定和对标称温度有偏差引起的测量误差，以及量规变形误差等。

（2）公差等级系数 a。公称尺寸一定时，公差等级系数 a 是决定标准公差大小的唯一参数，a 的大小在一定程度上反映了加工的难易程度，所以说 a 是标准公差分级的依据。

标准公差按公差等级系数的不同分为 20 个公差等级，公差等级的高低就成为加工精度高低的标志。

（3）标准公差计算规律。国家标准规定的公称尺寸≤500mm 的标准公差值计算公式见表 3-1。

由表 3-1 可以看出，在 IT5～IT18 各等级中，公差等级 a 采用的是 R5 优先数系，从 IT6 开始每隔 5 级标准公差数值增加至 10 倍。

对高精度的公差等级 IT01、IT0、IT1，主要考虑测量误差的影响，其尺寸误差与公称尺寸呈线性关系，3 个公差等级之间的常数和系数均采用优先数系的派生系 R10/2。

表 3 − 1				公称尺寸≤500mm 的标准公差值计算公式				

公差等级	公　式	公差等级	公　式	公差等级	公　式
IT01	$0.3 + 0.008D$	IT6	$10i$	IT13	$250i$
IT0	$0.5 + 0.012D$	IT7	$16i$	IT14	$400i$
IT1	$0.8 + 0.020D$	IT8	$25i$	IT15	$640i$
IT2	$(IT1)(IT5/IT1)^{1/4}$	IT9	$40i$	IT16	$1000i$
IT3	$(IT1)(IT5/IT1)^{2/4}$	IT10	$64i$	IT17	$1600i$
IT4	$(IT1)(IT5/IT1)^{3/4}$	IT11	$100i$	IT18	$2500i$
IT5	$7i$	IT12	$160i$		

　　IT2、IT3、IT4 三个等级的标准公差是在 IT1 与 IT5 之间按等比级数插入的，其公比 q $= (IT5/IT1)^{1/4}$。

　　采用这种公差等级系数的划分规律，可以将国家标准所规定的公差等级根据今后发展的需要向高、低精度延伸，也可以在任意相邻两公差等级之间插入新的等级，使标准公差数值计算具有很强的规律性。

　　由此可见，在进行尺寸精度设计时，应尽量选用标准公差值。

　　3. 公称尺寸分段

　　在设计时，标准公差数值并不直接计算，而是从表格中选取。公差表格按标准公差计算公式求出，然后加以修约。然而，不同的公称尺寸就有相应的公差值，这样必然使表格非常庞大而不实用，为此，国家标准对公称尺寸进行了分段。GB/T 1800.1—2009 将尺寸至 500mm 范围内的公称尺寸分为 13 段，在同一尺寸段的尺寸用首尾尺寸（D_1、D_2）的几何平均值来计算公差，使一个公差段定有一个公差值，即 $D = \sqrt{D_1 D_2}$，这样就使表格大幅简化，见表 3 − 2。

表 3 − 2								标 准 公 差 数 值											

公称尺寸 (mm)	公 差 等 级																		
	(μm)												(mm)						
	IT01	IT0	IT1	IT2	IT3	IT4	IT5	IT6	IT7	IT8	IT9	IT10	IT11	IT12	IT13	IT14	IT15	IT16	IT17	IT18
≤3	0.3	0.5	0.8	1.2	2	3	4	6	10	14	25	40	60	0.10	0.14	0.25	0.40	0.60	1.0	1.4
>3~6	0.4	0.6	1	1.5	2.5	4	5	8	12	18	30	48	75	0.12	0.18	0.30	0.48	0.75	1.2	1.8
>6~10	0.4	0.6	1	1.5	2.5	4	6	9	15	22	36	58	90	0.15	0.22	0.36	0.58	0.90	1.5	2.2
>10~18	0.5	0.8	1.2	2	3	5	8	11	18	27	43	70	110	0.18	0.27	0.43	0.70	1.10	1.8	2.7
>18~30	0.6	1	1.5	2.5	4	6	9	13	21	33	52	84	130	0.21	0.33	0.52	0.84	1.30	2.1	3.3
>30~50	0.6	1	1.5	2.5	4	7	11	16	25	39	62	100	160	0.25	0.39	0.62	1.00	1.60	2.5	3.9
>50~80	0.8	1.2	2	3	5	8	13	19	30	46	74	120	190	0.30	0.46	0.74	1.20	1.90	3.0	4.6
>80~120	1	1.5	2.5	4	6	10	15	22	35	54	87	140	220	0.35	0.54	0.87	1.40	2.20	3.5	5.4
>120~180	1.2	2	3.5	5	8	12	18	25	40	63	100	160	250	0.40	0.63	1.00	1.60	2.50	4.0	6.3
>180~250	2	3	4.5	7	10	14	20	29	46	72	115	185	290	0.46	0.72	1.15	1.85	2.90	4.6	7.2
>250~315	2.5	4	6	8	12	16	23	32	52	81	130	210	320	0.52	0.81	1.30	2.10	3.20	5.2	8.1
>315~400	3	5	7	9	13	18	25	36	57	89	140	230	360	0.57	0.89	1.40	2.30	3.60	5.7	8.9
>400~500	4	6	8	10	15	20	27	40	63	97	155	250	400	0.63	0.97	1.55	2.50	4.00	6.3	9.7

　　注　公称尺寸小于 1mm 时，无 IT14~IT18。

【例 3 - 3】　轴的直径为 $\phi 65 \mathrm{mm}$，求标准公差 IT7 的值。

解　由表 3 - 1 知，$IT7 = 16i$，$d = 65\mathrm{mm}$，隶属于大于 50～80mm 尺寸段，该段的几何尺寸平均值 D_j 为

$$D_j = \sqrt{50 \times 80} \approx 63.25\ (\mathrm{mm})$$

由式（3 - 1），有

$$i = 0.45 \times \sqrt[3]{63.25} + 0.001 \times 63.25 \approx 1.85\ (\mu m)$$

因此，有　　　　　　　　　　$IT7 = 16 \times 1.85 \approx 30 (\mu m)$

经修约后的结果与表 3 - 2 数值相同，故实际应用可直接查表，不必计算。

3.3.2　基本偏差系列

1. 基本偏差的特点

基本偏差是 GB/T 1800.1—2009 规定的用以确定公差相对于零线位置的上偏差或下偏差，一般是指靠近零线的偏差。当公差带位于零线上方时，是下偏差；当公差带位于零线下方时，是上偏差；当公差位于零线时，可为上偏差也可为下偏差。

规定基本偏差既可使公差带的位置标准化，也可满足不同配合的需要。每种基本偏差用 1 个或 2 个拉丁字母表示。孔的基本偏差代号用大写字母表示，轴的基本偏差用小写字母表示（见图 3 - 12）。26 个拉丁字母中，除去容易和其他符号混淆的 I、L、O、Q、W，再加上 7 个双字母代号 CD、EF、FG、ZA、ZB、ZC、JS，共 28 个基本偏差代号，代表 28 种公差位置。

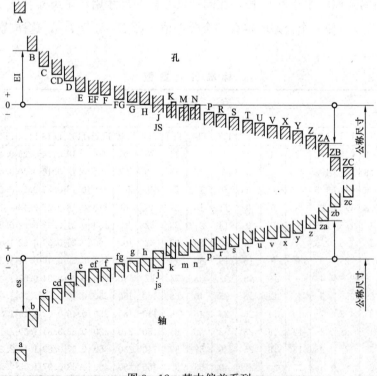

图 3 - 12　基本偏差系列

基本偏差的布置特点如下:

(1) 孔 A~H 的基本偏差为下偏差 EI,孔 J~ZC 的基本偏差为上偏差 ES;轴 a~h 的基本偏差为上偏差 es,轴 j~zc 的基本偏差为下偏差 ei。

(2) 孔 H 和轴 h 的基本偏差为 0,即 H 的 EI=0,h 的 es=0,故 H 代表基准孔,h 代表基准轴。

(3) 以孔 JS (轴 js) 为基本偏差组成的公差带完全对称于零线,其基本偏差为 +IT/2 或 -IT/2;以 J (j) 为基准偏差的公差带跨在零线上,呈不对称分布,它们的基本偏差不一定是靠近零线的那个偏差。

(4) 孔 K~N 的基本偏差为上偏差;轴 k~n 的基本偏差为下偏差,但精度等级不同,其基本偏差数值不同,故同一代号有两个位置。

2. 轴和孔的基本偏差的确定及公差带的组成

(1) 轴的基本偏差的确定。轴的各种基本偏差的数据是根据轴与基准孔 H 组成的各种配合要求制订的,其基本偏差数值是根据大量实践和科学实验,经统计分析总结的公式计算得到的,具体数值列于表 3 - 3。

轴的基本偏差确定后,在已知公差等级的情况下,即可确定轴的另一个极限尺寸。例如,轴的公称尺寸为上偏差 es,标准公差为 IT,则另一个极限偏差 ei 为

$$ei = es - IT$$

同样,已知轴的基本偏差为下偏差 ei,标准公差为 IT,则另一个极限偏差 es 为

$$es = ei + IT$$

将轴的基本偏差代号和公差等级代号组合就构成轴的公差带代号。例如,轴的公差带代号 h7、f8、m6、r6 等。

(2) 孔的基本偏差的确定。孔的基本偏差是由相同字母的轴的基本偏差,在相应公差等级的基础上换算得到的。换算的前提是基于有关国家标准的两条原则。

一是标准的基孔制与基轴制配合,应保证孔和轴的 "工艺等价",即孔轴加工难度相当。即当孔的公差等级大于 IT8 级时,与相同公差等级的轴相配合;孔的公差等级小于或等于 IT8 级时,应比相配合的轴的公差等级低一级 (如 H8/d8 与 D8/h8,H7/f6 与 F7/h6)。

二是在相应公差等级的条件下,无论是基孔制还是基轴制的配合,只要对应的孔和轴的基本偏差代号相当 (如孔的 F 对应轴的 f,孔的 P 对应轴的 p),基孔制形成的配合与基轴制形成的配合相同,即所谓 "同名配合" 性质相同。例如,F7/h6 和 H7/f6 配合相同,二者的极限间隙是相同的,故称为 "同名配合"。

根据上述原则,孔的基本偏差按以下两种规则由轴的基本偏差换算而来:

一是通用规则。孔的基本偏差与对应轴的基本偏差的绝对值相等而符号相反,即

$$EI = -es, \quad ES = -ei$$

该规则适用于以下情况:对于 A~H,因其基本偏差 (EI) 和对应轴的基本偏差 (es) 的绝对值都等于最小间隙的绝对值,故不论孔、轴是否采用同等级的配合,均适用此原则;对于 K~ZC,因标准公差等级大于 IT8 的 K、M、N 和大于 IT7 的 P~ZC,一般孔、轴采用同等级配合,故适用此原则。但标准公差等级大于 IT8、公称尺寸大于 3mm 的 N 除外 (ES=0)。

表 3-3　　　　　　　　　　　　　　　　　　　　　　　　**轴的基本偏差数值**

公称尺寸 (mm) 大于	至	上偏差 es 所有标准公差等级 a	b	c	cd	d	e	ef	f	fg	g	h	js	基本偏 IT5、IT6 j	IT7 j	IT8 j
—	3	−270	−140	−60	−34	−20	−14	−10	−6	−4	−2	0		−2	−4	−6
3	6	−270	−140	−70	−46	−30	−20	−14	−10	−6	−4	0		−2	−4	
6	10	−280	−150	−80	−56	−40	−25	−18	−13	−8	−5	0		−2	−5	
10	14	−290	−150	−95		−50	−32		−16		−6	0		−3	−6	
14	18	−290	−150	−95		−50	−32		−16		−6	0		−3	−6	
18	24	−300	−160	−110		−65	−40		−20		−7	0		−4	−8	
24	30	−300	−160	−110		−65	−40		−20		−7	0		−4	−8	
30	40	−310	−170	−120		−80	−50		−25		−9	0		−5	−10	
40	50	−320	−180	−130		−80	−50		−25		−9	0		−5	−10	
50	65	−340	−190	−140		−100	−60		−30		−10	0	偏差=±IT$_n$/2，式中IT$_n$是IT值数	−7	−12	
65	80	−360	−200	−150		−100	−60		−30		−10	0		−7	−12	
80	100	−380	−220	−170		−120	−72		−36		−12	0		−9	−15	
100	120	−410	−240	−180		−120	−72		−36		−12	0		−9	−15	
120	140	−460	−260	−200		−145	−85		−43		−14	0		−11	−18	
140	160	−520	−280	−210		−145	−85		−43		−14	0		−11	−18	
160	180	−580	−310	−230		−145	−85		−43		−14	0		−11	−18	
180	200	−660	−340	−240		−170	−100		−50		−15	0		−13	−21	
200	225	−740	−380	−260		−170	−100		−50		−15	0		−13	−21	
225	250	−820	−420	−280		−170	−100		−50		−15	0		−13	−21	
250	280	−920	−480	−300		−190	−110		−56		−17	0		−16	−26	
280	315	−1050	−540	−330		−190	−110		−56		−17	0		−16	−26	
315	355	−1200	−600	−360		−210	−125		−62		−18	0		−18	−28	
355	400	−1350	−680	−400		−210	−125		−62		−18	0		−18	−28	
400	450	−1500	−760	−440		−230	−135		−68		−20	0		−20	−32	
450	500	−1650	−840	480		−230	−135		−68		−20	0		−20	−32	
500	560					−260	−145		−76		−22	0				
560	630					−260	−145		−76		−22	0				
630	710					−290	−160		−80		−24	0				
710	800					−290	−160		−80		−24	0				
800	900					−320	−170		−86		−26	0				
900	1000					−320	−170		−86		−26	0				
1000	1120					−350	−195		−98		−28	0				
1120	1250					−350	−195		−98		−28	0				
1250	1400					−390	−220		−110		−30	0				
1400	1600					−390	−220		−110		−30	0				
1600	1800					−430	−240		−120		−32	0				
1800	2000					−430	−240		−120		−32	0				
2000	2240					−480	−260		−130		−34	0				
2240	2500					−480	−260		−130		−34	0				
2500	2800					−520	−290		−145		−38	0				
2800	3150					−520	−290		−145		−38	0				

注　1. 公称尺寸小于或等于 1mm 时，基本偏差 a 和 b 均不采用。

　　2. 公差带 js7~js11，若 IT$_n$ 数值是奇数，则取偏差 $=\pm\dfrac{IT_n-1}{2}$。

（摘自 GB/T 1800.1—2009）　　　　　　　　　　　　　　　　　　　　μm

差 数 值

下偏差 ei

IT4~IT7 IT7	≤IT3 >IT7	所有标准公差等级													
k		m	n	p	r	s	t	u	v	x	y	z	za	zb	zc
0	0	+2	+4	+6	+10	+14		+18		+20		+26	+32	+40	+60
+1	0	+4	+8	+12	+15	+19		+23		+28		+35	+42	+50	+80
+1	0	+6	+10	+15	+19	+23		+28		+34		+42	+52	+67	+97
+1	0	+7	+12	+18	+23	+28		+33		+40		+50	+64	+90	+130
								+39	+45	+45		+60	+77	+108	+150
+2	0	+8	+15	+22	+28	+35		+41	+47	+54	+63	+73	+98	+136	+188
							+41	+48	+55	+64	+75	+88	+118	+160	+218
+2	0	+9	+17	+26	+34	+43	+48	+60	+68	+80	+94	+112	+148	+200	+274
							+54	+70	+81	+97	+114	+136	+180	+242	+325
+2	0	+11	+20	+32	+41	+53	+66	+87	+102	+122	+144	+172	+226	+300	+405
					+43	+59	+75	+102	+120	+146	+174	+210	+274	+360	+480
+3	0	+13	+23	+37	+51	+71	+91	+124	+146	+178	+214	+258	+335	+445	+585
					+54	+79	+104	+144	+172	+210	+254	+310	+400	+525	+690
+3	0	+15	+27	+43	+63	+92	+122	+170	+202	+248	+300	+365	+470	+620	+800
					+65	+100	+134	+190	+228	+280	+340	+415	+535	+700	+900
					+68	+108	+146	+210	+252	+310	+380	+465	+600	+780	+1000
+4	0	+17	+31	+50	+77	+122	+166	+236	+284	+350	+425	+520	+670	+880	+1150
					+80	+130	+180	+258	+310	+385	+470	+575	+740	+960	+1250
					+84	+140	+196	+284	+340	+425	+520	+640	+820	+1050	+1350
+4	0	+20	+34	+56	+94	+158	+218	+315	+385	+475	+580	+710	+920	+1200	+1550
					+98	+170	+240	+350	+425	+525	+650	+790	+1000	+1300	+1700
+4	0	+21	+37	+62	+108	+190	+268	+390	+475	+590	+730	+900	+1150	+1500	+1900
					+114	+208	+294	+435	+530	+660	+820	+1000	+1300	+1650	+2100
+5	0	+23	+40	+68	+126	+232	+330	+490	+595	+740	+920	+1100	+1450	+1850	+2400
					+132	+252	+360	+540	+660	+820	+1000	+1250	+1600	+2100	+2600
0	0	+26	+44	+78	+150	+280	+400	+600							
					+155	+310	+450	+660							
0	0	+30	+50	+88	+175	+340	+500	+740							
					+185	+380	+560	+840							
0	0	+34	+56	+100	+210	+430	+620	+940							
					+220	+470	+680	+1050							
0	0	+40	+66	+120	+250	+520	+780	+1150							
					+260	+580	+840	+1300							
0	0	+48	+78	+140	+300	+640	+960	+1450							
					+330	+720	+1050	+1600							
0	0	+58	+92	+170	+370	+820	+1200	+1850							
					+400	+920	+1350	+2000							
0	0	+68	+110	+195	+440	+1000	+1500	+2300							
					+460	+1100	+1650	+2500							
0	0	+76	+135	+240	+550	+1250	+1900	+2900							
					+580	+1400	+2100	+3200							

二是特殊规则。孔、轴基本偏差的符号相反，而绝对值相差一个 Δ 值，即

$$ES = -ei + \Delta$$

$$\Delta = IT_n - IT_{n-1}$$

式中：IT_n 和 IT_{n-1} 分别为某一级和比它高一级的标准公差。

　　该规则适用于公称尺寸至 500mm、标准公差小于或等于 IT8 的 J、K、M、N 及小于或等于 IT7 的 P～ZC。此时，为满足"工艺等价"，一般配合采用孔的公差等级比轴公差等级低一级。为满足配合性质相同的要求，ES 与 ei 的绝对值相差一个 Δ 值。

　　孔的基本偏差换算示意如图 3-13 所示。

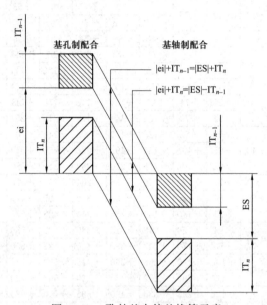

图 3-13　孔的基本偏差换算示意

　　根据上述公式和原则，计算编制出孔的基本偏差数值列于表 3-4，设计时可直接使用。

　　与轴的公差带代号组成相同，把孔的基本偏差代号和公差等级代号组合，就构成孔的公差带代号。例如，孔的公差带代号为 H7、F8、M6、V6 等。

　　孔的另一个偏差（上偏差或下偏差），根据孔的基本偏差和标准公差，按以下关系计算：

$$A \sim H: \quad ES = EI + IT$$

$$J \sim ZC: \quad EI = ES - IT$$

　　把孔或轴的公差带代号组合，用分数形式表示，就构成配合代号，分子代表孔的公差带，分母代表轴。例如，H8/f8、H7/g6、M7/h6 等。

　　（3）公差与配合代号的识别。装配图上，配合代号标注在公称尺寸之后，有两种方法［见图 3-14（a）］：①$\phi25H7/f6$ 或 $\phi25\dfrac{H7}{f6}$；②$\phi25H7(^{+0.021}_{0})/f6(^{-0.020}_{-0.033})$ 或 $\phi25\dfrac{H7(^{+0.021}_{0})}{f6(^{-0.020}_{-0.033})}$。

　　零件图上，在公称尺寸之后标注上、下偏差数值，或同时标注公差代号及上、下偏差数值［见图 3-14（b）和图 3-14（c）］：①孔 $\phi25^{+0.021}_{0}$ 或 $\phi25H7(^{+0.021}_{0})$；②轴 $\phi25^{-0.020}_{-0.033}$ 或 $\phi25f6(^{-0.020}_{-0.033})$。

在零件图上标注上、下偏差时零偏差不得省略，而位置与另一偏差数值对齐，如 $\phi25^{+0.021}_{0}$、$\phi20^{0}_{-0.013}$；当上、下偏差数值相等而符号相反时，在偏差数值前注明"±"，如 $\phi25\pm0.026$。

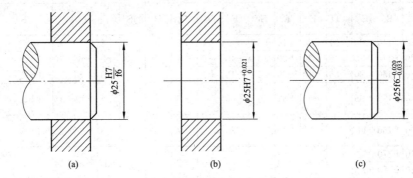

图 3-14　公差与配合的标注方法

(a) 装配图；(b)、(c) 零件图

【例 3-4】　确定 $\phi25H7/f6$、$\phi25F7/h6$ 孔与轴的极限偏差、配合性质、极限间隙或极限过盈。

解　$\phi25$ 属于 $>18\sim30\text{mm}$ 尺寸段，查表 3-2 可得 $IT6=13\mu m$，$IT7=21\mu m$。因此，$\phi25H7=\phi25^{+0.021}_{0}$，$\phi25h6=\phi25^{0}_{-0.013}$。

轴 f6 的基本偏差为上偏差，查表 3-3 得 $es=-20\mu m$。F6 的下偏差为

$$ei=es-IT6=-20-13=-33\ (\mu m)$$

孔 F7 的基本偏差应按通用规则换算，因此有

$$ES=EI+IT7=+20+21=+41\ (\mu m)$$

故得，$\phi25H7\left(^{+0.021}_{0}\right)$，$\phi25f6\left(^{-0.020}_{-0.033}\right)$，$\phi25F7\left(^{+0.041}_{+0.020}\right)$，$\phi25h6\left(^{0}_{-0.013}\right)$。

配合性质：$\phi25H7/f6$ 基孔制间隙配合，$\phi25F7/h6$ 基轴制间隙配合。

两配合的极限间隙，在基孔制中为

$$X_{\min}=EI-es=0-(-0.020)=+0.020\ (\text{mm})$$

$$X_{\max}=ES-ei=+0.021-(-0.033)=+0.054\ (\text{mm})$$

在基轴制中为

$$X_{\min}=EI-es=+0.020-0=+0.020\ (\text{mm})$$

$$X_{\max}=ES-ei=+0.041-(-0.013)=+0.054\ (\text{mm})$$

可见，两者是"同名"配合，公差带图见图 3-15 (a)。

【例 3-5】　确定 $\phi25H8/p8$、$\phi25P8/h8$ 孔与轴的极限偏差、基准制、配合性质、极限间隙或极限过盈。

解　公称尺寸 $\phi25$，IT8 级标准公差，查表 3-2，得 $IT8=33\mu m$，故 $\phi25H8\left(^{+0.033}_{0}\right)$，$\phi25h8\left(^{0}_{-0.033}\right)$。

表 3-4　　　　　　　　　　　　　　　　　　　　　　　　　　**孔的基本偏差数值**　　基　本　偏

公称尺寸(mm) 大于	至	下偏差 EI 所有标准公差等级 A	B	C	CD	D	E	EF	F	FG	G	H	JS	J IT6	J IT7	J IT8	K ≤IT8	K >IT8	M ≤IT8	M >IT8
—	3	+270	+140	+60	+34	+20	+14	+10	+6	+4	+2	0	偏差$=\pm\dfrac{IT_n}{2}$，式中IT_n是IT值数	+2	+4	+6	0	0	−2	−2
3	6	+270	+140	+70	+46	+30	+20	+14	+10	+6	+4	0		+5	+6	+10	−1+Δ		−4+Δ	−4
6	10	+280	+150	+80	+56	+40	+25	+18	+13	+8	+5	0		+5	+8	+12	−1+Δ		−6+Δ	−6
10	14	+290	+150	+95		+50	+32		+16		+6	0		+6	+10	+15	−1+Δ		−7+Δ	−7
14	18	+290	+150	+95		+50	+32		+16		+6	0		+6	+10	+15	−1+Δ		−7+Δ	−7
18	24	+300	+160	+110		+65	+40		+20		+7	0		+8	+12	+20	−2+Δ		−8+Δ	−8
24	30	+300	+160	+110		+65	+40		+20		+7	0		+8	+12	+20	−2+Δ		−8+Δ	−8
30	40	+310	+170	+120		+80	+50		+25		+9	0		+10	+14	+24	−2+Δ		−9+Δ	−9
40	50	+320	+180	+130		+80	+50		+25		+9	0		+10	+14	+24	−2+Δ		−9+Δ	−9
50	65	+340	+190	+140		+100	+50		+30		+10	0		+13	+18	+28	−2+Δ		−11+Δ	−11
65	80	+360	+200	+150		+100	+50		+30		+10	0		+13	+18	+28	−2+Δ		−11+Δ	−11
80	100	+380	+220	+170		+120	+72		+36		+12	0		+16	+22	+34	−3+Δ		−13+Δ	−13
100	120	+410	+240	+180		+120	+72		+36		+12	0		+16	+22	+34	−3+Δ		−13+Δ	−13
120	140	+460	+260	+200		+145	+85		+43		+14	0		+18	+26	+41	−3+Δ		−15+Δ	−15
140	160	+520	+280	+210		+145	+85		+43		+14	0		+18	+26	+41	−3+Δ		−15+Δ	−15
160	180	+580	+310	+230		+145	+85		+43		+14	0		+18	+26	+41	−3+Δ		−15+Δ	−15
180	200	+660	+340	+240		+170	+100		+50		+15	0		+22	+30	+47	−4+Δ		−17+Δ	−17
200	225	+740	+380	+260		+170	+100		+50		+15	0		+22	+30	+47	−4+Δ		−17+Δ	−17
225	250	+820	+420	+280		+170	+100		+50		+15	0		+22	+30	+47	−4+Δ		−17+Δ	−17
250	280	+920	+480	+300		+190	+110		+56		+17	0		+25	+36	+55	−4+Δ		−20+Δ	−20
280	315	+1050	+540	+330		+190	+110		+56		+17	0		+25	+36	+55	−4+Δ		−20+Δ	−20
315	355	+1200	+600	+360		+210	+125		+62		+18	0		+29	+39	+60	−4+Δ		−21+Δ	−21
355	400	+1350	+680	+400		+210	+125		+62		+18	0		+29	+39	+60	−4+Δ		−21+Δ	−21
400	450	+1500	+760	+440		+230	+135		+68		+20	0		+33	+43	+66	−5+Δ		−23+Δ	−23
450	500	+1650	+840	+480		+230	+135		+68		+20	0		+33	+43	+66	−5+Δ		−23+Δ	−23
500	560					+260	+145		+76		+22	0					0			−26
560	630					+260	+145		+76		+22	0					0			−26
630	710					+290	+160		+80		+24	0					0			−30
710	800					+290	+160		+80		+24	0					0			−30
800	900					+320	+170		+86		+26	0					0			−34
900	1000					+320	+170		+86		+26	0					0			−34
1000	1120					+350	+195		+98		+28	0					0			−40
1120	1250					+350	+195		+98		+28	0					0			−40
1250	1400					+390	+220		+110		+30	0					0			−48
1400	1600					+390	+220		+110		+30	0					0			−48
1600	1800					+430	+240		+120		+32	0					0			−58
1800	2000					+430	+240		+120		+32	0					0			−58
2000	2240					+480	+260		+130		+34	0					0			−68
2240	2500					+480	+260		+130		+34	0					0			−68
2500	2800					+520	+290		+145		+38	0					0			−76
2800	3150					+520	+290		+145		+38	0					0			−76

注　1. 公称尺寸小于或等于 1mm 时，基本偏差 A 和 B 及大于 IT8 的 N 均不采用。

2. 公差带 JS7～JS11，若 IT_n 数值是奇数，则取偏差$=\pm\dfrac{IT_n-1}{2}$。

3. 对小于或等于 IT8 的 K、M、N 和小于或等于 IT7 的 P～ZC，所需 Δ 值从表内右侧选取。
例如：18～30mm 段的 K7，Δ＝8μm，所以 ES＝−2+8＝+6μm；18～30mm 段的 S6，Δ＝4μm，所以 ES＝−35+4＝−31μm。

4. 特殊情况：250～315mm 段的 M6，ES＝−9μm（代替−11μm）。

（摘自 GB/T 1800.1—2009） μm

差数值 — 上偏差 ES															Δ值					
≤IT8	>IT8	P~ZC	标准公差等级大于IT7												标准公差等级					
N		≤IT7	P	R	S	T	U	V	X	Y	Z	ZA	ZB	ZC	IT3	IT4	IT5	IT6	IT7	IT8
−4	−4		−6	−10	−14		−18		−20		−26	−32	−40	−60	0	0	0	0	0	0
−8+Δ	0	在大于IT7的相应数值上增加一个Δ值	−12	−15	−19		−23		−28		−35	−42	−50	−80	1	1.5	1	3	4	6
−10+Δ	0		−15	−19	−23		−28		−34		−42	−52	−67	−97	1	1.5	2	3	6	7
−12+Δ	0		−18	−23	−28				−40		−50	−64	−90	−130	1	2	3	3	7	9
							−33	−39	−45		−60	−77	−108	−150						
−15+Δ	0		−22	−28	−35		−41	−47	−54	−63	−73	−98	−136	−188	1.5	2	3	4	8	12
						−41	−48	−55	−64	−75	−88	−118	−160	−218						
−17+Δ	0		−26	−34	−43	−48	−60	−68	−80	−94	−112	−148	−200	−274	1.5	3	4	5	9	14
						−54	−70	−81	−97	−114	−136	−180	−242	−325						
−20+Δ	0		−32	−41	−53	−66	−87	−102	−122	−144	−172	−226	−300	−405	2	3	5	6	11	16
				−43	−59	−75	−102	−120	−146	−174	−210	−274	−360	−480						
−23+Δ	0		−37	−51	−71	−91	−124	−146	−178	−214	−258	−335	−445	−585	2	4	5	7	13	19
				−54	−79	−104	−144	−172	−210	−254	−310	−400	−525	−690						
−27+Δ	0		−43	−63	−92	−122	−170	−202	−248	−300	−365	−470	−620	−800	3	4	6	7	15	23
				−65	−100	−134	−190	−228	−280	−340	−415	−535	−700	−900						
				−68	−108	−146	−210	−252	−310	−380	−465	−600	−780	−1000						
−31+Δ	0		−50	−77	−122	−166	−236	−284	−350	−425	−520	−670	−880	−1150	3	4	6	9	17	26
				−80	−130	−180	−258	−310	−385	−470	−575	−740	−960	−1250						
				−84	−140	−196	−284	−340	−425	−520	−640	−820	−1050	−1350						
−34+Δ	0		−56	−94	−158	−218	−315	−385	−475	−580	−710	−920	−1200	−1550	4	4	7	9	20	29
				−98	−170	−240	−350	−425	−525	−650	−790	−1000	−1300	−1700						
−37+Δ	0		−62	−108	−190	−268	−390	−475	−590	−730	−900	−1150	−1500	−1900	4	5	7	11	21	32
				−114	−208	−294	−435	−530	−660	−820	−1000	−1300	−1650	−2100						
−40+Δ	0		−68	−126	−232	−330	−490	−595	−740	−920	−1100	−1450	−1850	−2400	5	5	7	13	23	34
				−132	−252	−360	−540	−660	−820	−1000	−1250	−1600	−2100	−2600						
−44			−78	−150	−280	−400	−600													
				−155	−310	−450	−660													
−50			−88	−175	−340	−500	−740													
				−185	−380	−560	−840													
−56			−100	−210	−430	−620	−940													
				−220	−470	−680	−1050													
−66			−120	−250	−520	−780	−1150													
				−260	−580	−840	−1300													
−78			−140	−300	−640	−960	−1450													
				−330	−720	−1050	−1600													
−92			−170	−370	−820	−1200	−1850													
				−400	−920	−1350	−2000													
−110			−195	−440	−1000	−1500	−2300													
				−460	−1100	−1650	−2500													
−135			−240	−550	−1250	−1900	−2900													
				−580	−1400	−2100	−3200													

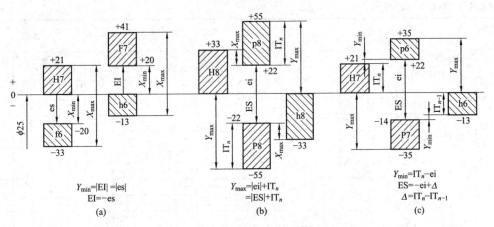

图 3-15　孔轴公差换算

(a) 通用规则Ⅰ；(b) 通用规则Ⅱ；(c) 特殊规则

轴 p8 的基本偏差为下偏差，查表 3-2，得 ei＝＋22μm。轴 p8 的上偏差为

$$es＝ei＋IT8＝＋22＋33＝＋55（μm）$$

孔 P8 的基本偏差为上偏差，按通用规则得 ES＝－22。孔的 P8 下偏差为

$$EI＝ES－IT8＝－22－33＝－55（μm）$$

由此可得，$\phi25H8(^{+0.033}_{0})/p8(^{+0.055}_{+0.022})$，$\phi25P8(^{-0.022}_{-0.055})/h8(^{0}_{-0.033})$。

$\phi25H8/p8$ 为基孔制过渡配合，最大过盈与最大间隙为

$$X_{max}＝ES－ei＝＋0.033－0.022＝＋0.011（mm）$$
$$Y_{max}＝EI－es＝0－0.055＝－0.055（mm）$$

$\phi25P8/h8$ 为基轴制过渡配合，其最大间隙、最大过盈为

$$X_{max}＝ES－ei＝－0.022－0.033＝＋0.011（mm）$$
$$Y_{max}＝EI－es＝－0.055－0＝－0.055（mm）$$

可见，二者为"同名"配合，配合性质是相同的。公差带如图 3-15 (b) 所示。

【例 3-6】 确定 $\phi25H7/p6$、$\phi25P7/h6$ 孔与轴的极限偏差、配合性质、极限间隙或极限过盈。

解　轴 p6 的基本偏差为下偏差 ei＝＋22μm，其上偏差为

$$es＝ei＋IT6＝＋22＋13＝＋35（μm）$$

孔 P7 的基本偏差为上偏差，按通用规则计算应为

$$ES＝－ei＝－22μm$$

孔 P7 的下偏差即为

$$EI＝ES－IT7＝－22－21＝－43（μm）$$

则 $\phi25H7/p6＝\phi25^{+0.021}_{0}/^{+0.035}_{+0.022}$ 为基孔制过盈配合，$\phi25P7/h6＝\phi25^{-0.022}_{-0.043}/^{0}_{-0.013}$ 为基轴制过盈配合。

前者的极限过盈为

$$Y_{max}＝EI－es＝0－0.035＝－0.035（mm）$$
$$Y_{min}＝ES－ei＝＋0.021－0.022＝－0.001（mm）$$

后者的极限过盈为

$$Y_{max} = EI - es = -0.043 - 0 = -0.043 （mm）$$

$$Y_{min} = ES - ei = -0.022 + 0.013 = -0.009 （mm）$$

可见，二者本为"同名"配合，配合性质及配合公差应相同。但当采用通用规则后，二者的配合性质相同，配合公差却完全不相同，故应重新采用特殊规则计算孔 P7 的基本偏差。

孔 P7 的基本偏差为上偏差：

$$ES = -ei + \Delta$$

而

$$\Delta = IT7 - IT6 = 21 - 13 = 8 （\mu m）$$

故

$$ES = -ei + \Delta = -22 + 8 = -14 （\mu m）$$

$$EI = ES - IT7 = -14 - 21 = -35 （\mu m）$$

由此可得 $\phi 25P7(^{-0.014}_{-0.035})/h6(^{0}_{-0.013})$。公差带图如图 3-14 (c) 所示。该配合仍为基轴制过盈配合，其极限过盈为

$$Y_{max} = EI - es = -0.035 - 0 = -0.035 （mm）$$

$$Y_{min} = ES - ei = -0.014 + 0.013 = -0.001 （mm）$$

与前者相同。由此可见，只有采用特殊规则后，［例 3-6］中二者才为"同名"配合，故应注意两种原则的应用场合，否则在设计过程中将产生错误。

3.3.3 公差带与配合的标准化

标准公差系列中任一标准公差与基本偏差系列中任一基本偏差组合，即可得到不同大小和位置的孔、轴标准化的公差带。在公称尺寸 ≤500mm 内可以组成 543 种孔的公差带和 544 种轴的公差带，而这些孔、轴公差带又可组成数目更多的配合。如此大量的公差及配合全部投入使用，显然是不经济的，而且也没有必要。

为了简化公差带和配合的种类，减少定值刀具、量具的工艺装备的品种和规格，国家标准对尺寸至 500mm 的孔、轴规定了优先、常用和一般用途的公差带。图 3-16 和图 3-17 分别为孔和轴的一般用途公差带（孔 105 种、轴 116 种），其中方框内为常用公差带（孔 44 种、轴 59 种），带圆圈的为优先公差带（孔、轴各 13 种）。

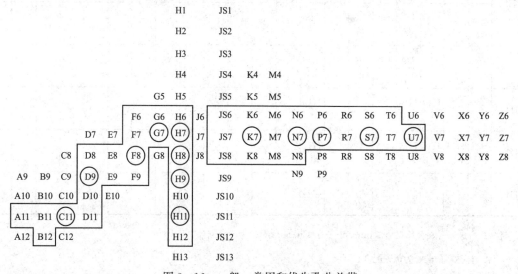

图 3-16 一般、常用和优先孔公差带

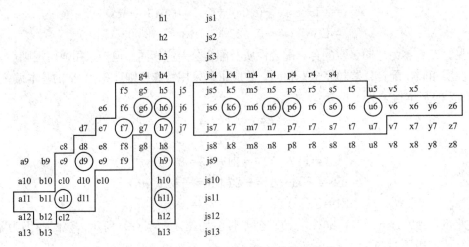

图 3 - 17　一般、常用和优先轴公差带

为了使配合的选择更为集中，国家标准规定了基孔制和基轴制优先配合（各 13 种）和常用配合（基孔制 59 种、基轴制 47 种），见表 3 - 5 和表 3 - 6。

表 3 - 5　　　　　　　　　基孔制优先、常用配合（摘自 GB/T 1801—2009）

基准孔	轴																				
	a	b	c	d	e	f	g	h	js	k	m	n	p	r	s	t	u	v	x	y	z
	间隙配合								过渡配合				过盈配合								
H6						$\frac{H6}{f5}$	$\frac{H6}{g5}$	$\frac{H6}{h5}$	$\frac{H6}{js5}$	$\frac{H6}{k5}$	$\frac{H6}{m5}$	$\frac{H6}{n5}$	$\frac{H6}{p5}$	$\frac{H6}{r5}$	$\frac{H6}{s5}$	$\frac{H6}{t5}$					
H7						$\frac{H7}{f6}$	$\frac{H7}{g6}$	$\frac{H7}{h6}$	$\frac{H7}{js6}$	$\frac{H7}{k6}$	$\frac{H7}{m6}$	$\frac{H7}{n6}$	$\frac{H7}{p6}$	$\frac{H7}{r6}$	$\frac{H7}{s6}$	$\frac{H7}{t6}$	$\frac{H7}{u6}$	$\frac{H7}{v6}$	$\frac{H7}{x6}$	$\frac{H7}{y6}$	$\frac{H7}{z6}$
H8				$\frac{H8}{e7}$		$\frac{H8}{f7}$	$\frac{H8}{g7}$	$\frac{H8}{h7}$	$\frac{H8}{js7}$	$\frac{H8}{k7}$	$\frac{H8}{m7}$	$\frac{H8}{n7}$	$\frac{H8}{p7}$	$\frac{H8}{r7}$	$\frac{H8}{s7}$	$\frac{H8}{t7}$	$\frac{H8}{u7}$				
				$\frac{H8}{d8}$	$\frac{H8}{e8}$	$\frac{H8}{f8}$		$\frac{H8}{h8}$													
H9			$\frac{H9}{c9}$	$\frac{H9}{d9}$	$\frac{H9}{e9}$	$\frac{H9}{f9}$		$\frac{H9}{h9}$													
H10			$\frac{H10}{c10}$	$\frac{H10}{d10}$				$\frac{H10}{h10}$													
H11	$\frac{H11}{a11}$	$\frac{H11}{b11}$	$\frac{H11}{c11}$	$\frac{H11}{d11}$				$\frac{H11}{h11}$													
H12		$\frac{H12}{b12}$						$\frac{H12}{h12}$													

注　1. $\dfrac{H6}{n5}$、$\dfrac{H7}{p6}$ 在公称尺寸≤3mm 和 $\dfrac{H8}{r7}$ 在≤100mm 时，为过渡配合。

　　2. 标注▰的配合为优先配合。

表 3 - 6　　　　　基轴制优先、常用配合（摘自 GB/T 1801—2009）

基准轴	孔																				
	A	B	C	D	E	F	G	H	JS	K	M	N	P	R	S	T	U	V	X	Y	Z
	间隙配合								过渡配合				过盈配合								
h5						F6/h5	G6/h5	H6/h5	JS6/h5	K6/h5	M6/h5	N6/h5	P6/h5	R6/h5	S6/h5	T6/h5					
h6						F7/h6	G7/h6	H7/h6	JS7/h6	K7/h6	M7/h6	N7/h6	P7/h6	R7/h6	S7/h6	T7/h6	U7/h6				
h7					E8/h7	F8/h7		H8/h7	JS8/h7	K8/h7	M8/h7	N8/h7									
h8				D8/h8	E8/h8	F8/h8		H8/h8													
h9				D9/h9	E9/h9	F9/h9		H9/h9													
h10				D10/h10				H10/h10													
h11	A11/h11	B11/h11	C11/h11	D11/h11				H11/h11													
h12		B12/h12						H12/h12													

注　标注 ▟ 的配合为优先配合。

在精度设计中，应按优先、常用和一般公差带的顺序组成配合。在特殊情况下，当一般公差不能满足要求时，才可根据标准规定的公差带和基本偏差组成所需的新公差带和配合。

3.4　尺寸精度设计

尺寸精度设计是机械设计和制造中的重要环节，包括选择基准制、选择公差等级和选择配合种类三方面的问题。选择是否恰当，对机械的使用性能和制造成本有很大影响，有时甚至起决定性作用。因此，必须对相应的国家标准构成原则有比较深入的了解，还要对产品的使用条件、技术性能、精度要求及具体的生产条件等进行全面的分析，特别是需要具有丰富的生产实践经验和科学实验基础，才能正确、合理地进行精度设计。

设计的基本原则是在满足使用要求的前提下，获得最佳的技术、经济效益。

3.4.1　基准制的选择

基孔制与基轴制是两种并行的配合制度，除基准件不同外，从中选择配合性质均可满足使用要求。在精度设计中，究竟选择哪种基准制与使用要求无关，主要考虑工艺的经济性和结构的合理性。

　1. 基孔制的选择

一般情况下，应优先选用基孔制。从工艺上看，对高精度的中小尺寸孔，通常用钻头、铰刀、拉刀等定值刀具加工即可保证加工质量。但这种刀具是定值的，每一种刀具只能加工一种孔。若孔的公差带位置改变，则需要更换刀具，而这种刀具的价格一般比较昂贵。例如，加工一批基孔制配合的 $\phi20H7/g6$、$\phi20H7/k6$、$\phi20H7/s6$ 的孔 $\phi20H7$，只要使用一种定值刀具、量具即可完成加工和检验，而加工具有相同性质的 $\phi20G7/h6$、$\phi20K7/h6$、$\phi20S6/h6$ 的孔，却各需一种定值刀具和量具，显然采用基孔制比较经济。对于尺寸较大、精度较低的孔，从工艺上讲采用基孔制和基轴制都可以，但一般情况下还是采用基孔制较为经济。

2. 基轴制的选择

在以下一些具体情况下，选择基轴制可以获得明显的经济效益。

（1）在农业机械、纺织机械和仪器、仪表制造中，常用不需切削加工的冷拉棒材直接作轴，则选用基轴制最为合理。

（2）结构上特殊的需要。例如，在活塞连杆机构中［见图 3 - 18（a）］，活塞销与活塞孔的配合要求紧些，而活塞销与连杆孔的配合则要求松些。若采用基孔制［见图 3 - 18（b）］，则活塞孔和连杆孔的公差带相同，而两种不同的配合就需要按两种公差来加工活塞销，这时活塞销应制成如同哑铃一样的轴，不利于加工与装配；反之，若采用基轴制［见图 3 - 18（c）］，则活塞销按基准轴加工成光轴，活塞孔和连杆孔按不同的公差带加工，来获得两种不同的配合，这样，活塞销加工方便，并能顺利装配。因此，根据结构上的需要，在同一公称尺寸的轴上装有不同配合要求的几个孔件时，应采用基轴制。

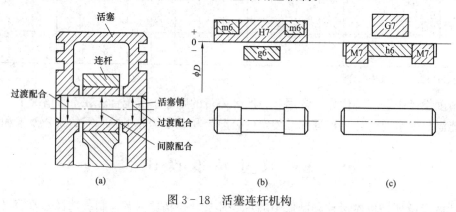

图 3 - 18　活塞连杆机构

（3）与标准件（或标准部件）相配合的孔或轴，必须以标准件（或标准部件）为基准来选择基准制。滚动轴承是标准件，有专门的公差标准，买来后不需要再加工或辅助加工就可以使用。要想得到不同的配合，可以改变和滚动轴承相配合的孔或轴的公差来达到要求。因此，在装配图中可以只标注与之相配合的孔或轴的公差。如图 3 - 19 所示，滚动轴承内圈与轴颈的配合必须采用基孔制，外圈与外壳孔的配合必须采用基轴制。

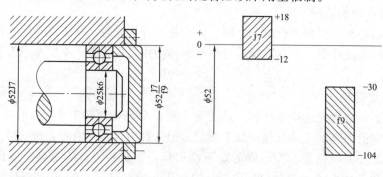

图 3 - 19　滚动轴承配合

3. 非基准制的选择

为了满足配合的特殊需要，可采用任意孔、轴公差带组成的非基准制配合。例如，圆柱齿轮减速器箱体孔与轴承盖的配合，箱体孔的公差带已由与轴承外圆相配合而确定为 $\phi 52J7$，而与之相配合的轴承盖只要求轴向定位和拆装方便，故要求可轻松一些，允许配合的间隙较大，因此选 f9。这样构成 $\phi 52J7/f9$，可满足使用要求（也为间隙配合，只是无基准件），见图 3-19。

4. 基准件配合选择

基准件配合的特点是孔和轴都是基准件，并且孔轴配合的最小间隙为 0。例如，爪型离合器的移动爪，一定要间隙配合，爪可以自由活动，而在离合器合上后，工作时一般相对静止，在最大条件下的间隙为 0，故用该配合，又称互为基准的配合。

3.4.2 公差等级的选择

公差等级的高低与制造成本密切相关，公差等级越高，成本越高。

公差等级选择的实质是解决零件使用要求与制造工艺成本之间的矛盾。因此，其基本原则是在满足使用要求的前提下，尽量采用低的公差等级。

公差等级的选择方法有类比法和计算法。在实际应用中，大多采用类比法，即参照实践验证的、合理的同类产品中相似结构、相同要求、相近尺寸的孔轴公差等级，经分析后确定选用的公差等级。为此，必须广泛收集和掌握大量技术资料，同时要对常用公差等级的应用范围、各种加工方法所能达到的公差等级有所了解，以便选择。表 3-7 和表 3-8 可为公差等级的选择提供参考。

表 3-7 公差等级及应用举例

公差等级	应 用 举 例
5 级	主要用于配合公差和形状公差要求很小的场合。配合性质稳定，一般应用于机床、蜗轮发动机、仪表等重要部位。例如，与 D 级滚动轴承配合的箱体孔，与 E 级滚动轴承配合的机床主轴，机床尾架与套筒，精密机械及高速机械中的轴颈，精密丝杆轴颈等
6 级	配合性质可达到较高的均匀性。例如，与 E 级滚动轴承配合的孔轴；与齿轮、蜗轮、联轴器、带轮、凸轮等连接的轴颈，机床丝杆轴颈；摇臂钻立柱；机床夹具中导向件外径尺寸；6 级精密齿轮的基准孔，7、8 级精度尺寸基准轴颈
7 级	应用条件与 6 级相似，但精度稍低，一般机械应用广泛。例如，联轴器、带轮、凸轮的孔径、机床夹盘座孔，夹具固定钻套；7、8 级齿轮基准孔，9、10 级齿轮基准轴
8 级	属于中等精度。例如，轴承座衬套沿宽度方向尺寸，9~12 级齿轮基准孔；11、12 级齿轮基准轴
9~10 级	用于轴套外径与孔；操纵件与轴；空轴带轮与轴；单键与花键
11~12 级	配合精度低，装配后产生很大间隙，用于基本没有配合要求的场合。例如，机床法兰盘与止口；滑块与滑移齿轮；加工工序间尺寸；冲压加工配合件；机床制造中扳手孔与扳手座的连接

应当指出，要从综合经济效益考虑问题，不能盲目追求局部的低成本。对重要的配合，应适当提高配合精度，也就是要适当提高孔、轴的公差等级，以保证生产高质量、高精度的产品，延长机器的使用寿命，提高可靠性，并提供一定的精度储备，这样会带来更大的经济效益；反之，对不重要的配合，要尽量采用较低的公差等级，如圆柱齿轮减速器中隔套、端盖的公差等级比相配的孔和轴颈公差等级低 2 级或 3 级，以利于降低成本。

表 3-8　　　　　　　　各种加工方法可达到的公差等级

加工方法 ＼ 公差等级	01	0	1	2	3	4	5	6	7	8	9	10	11	12	13	14	15	16	17	18
研　磨	━	━	━	━	━	━	━													
珩　磨						━	━	━												
圆　磨							━	━	━	━										
平　磨							━	━	━	━										
金刚石车							━	━	━											
金刚石镗							━	━	━											
拉　削							━	━	━	━										
铰　孔								━	━	━	━									
精车精镗									━	━	━									
粗　车												━	━	━	━					
粗　镗												━	━	━	━					
铣										━	━	━	━	━	━					
刨、插										━	━	━	━	━	━					
钻　削												━	━	━	━					
冲　压												━	━	━	━	━				
滚压、挤压												━	━							
锻　造																━	━	━		
砂型铸造																━	━	━		
金属型铸造																━	━	━		
气　割																		━	━	━

在选择公差等级时，还应满足"工艺等价"原则，公差等级小于 IT8、公称尺寸不大于 500mm 时，因为孔比轴加工困难，常取孔公差等级比轴低 1 级；公差等级大于 IT8、公称尺寸大于 500mm 时，孔、轴可以采用相同的公差等级；当公差等级等于 IT8 时，孔的公差等级可以比轴低 1 级，也可用相同的公差等级。

选择公差等级时，还应注意相关件和相配零件的精度。例如，与齿轮相配合的轴的公差等级取决于相关件齿轮的精度，滚动轴承相配合的壳体孔和轴颈的公差等级取决于滚动轴承的精度等级（见后续章节）。

对于某些配合，可通过计算确定孔、轴公差等级。例如，根据经验和使用要求，已知配合处的间隙或过盈的变化范围（即配合公差），则可用计算查表法分配孔、轴公差，确定公差等级。

【例 3-7】　公称尺寸 $\phi 80$mm 的滑动轴承，由工作条件确定允许最大间隙 $X_{max}=$

$+135\mu m$，$X_{\min}=+55\mu m$，试确定孔、轴公差等级。

解 根据 $$T_f=T_h+T_s=X_{\max}-X_{\min}$$

可得 $$T_f=135-55=80\ (\mu m)$$

查表 3-2，选定孔公差 $T_h=IT8=46\mu m$，选定轴公差 $T_s=IT7=30\mu m$，则其实际配合公差为 $T'_f(=76\mu m)<T_f(=80\mu m)$，与使用要求接近，可以经济、合理地满足要求，所以孔选 IT8、轴选 IT7，较为适宜。

3.4.3 配合种类的选择

1. 配合种类的选择

配合种类的选择主要是解决配合件之间在机器工作时的确定关系，从而保证机器中各个零件能协调动作，满足预定的使用性能要求，同时保证一定的使用寿命和合理的加工经济性。因此，选择合适的配合种类是非常重要的。

在确定配合的基准制和公差等级以后，便确定了基准孔或基准轴的公差带，以及相应的非基准件公差带大小，故选择配合种类就是根据使用要求配合公差（间隙或过盈）的大小确定非基准件的公差带位置，即选择非基准件基本偏差的代号。

对间隙配合，由于基本偏差的绝对值等于最小间隙，可按最小间隙确定基本偏差代号。对过盈配合，在确定基准件的公差等级后，即可按最小过盈选定配合件的基本偏差代号。但是，在配合所需的最小间隙（过盈）未知的情况下，这种选择便很难进行。为此，在选择配合时一般可采用计算法、试验法和类比法。

（1）计算法。根据一定的理论和公式，可计算出所需的间隙或过盈。对于滑动轴承的间隙配合，可以根据液体润滑理论计算允许的最小间隙，按承载能力计算允许的最大间隙，从而选择适当的配合。对于完全靠过盈传递负载的过盈配合，可根据传递负载大小计算允许的最小过盈，根据材料的弹性极限计算允许的最大过盈，从而选择相近的配合。对盈配合的计算公式，可参见有关标准。这种方法的理论根据比较充分，但工作量比较大，一般可借助计算机来完成，目前应用范围正在逐步扩大。

（2）试验法。对产品性能影响很大的一些配合，往往用试验法来确定机器工作性能的最佳间隙或过盈。例如，风镐锥体与镐筒配合的间隙量对风镐工作性能有很大影响，一般采用试验法较为可靠，但需做大量试验，费用昂贵。

（3）类比法。通过分析机器或机构的功能、工作条件和技术要求，明确零件的工作条件和使用要求，并对照典型的、经过实践检验的应用实例来确定。这种方法目前应用最多，下面重点介绍具体的应用方法。

首先，分析零件的使用要求与工作条件。

通常，孔、轴配合的使用要求有以下三种情况：孔、轴配合后有相对运动（转动或移动），应选间隙配合；靠配合传递负载的，应选过盈配合；孔、轴配合后有定位精度要求（对中要求）和拆装频繁的，大多要选用过渡配合，也可按具体情况选用小间隙或小过盈配合。

在参考实例的过程中，必须充分掌握零件的具体工作条件和使用要求，考虑工作时结合件的相对运动状态。例如，运动速度和方向、停歇时间、运动精度、承载负荷情况、润滑条件、温度变化、装卸条件以及材料的物理、力学性能等，根据具体情况不同，配合的间隙或过盈量应相应地改变，见表 3-9。

表 3-9　　　　　　　　　　　　按具体情况考虑间隙或过盈量的修正

具体情况	过盈量	间隙量	具体情况	过盈量	间隙量
材料许用应力小	减	—	装配时可能歪斜	减	增
经常拆卸	减	—	旋转速度高	增	增
有冲击载荷	增	减	有轴向运动	—	增
工作孔温高于轴温	增	减	润滑油黏度大	—	增
工作轴温高于孔温	减	增	表面粗糙	增	减
配合长度长	减	增	装配精度高	减	增
几何误差大	减	增			

下面，介绍各种配合的特征及应用实例。

当基准制确定以后，配合的选择关键是确定非基准件的基本偏差代号，所以各类配合的特征取决于基本偏差。

a~h（或 A~H），共 11 种基本偏差与基准孔（或基准轴）相配形成间隙配合，间隙依次减小。

js、j、k、m、n（JS、J、K、M、N），共 5 种基本偏差与基准孔（或基准轴）形成过渡配合，过盈依次变紧。

p~zc（P~ZC），共 12 种基本偏差与基准孔（或基准轴）形成过盈配合，过盈量依次变大。

基孔制轴的基本偏差选用说明见表 3-10。

表 3-10　　　　　　　　　　　　基孔制轴的基本偏差选用说明

配合种类	基本偏差	特 性 及 应 用
间隙配合	a，b	可得到特别大的间隙，应用很少
	c	可得到很大的间隙，一般用于缓慢、松弛的动配合。用于工作条件较差（农业机械）、受力变形或为了便于装配而必须有较大间隙的情况。推荐配合为 H11/c11。其较高等级的配合，如 H8/c7，适用于轴在高温工作的紧密配合，如内燃机排气阀和导管
	d	一般用于 IT7～IT11 级。适用于松的转动配合，如密封盖、滑轮、空转皮带轮等与轴的配合；也适用于大直径滑动轴承配合，例如汽轮机、球磨机、轧滚成型和重型弯曲机，以及其他重型机械中的一些滑动轴承
	e	多用于 IT7～IT9 级，通常用于要求有明显间隙、易于转动的支承配合，如大跨距支承、多支点支承等配合。高等级时适用于大的、高速、重载支承，例如涡轮发电机、电动机的支承及内燃机主要轴承、轮轴支承、摇臂支承等配合
	f	多用于 IT6～IT8 级的一般转动配合。当温度影响不大时，广泛用于普通润滑油（或润滑脂）润滑的支承，如齿轮箱、小电动机、泵等的转轴与滑动支承的配合
	g	配合间隙很小，制造成本高，除很轻负荷的装置外，不推荐用于转动配合。多用于 IT5～IT7 级，最适合不回转的精密滑动配合，也用于插销等定位配合。例如，精密连杆轴承、活塞及滑阀、连杆销等
	h	多用于 IT4～IT11 级。广泛用于无相对转动的零件，作为一般的定位配合。若没有温度、变形影响，也用于精密滑动配合

续表

配合种类	基本偏差	特性及应用
过渡配合	js	为完全对称偏差（IT/2），稍有间隙的配合。适用于 IT4～IT7 级，要求间隙比 h 小，并允许略有过盈的定位配合，如联轴器。可用手或木锤装配
	k	平均起来没有间隙的配合，适用于 IT4～IT7 级。推荐用于稍有过盈的定位配合。例如，为了消除振动的定位配合。一般用木锤装配
	m	平均起来具有不大过盈的过渡配合。适用于 IT4～IT7 级，一般可用木锤装配，但在最大过盈时，要求有相当的压入力
	n	平均过盈比 m 稍大，很少得到间隙，适用于 IT4～IT7 级，用锤或压力机装配，通常推荐用于紧密的组件配合。H6/n5 配合时为过盈配合
过盈配合	p	与 H6 或 H7 配合时是过盈配合，与 H8 配合时则为过渡配合。对非铁类零件，为较轻的压入配合，当需要时易于拆卸；对钢、铸铁或铜、钢组件装配是标准压入配合
	r	对铁类零件为中等打入配合，对非铁类零件为轻打入配合，当需要时可拆卸。与 H8 孔配合，直径在 100mm 以上时为过盈配合，直径小时为过渡配合
	s	用于钢与铁制零件永久性和半永久性装配，可产生相当大的结合力。当用弱性材料，如轻金属，配合性质与铁类零件的 p 相当。例如，套环压装在轴上、阀座等的配合。尺寸较大时，为了避免损伤配合表面，需用热胀或冷缩法装配
	t	是过盈较大的配合，对于钢和铸铁适用于永久性结合，不用键可传递力矩，需用热胀或冷缩法装配，例如联轴节与轴的配合
	u	这种配合过盈大，一般就验算在最大过盈时工件材料是否会损坏。要用热胀或冷缩法装配，如火车轮毂和轴的配合
	v, x, y, z	这些基本偏差所组成的配合过盈量更大，目前使用的经验和资料较少，需经试验后应用。一般不推荐

公称尺寸≤500mm 的常用尺寸段，应优先选用国家标准规定的优先配合，其次采用常用配合，选用时可参考表 3-11。

表 3-11   **优先配合使用说明**

优先配合		说明
基孔制	基轴制	
$\dfrac{H11}{c11}$	$\dfrac{C11}{h11}$	间隙非常大，用于很松的、转动很慢的配合，要求大公差与大间隙的外露组件，以及要求装配方便的配合
$\dfrac{H9}{d9}$	$\dfrac{D9}{h9}$	间隙很大，用于精度非主要要求时，或有大的温度变化、高转速或大的轴颈压力时
$\dfrac{H8}{f7}$	$\dfrac{F8}{h7}$	间隙不大，用于中等转速与中等轴颈压力的精确传动
$\dfrac{H7}{g6}$	$\dfrac{G7}{h6}$	间隙很小，用于不希望自由转动但可摆动或滑动的配合，或用于精密定位
$\dfrac{H7}{h6}$		均为间隙配合，零件可自由拆卸，而工作时一般相对静止。在最大实体条件下的间隙为 0，在最小实体条件下的间隙由公差等级决定
$\dfrac{H8}{h7}$		

续表

优先配合		说　明
基孔制	基轴制	
$\dfrac{H9}{h9}$ $\dfrac{H11}{h11}$		均为间隙配合，零件可自由拆卸，而工作时一般相对静止。在最大实体条件下的间隙为 0，在最小实体条件下的间隙由公差等级决定
$\dfrac{H7}{k6}$	$\dfrac{K7}{h6}$	过渡配合，用于精密定位
$\dfrac{H7}{n6}$	$\dfrac{N7}{h6}$	过渡配合，允许有较大过盈的精密定位
$\dfrac{H7}{p6}$	$\dfrac{P7}{h6}$	过盈配合，即小过盈配合用于定位精度特别重要时，能以最好的定位精度达到部件的刚性及对中的性能要求，而对内孔承受压力无特殊要求，不依靠配合的紧固传递摩擦负荷
$\dfrac{H7}{s6}$	$\dfrac{S7}{h6}$	中等过盈配合，适用于薄壁件用冷缩法获得的配合，用于铸铁件可得到最紧的配合
$\dfrac{H7}{u6}$	$\dfrac{U7}{h6}$	大过盈配合，适用于可以承受高压力的零件，或不宜承受大压力而用冷缩法获得的配合

2. 各种配合的应用实例

H/a、H/b、H/c，这几种配合的间隙很大，用于要求灵活动作的粗糙机械上，例如工作条件较差的农业机械中冷拉轴与孔的配合；或用于受力变形大的机械上，例如起重机吊钩的链条处配合（见图 3-20）；或用于易装拆的地方，例如罩壳的配合、管道法兰连接（见图 3-21），因为法兰凸沿的内径用 H12/h12 对准，外径只能用 H12/b12，留出间隙，以弥补内、外径的同轴度误差，因此，一般情况多用 IT9～IT12；或用于轴在高温下工作的紧密配合，例如内燃机排气阀杆与导管的配合（见图 3-22），在装配时用 H7/c6，以免高温时卡住。H/a 和 H/b 应用很少。

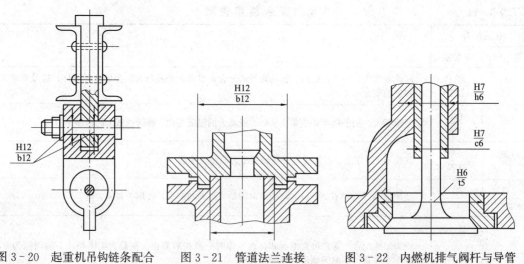

　图 3-20　起重机吊钩链条配合　　　图 3-21　管道法兰连接　　　图 3-22　内燃机排气阀杆与导管

H/d、H/e，这两种配合的间隙较大，用于精度要求不高、易于转动的支承，例如球磨机、轧钢机等重型机械的滑动轴承、密封盖、滑轮、空转皮带轮与轴的配合；或用大跨距支承放多点支承，例如内燃机中曲轴与凸轮轴的支承（见图 3-23），轴承中间隙用以补偿支承的同轴度误差；或用于高速运动、发热量大的配合，例如汽轮机、大电机轴承处的配合，活塞环与活塞槽的配合（见图 3-24），滑块机构中的滑动配合（见图 3-25）。

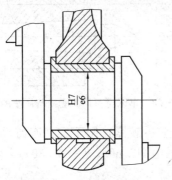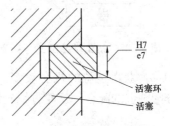

图 3-23　曲轴与轴承　　　　图 3-24　活塞环与活塞槽宽

　　H/f，此配合的间隙适中，广泛用于各种机器，例如齿轮箱、小电机、泵等的轴在滑动轴承中转动的配合。在中等转速和中等轴颈压力下，工作时用油脂润滑，孔、轴温度差不大（温升约 25℃），可得到良好的液体摩擦。例如，齿轮衬套对轴套的转动配合用 H7/f7（见图 3-26），蒸汽机中活塞与汽缸的配合用 H9/f9；有时用于装配较易的定位配合，但定心精度较差。

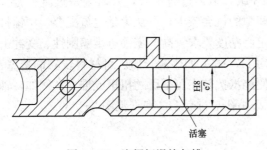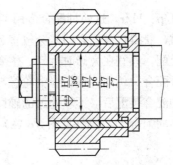

图 3-25　汽阀杆滑块与槽　　　　图 3-26　齿轮衬套与轴

　　H/g，此配合的间隙很小，多数用 IT5～IT7，适合做往复摆动和滑动的精密配合，例如钻孔夹具中钻套的配合用 H7/g6（见图 3-27），钻套内孔 G7 引导钻头；有时用于很轻负荷的精密旋转轴套，如分度头的主轴承。

　　H/h，间隙最小为 0，多数用于 IT4～IT7，用于无相对转动而有定心和导向要求的定位配合。图 3-28 所示为车床尾座顶尖套筒与尾座的配合。

　　H/j、H/js，该配合获得的间隙较多，多数用于 IT4～IT7，适用于间隙要求比 h 小并允许略有过盈的地方（见图 3-26）。

　　H/k，获得的平均间隙接近于 0，定心较好，装配后零件受到的接触应力也较小，能拆卸，用于中修要拆卸的定位配合。它在过渡配合应用最广，例如固定齿轮与轴的配合用 H7/k6（见图 3-29）。

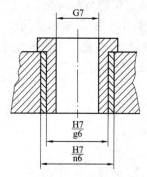

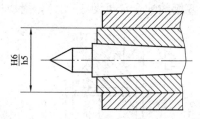

图 3-27　钻套与衬套　　　　　图 3-28　车床尾座顶尖套筒与尾座的配合

H/m、H/n，获得过盈的机会较多，定心好装拆较紧，用于容许有游动的精密定位。例如，轮在分配轴上的配合。蜗轮青铜轮缘与轮辐用 H7/n6（见图 3-30）。

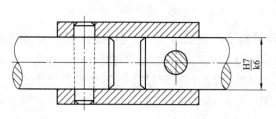

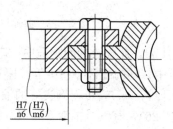

图 3-29　刚性联轴节的配合　　　　图 3-30　蜗轮青铜轮缘与轮辐

H/p、H/r，这两种配合多用 IT5～IT8 级，多为过盈配合，有时则是过渡配合。但到装配时，获得过盈配合的机会较多，得到间隙的机会较少，可认为是过盈配合。用锤打或压力机装配，只宜在大修时拆卸。主要用于定心精度要求较高、零件有足够刚性、受冲击负荷的定位配合。例如，蜗轮青铜轮缘与轮心用 H7/r6（见图 3-31）。对材料较软的薄壁套筒，用这种配合装配后，不靠外加的辅助件，便能抵抗较小而平稳的扭矩或推力。例如，轴瓦在轴承中的配合 H7/p6（见图 3-32），连杆小头孔与衬套 H6/r5（见图 3-33）。

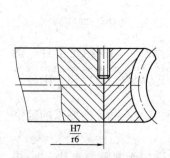

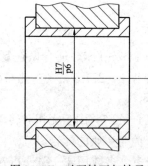

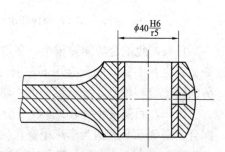

图 3-31　蜗轮青铜轮缘与轮心　　图 3-32　对开轴瓦与轴承　　　图 3-33　连杆小头孔与衬套

H/s、H/t，这两种中等过盈配合，用于钢铁的永久或半永久结合，不用辅助件，依靠过盈产生的结合力可以直接传递中等负载，一般用压入法装配，也有用冷轴或热套法装配。例如铸铁轮与轴的装配，柱、销、轴、套等压力孔中的配合，如图 3-22、图 3-34、图 3-35 所示。

H/u、H/v、H/x、H/z，这几种配合的过盈过大，且依次增大，过盈与直径之比在 0.001 以上，用于传递大的扭矩或承受大的冲击载荷，完全依靠过盈产生的结合力保证牢固连接。通过采用热套或冷缩法装配。例如，机车车辆的铸钢车轮与轴、车轮与高锰钢箍要用 H6/u5 配合，因为过盈大，要求零件结实、刚性好、材料强度高，否则会将零件挤裂。采用这几种配合时要慎重，经过试验才能投入生产。装配前可以经过挑选，使一批配件的过盈量比较一致、适中，如图 3-36 所示。

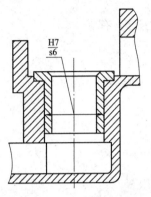

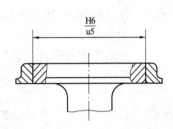

图 3-34 水泵阀座与壳体　　　　图 3-35 联轴节与轴　　　　图 3-36 火车车轮与钢箍的配合

3.4.4 选择配合种类时应注意的问题

1. 热变形

选择配合种类时要注意温度条件，国家标准规定的尺寸、极限偏差数值均是在标准温度 20℃时的数值。当相互配合的孔、轴工作时的温度与装备时的温度差别很大时，要重视温度条件，根据具体的情况修正所选的配合。

【例 3-8】 铝制活塞与钢制缸体配合，公称尺寸 D 为 $\phi150$mm，要求工作间隙 $0.1 \sim 0.3$mm；缸体工作温度 $t_h = 110℃$，线膨胀系数 $\alpha_h = 12 \times 10^6 ℃^{-1}$，活塞工作温度 $t_s = 180℃$，线性膨胀系数 $\alpha_s = 24 \times 10^6 ℃^{-1}$。试确定常温下装配时的间隙变动范围，并选择适当的配合。

解 （1）由于热变形而引起的间隙变动量 ΔX 按下式进行计算：

$$\Delta X = X_I - X_装 = D(\alpha_h \Delta t_h - \alpha_s \Delta t_s)$$

其中

$$\Delta t_h = t_h - 20 = 110 - 20 = 90 （℃）$$

$$\Delta t_s = t_s - 20 = 180 - 20 = 160 （℃）$$

则

$$\Delta X = 150 \times (12 \times 10^{-6} \times 90 - 24 \times 10^{-6} \times 160)$$

$$= -0.414 (mm) = X_I - X_装$$

负号说明工作时间隙小，则

$$X_装 = X_I + 0.414 = (0.1 \sim 0.3) + 0.414 （mm）$$

即

$$X_{装max} = 0.714mm，\quad X_{装min} = 0.514mm$$

由此可知，装配时间隙应增大，并以此确定配合。

（2）确定基准制。缸体与活塞配合采用基孔制。

（3）确定孔、轴公差等级。

由于

$$T'_f = X_{装max} - X_{装min} = T'_h + T'_s$$

$$= 0.714 - 0.514 = 0.2 \text{ (mm)} = 200 \text{ (}\mu m\text{)}$$

取 $T'_h = T'_s = 100\mu m$ 查表 3-2，IT9=100，故取 $T_h = T_s = $IT9。

（4）确定孔、轴基本偏差代号及公差带。

孔的基本偏差代号为 H，孔的公差带为 H9。因为是基孔制配合，有

$$X_{装min} = EI - es = +514 \text{ (}\mu m\text{)}$$

查表 3-2，ϕ150mm 轴的基本偏差代号 a，其上偏差 es=−520，所以轴公差为 a9。

（5）配合代号为 ϕ150H9/a9。

（6）公差带图与配合公差带图如图 3-36 所示，得

$$X_{装max} = ES - ei = 100 - (-620) = +720 \text{ (}\mu m\text{)}$$

$$X_{装min} = EI - es = 0 - (-520) = +520 \text{ (}\mu m\text{)}$$

（7）结果分析。

图 3-37（b）所示为设计要求，即为 $X_{装max} = +714\mu m$，$X_{装min} = +514\mu m$。

图 3-37（c）所示为选定的配合 ϕ150H9/a9，$X_{装max} = +720\mu m$，$X_{装min} = +520\mu m$。

可见，$X_{min} > X_{装min}$，可以满足使用要求，但其差值 Δ_1 将影响经济性；$X_{max} > X_{装max}$，无磨损储备，差值 Δ_2 将影响使用性能。

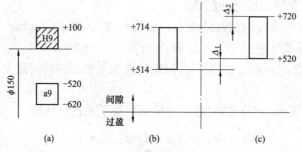

图 3-37　配合公差带

(a) 公差带；(b) 设计要求；(c) 选定配合

但在大批量生产条件下，一般规定 $|\Delta|/T'_f < 10\%$ 仍可满足使用要求，以此对 Δ_1 和 Δ_2 加以限制，则

$$\frac{|\Delta_1|}{T'_f} = \frac{520 - 514}{200} = 3\% < 10\%$$

$$\frac{|\Delta_2|}{T'_f} = \frac{720 - 714}{200} = 3\% < 10\%$$

由上述讨论所选缸体与活塞的配合是适宜的，能够满足使用性能要求。例〔3-8〕不但

可以用来对温度影响下的配合进行修正，当已知间隙或过盈的变化范围时，便可以用计算方法来选择公差等级和配合类型，进而可以进行可行性判断。

2. 精度储备

一些精密仪器或机械损坏的原因，常常不是由于零件的强度、刚度不够，而是由于其关键部件工作部分尺寸精度降低所致。因此，为了长期保持精密机械和仪器的良好工作性能，提高其工作可靠性和使用寿命，需要在公差与配合精度的选择方面像机械零件的强度计算那样，引入安全系数，建立一定的精度储备。

滑动轴承设计中已知形成液体摩擦的 X_{min}，以及保证承载能力的 X_{max}，再考虑其他的条件，应保证轴承有 X'_{min} 和 X'_{max}。选择标准规定的配合时，若无恰当的配合可直接采用，应使所选配合的 X_{min} 稍大于 X'_{min}，以满足使用性能；最大间隙 X_{max} 稍小于 X'_{max}，以保留一定的磨损储备。

对于过盈配合，最小过盈取决于使用要求。例如传动载荷的大小，最大过盈取决于材料的弹性极限。若已知某一过盈配合所要求的 Y'_{min} 和 Y'_{max}，可直接从标准中选用恰当的配合，以满足预定的性能要求。若标准中无恰当的配合可以直接选用时，应使所选的最小过盈 Y_{min} 绝对值稍大于 Y'_{min} 绝对值，以保证孔、轴结合有足够的连接强度；最大过盈 Y_{max} 绝对值稍小于 Y'_{max} 绝对值，以保证材料的强度储备。但这里应注意，上述各种储备不能过大，具体可参考 [例 3 - 8] 中（7）的规定。

3. 生产批量

加工后零件的尺寸分布与生产批量有关。一般大批量的生产，多用调整法加工，实际尺寸接近正态分布；而单件小批量生产，多用试切法加工，实际尺寸呈偏态分布，分布中心偏向最大实体极限。这样，同一种配合，其配合的松紧程度不同。因此，在选择配合是应根据生产规模和批量大小适当采用过渡配合。例如，配合为 ϕ50H7/js6，如图 3 - 38 中实线所示，平均间隙、过盈概率极小，小批量生产时，尺寸偏向最大极限尺寸，呈偏态分布，过盈概率显著增大，以致出现比 ϕ50H7/k6 正态分布下的过盈概率还要多的情况。

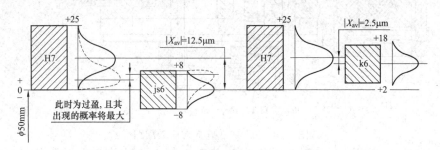

图 3 - 38 尺寸分布特性对配合的影响

GB/T 1800.1—2009 中各种配合基本上是根据大批量生产、用调整法加工、尺寸按正态分布规定的；中小批量生产时，尺寸偏向最大极限呈偏态分布，选择配合时应注意这种变化。

4. 装配变形

在图 3 - 39 所示的机械结构中，套筒外圆与机座孔的配合为过渡配合，套筒内表面与轴配合为间隙配合，由于前者的配合有过盈，当套筒压入机座孔后，套筒内孔即收缩，直径变

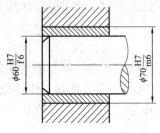

图 3-39　有装配变形的配合

小。当过盈量为 -0.03mm 时，套筒内表面可收缩 0.045mm；若原有最小间隙为 +0.03mm，则由于装配变形，此时将产生 -0.015mm 的过盈，不仅不能保证使用要求，甚至无法自由装配。

应注意，一般装配图上规定的配合应是装配以后的要求。因此，对于有装配变形的套筒零件，在绘制零件图时，应对尺寸公差进行修正，如将孔内公差带上移，加大孔的极限尺寸；或用工艺来保证，如先将套筒压入机座内，然后再加工套筒孔（应在技术要求中注明），也可保证设计要求。

3.4.5　尺寸精度设计实例

下面介绍用类比法选择公差与配合的实例。

【例 3-9】 图 3-40 所示为 C616 型车床尾座装配图。已知尾座在车床上的作用是它与主轴的顶尖共同支撑工作，承受切削力。尾座工作时，扳动手柄 11，通过偏心机构将尾座夹紧在床身上，再转动手轮 9，通过丝杠、螺母，使套筒 3 带动顶尖 1 向前运动，顶住工件，转动手柄 21，夹紧套 20 靠摩擦夹住套筒，从而使顶尖位置固定。试分析确定尾座部件有关部位的配合。

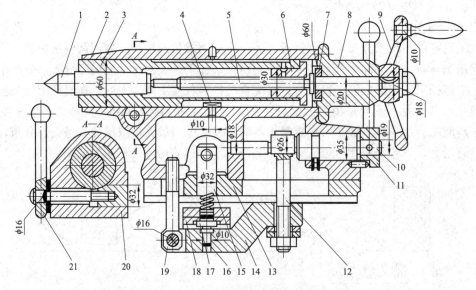

图 3-40　C616 型车床尾座装配图

1—顶尖；2—尾座体；3—套筒；4—定位块；5—丝杠；6—螺母；7—挡油圈；8—后盖；9—手轮；
10—偏心轴；11、21—手柄；12—拉紧螺钉；13—滑座；14—杠杆；15—圆柱；
16、17—压块；18—压板；19—螺钉；20—夹紧套

解　根据各零件的作用和特点，按照尺寸精度设计内容（即选择基准制，公差等级和配合种类），分析确定尾座有关部位的配合如下。

（1）尾座体 2 孔与套筒 3 外圆配合。根据尾座体孔的作用及结构特点，确定选用基孔制。由于车床工作时承受较大的切削力要保证顶尖的高精度，套筒 3 外圆柱面与尾座体 2 孔是主要配合部位，因此尾座体 2 孔选用公差等级为 IT6，公差带为 H6。考虑加工精度孔与

轴的工艺等价性，确定套筒 3 外圆柱面为 IT5；又因套筒在调整时要在孔中滑动，需有间隙，而在工作时要保证顶尖的高精度，又不能有较大的间隙，故选用套筒外圆柱面公差带为 h5。此处只能选用无相对转动、高精度、最小间隙为 0 的配合 $\phi 60H6/h5$。

（2）套筒 3 的内孔与螺母 6 外圆柱面配合。此处配合采用基孔制，它是普通机床的主要配合部位，应选用套筒公差等级为 IT7，公差带为 H7；螺母外圆柱面为 IT6。由于螺母零件装入套筒，靠圆柱面来径向定位，然后用螺钉固定，为了方便装配，应没有过盈，但也不允许间隙过大，以免螺母在套筒中偏心，影响丝杠移动的灵活性，因此相配件螺母外圆柱面公差带选 h6。因此，该配合为 $\phi 30H7/h6$。

（3）套筒 3 在长槽与定位块 4 侧面的配合。由图 3-40 中的结构分析，此处配合起导向作用，但不影响机床加工精度，属一般要求的配合，公差等级可选用 IT9、IT10。定位块的宽度按平键标准，为基轴制配合，取公差带为 h9；考虑长槽与套筒轴线有歪斜，故采用较松的配合，长槽公差带为 D10。此处的配合应为 $\phi 12D10/h9$。

（4）丝杠 5 的轴颈与后盖 8 内孔的配合。选用基孔制配合，根据丝杠在传动中的作用，该配合的重要配合部位应选内孔公差等级为 IT7，公差带为 H7，考虑加工孔、轴的工艺等价性，选用丝杠轴颈公差等级为 IT6，由于丝杠可在后盖孔中转动，故选丝杠轴颈公差为 g6。该配合为 $\phi 20H7/g6$。

（5）后盖 8 凸肩与尾座体 2 孔的配合。此处配合由于配合面较短，整体尾座按 H6 加工，孔口易作成喇叭口，因此相配件后盖 8 的凸肩选用公差带 js5 即可满足使用要求，实际配合是有间隙的。装配时，此间隙可使后盖窜动，以补偿偏心误差，使丝杠轴能够灵活传动。此处配合为 $\phi 60H6/js5$。

（6）手轮 9 孔与丝杠 5 轴端的配合。手轮通过半圆键带动丝杠一起转动，选此配合应考虑拆装方便并避免手轮在该轴端上晃动。因此，该配合应选 $\phi 18H7/js6$。

（7）手柄 11 孔与偏心轴 10 的配合。由于手柄通过销传动偏心轴，装配时，销与偏心轴配合，配合要求调整方便，不能有过盈。因此，该配合为 $\phi 19H7/h6$。

（8）偏心轴 10 两轴颈与尾座体 2 上两支承的配合。该配合要使偏心轴能在支承中传动。考虑偏心轴颈和两支承孔可能分别产生同轴度误差，故采用间隙较大的配合。因此，这两处的配合分别选用 $\phi 35H8/d7$ 和 $\phi 18H8/h7$。

（9）偏心轴 10 偏心圆柱面与拉紧螺钉 12 的配合。此处配合没有其他要求，主要考虑装配方便，故采用较大间隙的配合 $\phi 28H8/d7$。

（10）夹紧套 20 处圆柱面与座体 2 槽孔的配合。考虑手柄 21 放松后，夹紧套易于退出，便于套筒 3 移动，此处配合应选间隙较大的配合 $\phi 32H8/e7$。

3.4.6　线性尺寸的一般公差

在尺寸精度设计时，机械零件之间除了有配合要求外，还有一些较低精度的没有配合要求的几何要素尺寸。对这些尺寸，若在车间加工精度可保证的条件下，可采用一般公差，即在其尺寸后不注出极限偏差（称为线性尺寸未注公差），而且也可不必检查。

GB/T 1804—2000《一般公差　未注公差的线性和角度尺寸的公差》对线性尺寸的一般公差规定了 4 个等级，即 f（精密级）、m（中等级）、c（粗糙级）、v（最粗级）。其公差均对称分布。而对尺寸也采取了大的分段。线性尺寸的未注极限偏差值见表 3-12。

公差等级	尺　寸　分　段							
	0.5～3	>3～6	>6～30	>30～120	>120～400	>400～1000	>1000～1200	>2000～4000
f（精密级）	±0.05	±0.05	±0.1	±0.15	±0.2	±0.3	±0.5	—
m（中等级）	±0.1	±0.1	±0.2	±0.3	±0.5	±0.8	±1.2	±2
c（粗糙级）	±0.2	±0.3	±0.5	±0.8	±1.2	±2	±3	±4
v（最粗级）	—	±0.5	±1	±1.5	±2.5	±4	±6	±8

表 3-12　　　　　　　　　　　　**线性尺寸的未注极限偏差的数值**　　　　　　　　　　　mm

采用一般公差时，尺寸后不标注公差，但在图样及技术文件或标准中做出总的说明，例如，选用中等级误差时表示为 GB/T 1804—m。

采用一般公差可使图纸简化，突出了图样上标注公差的要素，以便加工与检测时引起重视，有利于质量控制和管理。

3.5　零件尺寸的检测

在生产中，为了保证零件的尺寸精度及互换性，除必须按照国家标准的规定进行尺寸精度设计外，加工后的工件尺寸必须控制在极限尺寸范围之内。为此，国家标准又规定了相应的检验标准作为技术保证。

国家标准规定了两种检验方法：一种是用普通计量器具测量，如用游标卡尺、千分尺等，测量工件的实际尺寸是否超越尺寸公差所允许的极限；另一种是用光滑极限量规检验。

每一种检验工具都具有误差，即使用上述两种方法检验合格的工件，都可能由于工具的误差影响而误收或误废，从而对互换性造成影响，所以国家标准为此做了一些具体规定。同时，国家标准还规定了验收的总原则：允许误废，但不允许误收。

由于前者在第 2 章中已经介绍，这里只介绍用光滑极限量规的检验。

3.5.1　光滑极限量规的作用和种类

量规的种类根据检验对象的不同可分为光滑极限量规、光滑圆锥量规、花键量规、螺纹量规等。本节仅介绍用于线性尺寸检验的光滑极限量规。

光滑极限量规是一种无刻度的定值专用计量器具。用量规检验零件，只能判断被检验零件的几何量是否在规定的极限尺寸范围内，而得不到零件的尺寸和几何误差的具体数值。但这种方法结构简单，使用方便、可靠，检验效率高，因此在生产中得到了广泛的应用。

光滑量规按用途可以分为以下几种：

（1）工作量规：零件的制造者进行自检时所用的量规。

（2）验收量规：检验员和订货人验收产品时所用的量规。

（3）校对量规：用于检验新制造的和校对使用中的轴用工作量规的量规。

极限量规的外形与被检验对象相反。检验孔的量规称为塞规，检验轴的量规称为卡规，分别如图 3-41 和图 3-42 所示。

极限量规一般用通规和止规成对使用。通规按工作的最大实体极限制造，止规按工作的最小实体极限制造。检验时，通规通过，止规通不过，工件合格。用这种方法检验，虽不知工件的具体尺寸，但被检验的合格工件具有完全互换性。通规和止规分别用汉语拼音字母 T

和 Z 表示。

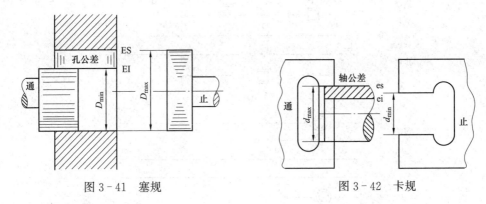

图 3 - 41　塞规　　　　　　　　　　　图 3 - 42　卡规

3.5.2　量规的设计原则

量规的设计应完全符合泰勒原则（极限尺寸判定原则）。泰勒原则是指遵守包容要求的单一要素孔或轴的实际尺寸和形状误差综合形成的体外作用尺寸不允许超越最大实体尺寸，在孔或轴的任意位置上的实际尺寸不允许超越最小实体尺寸。

符合泰勒原则的量规如下：

（1）量规尺寸要求。通规的基本尺寸应等于工件的最大实体尺寸（MMS），止规基本尺寸应等于工件的最小实体尺寸（LMS）。

（2）量规形状要求。通规用来控制工件的作用尺寸，其测量面应设计成全形的，即与被测孔或轴具有相应的完整表面，长度等于配合长度，其基本尺寸等于孔或轴的最大实体极限，故通规与工件是面接触，因此称为全形量规。止规用于控制工件的实际尺寸，它的测量面理论上应为点状的，即不全形量规，其基本尺寸等于孔或轴的最小实体极限，止规与工件是点接触。

3.5.3　量规形式的选择

在实际生产中，由于量规的制造、使用等方面的原因，极限量规常常偏离泰勒原则。例如，为了量规的标准化，允许通规的长度小于配合长度。为了减轻量规的质量并便于使用，检验大孔的通规不用全形塞规，而用不全形塞规或球端卡规。由于环规不能检验曲轴，允许通规用卡规。为了减少磨损，止规也可不用点接触工件，一般作成小平面、圆柱面或球面。检验小孔时止规通常造成全形塞规。国家标准推荐了一些量规的形式及应用范围，如图 3 - 43所示。

3.5.4　量规公差带的位置及量规公差

量规是一种精密检验工具，它的制造精度较零件高得多，但也不可能制造得绝对准确，恰好等于工件的最大、最小实体极限。通规要通过工件，造成磨损，因而应规定一定的允许磨损量，使量规有一定的使用寿命。为了保证量规验收工件的质量，防止误收，国家标准规定量规公差带位于被检验工件公差带之内，采用内缩方案，通规公差带的中线由工件的最大实体极限向工件公差内缩一个距离 Z（位置要素）；通规的磨损极限与被检验工件的最大实体极限重合。由于止规很少通过工件，磨损较小，因此不留允许磨损量，如图 3 - 44 和图 3 - 45所示。

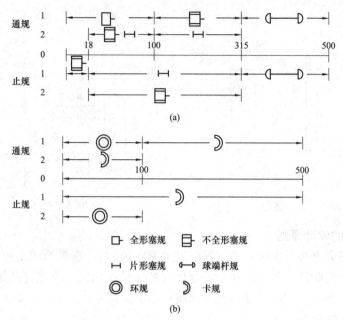

图 3-43　量规的形式及尺寸范围

（a）测孔量规形式及应用尺寸范围；（b）测轴量规形式及应用尺寸范围

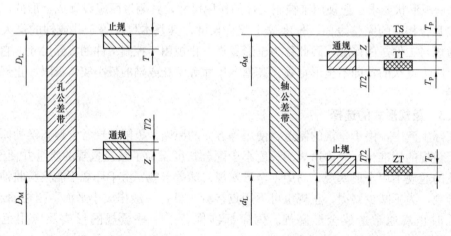

图 3-44　孔用工作量规的公差带分布　　图 3-45　轴用工作量规及其校对量规公差带分布

1. 工作量规的公差带

为了不使量规占用过多的工件公差，并考虑到量规的制造能力及使用寿命，国家标准按被检验工件的基本尺寸和公差等级规定了工作量规的制造公差 T 和通规公差带的位置要素 Z 的数值，见表 3-13。

表 3-13　　　　　　　　工作量规的 T 和 Z 值（摘自 GB/T 1957—2006）　　　　　　　　　μm

工件基本尺寸（mm）	IT6			IT7			IT8			IT9			IT10			IT11			IT12		
	IT6	T	Z	IT7	T	Z	IT8	T	Z	IT9	T	Z	IT10	T	Z	IT11	T	Z	IT12	T	Z
～3	6	1	1	10	1.2	1.6	14	1.6	2	25	2	3	40	2.4	4	60	3	6	100	4	9

工件基本	IT6			IT7			IT8			IT9			IT10			IT11			IT12		
尺寸 (mm)	IT6	T	Z	IT7	T	Z	IT8	T	Z	IT9	T	Z	IT10	T	Z	IT11	T	Z	IT12	T	Z
>3~6	8	1.2	1.4	12	1.4	2	18	2	2.6	30	2.4	4	48	3	5	75	4	8	120	5	11
>6~10	9	1.4	1.6	15	1.8	2.4	22	2.4	3.2	36	2.8	5	58	3.6	6	90	5	9	150	6	13
>10~18	11	1.6	2	18	2	2.8	27	2.8	4	43	3.4	6	70	4	8	110	6	11	180	7	15
>18~30	13	2	2.4	21	2.4	3.4	33	3.4	5	52	4	7	84	5	9	130	7	13	210	8	18
>30~50	16	2.4	2.8	25	3	4	39	4	6	62	5	8	100	6	11	160	8	16	250	10	22
>50~80	19	2.8	3.4	30	3.6	4.6	46	4.6	7	74	6	9	120	7	13	190	9	19	300	12	26
>80~120	22	3.2	3.8	35	4.2	5.4	54	5.4	8	87	7	10	140	8	15	220	10	22	350	14	30
>120~180	25	3.8	4.4	40	4.8	6	63	6	9	100	8	12	160	9	18	250	12	25	400	16	35
>180~250	29	4.4	5	46	5.4	7	72	7	10	115	9	14	185	10	20	290	14	29	460	18	40
>250~315	32	4.8	5.6	52	6	8	81	8	11	130	10	16	210	12	22	320	16	32	520	20	45
>315~400	36	5.4	6.2	57	7	9	89	9	12	140	11	18	230	14	25	360	18	36	570	22	50
>400~500	40	6	7	63	8	10	97	10	14	155	12	20	250	16	28	400	20	40	630	24	55

2. 校对量规的公差带

校对量规的公差带如图 3-45 所示。只有轴用量规才有校对量规，共分三种。

(1) 校对量规"校通—通"（TT），其作用是防止通规尺寸制造得过小，它的公差带是从通规下偏差起向轴用通规公差带内布置。

(2) 校对量规"校止—通"（ZT），其作用是防止止规尺寸制造得过小，它的公差是从止规下偏差起向轴用止规公差带内布置。

(3) 校对量规"校通—损"（TS），其作用是防止通规在使用过程中超出磨损极限尺寸，它的公差带位置是从通规的磨损极限起向轴用通规公差带的方向布置。

以上三种轴用量规的校对量规，其公差值 T_p 均为被检轴制造公差 T 的 50%，其公差带位置分布见图 3-45。可见，工作量规和校对量规的公差带分别位于被检件、被校件公差带内，误收率为 0，但误废率有所增加，显然对加工的要求更为严格，因此可以保证产品的质量。

3.5.5 量规测量面的表面粗糙度

量规测量面的表面粗糙度 Ra 值见表 3-14。

表 3-14　　　　　　　　　　量规测量面的表面粗糙度 *Ra* 值　　　　　　　　　　μm

工作量规	工作基本尺寸（mm）		
	≤120	>120~135	>315~500
IT6 级孔用量规	≤0.025	≤0.05	≤0.1
IT6~IT9 级轴用量规 IT7~IT9 级孔用量规	≤0.05	≤0.1	≤0.2
IT10~IT12 级孔、轴用量规	≤0.1	≤0.2	≤0.4
IT13~IT16 级孔、轴用量规	≤0.2	≤0.4	≤0.4

　　量规的测量材料常用合金工具钢、碳素工具钢或硬质合金，也可以在测量面上镀以大于磨损量的镀铬层、氮化层等耐磨材料，工作的硬度为58～65HRC。

　　量规的技术条件如下：量规的几何公差为量规制造公差 T 的50%，若量规制造公差小于0.002mm，则其几何公差为0.001mm。

3.6　光滑极限量规设计

3.6.1　量规的结构形式

　　光滑极限量规的结构形式很多，图3-46和图3-47所示为几种常见的孔和轴用量规的结构形式，设计时可参考。具体尺寸参考 GB/T 10920—2008《螺纹量规和光滑极限量规　型式和尺寸》。

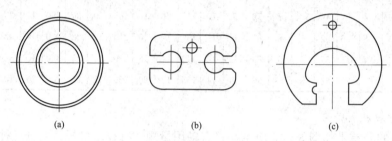

(a)　　　　　　　　　　(b)　　　　　　　　　　(c)

图3-46　常用轴用量规结构形式

（a）环规（1～100mm）；（b）双头卡规（3～10mm）；（c）单头双极限卡规（1～80mm）

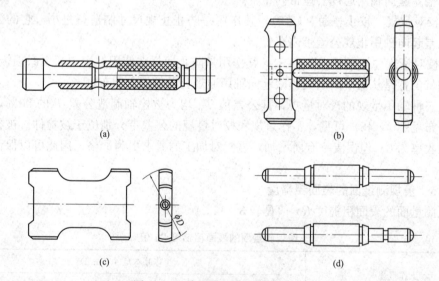

(a)　　　　　　　　　　　　　　　　(b)

(c)　　　　　　　　　　　　　　　　(d)

图3-47　常用孔用量规结构形式

（a）锥柄圆柱塞规（1～50mm）；（b）单头非全形塞规（80～180mm）；

（c）片形塞规（18～315mm）；（d）球端杆规（315～500mm）

3.6.2　量规的技术要求

　　（1）量规材料。量规测量面的材料可用渗碳钢、合金结构钢、碳素结构钢、合金工具钢等，硬度为58～65HRC。

（2）几何公差。量规的形状和位置公差应控制在尺寸公差带内，公差值不大于尺寸公差的 50％，考虑到制造困难，当量规尺寸公差不大于 0.002mm 时，其形状和位置公差仍取 0.001mm。

（3）表面粗糙度。量规测量面的表面粗糙度 Ra 值为 0.025～0.4mm，按表 3–14 取。校对量规的表面粗糙度值比工作量规小。

3.6.3　量规设计举例

量规的一般设计步骤如下：

（1）根据被检工件的结构形式和特点选择量规的结构形式。

（2）根据被检工件的基本尺寸和公差等级查出量规的位置要素 Z 和制造公差 T，画量规公差带图，计算量规工作尺寸的上、下偏差。

（3）查出量规的结构尺寸，画量规的工作图，标注尺寸及技术要求。

【例 3–10】　设计检验 $\phi30H8(^{+0.033}_{0})Ⓔ$ 和 $\phi30f7(^{-0.020}_{-0.041})Ⓔ$ 的工作量规。

解　（1）选择量规的结构形式分别为锥柄圆柱双头塞规和单头极限圆形片状卡规。

（2）查表 3–13 查出孔和轴的制造公差 T 和位置要素 Z。

塞规　$T = 3.4\mu m$，　$Z = 5\mu m$

卡规　$T = 2.4\mu m$，　$Z = 3.4\mu m$

画量规公差带图，如图 3–48 所示。

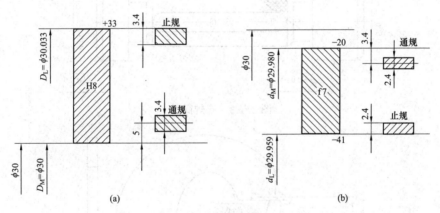

图 3–48　量规公差带图

（3）计算量规极限偏差。

1）塞规通端

$$上偏差 = EI + Z + \frac{T}{2} = 0 + 0.005 + \frac{0.003\,4}{2} = +0.006\,7\ (mm)$$

$$下偏差 = EI + Z - \frac{T}{2} = 0 + 0.005 - \frac{0.003\,4}{2} = +0.003\,3\ (mm)$$

所以塞规通端尺寸为 $\phi30^{+0.006\,7}_{+0.003\,3}$ mm，也可按工艺尺寸标注为 $\phi30.006\,7^{0}_{-0.003\,4}$ mm。通规的磨损极限 $\phi30$ mm。

2）塞规止端

$$上偏差 = ES = +0.033 mm$$

$$\text{下偏差} = \mathrm{ES} - T = 0.033 - 0.003\,4 = +0.029\ (\mathrm{mm})$$

所以塞规止端尺寸为 $\phi 30^{+0.003\,3}_{+0.029\,6}\mathrm{mm}$，也可按工艺尺寸标注为 $\phi 30.033^{\ 0}_{-0.003\,4}\mathrm{mm}$。

3）卡规通端

$$\text{上偏差} = \mathrm{es} - Z + \frac{T}{2} = -0.020 - 0.003\,4 + \frac{0.002\,4}{2} = -0.022\,2\ (\mathrm{mm})$$

$$\text{下偏差} = \mathrm{es} - Z - \frac{T}{2} = -0.020 - 0.003\,4 - \frac{0.002\,4}{2} = -0.024\,6\ (\mathrm{mm})$$

所以卡规通端尺寸为 $\phi 30^{-0.022\,2}_{-0.024\,6}\mathrm{mm}$，也可按工艺尺寸标注为 $\phi 29.975\,4^{+0.002\,4}_{\ 0}\mathrm{mm}$。磨损极限 $\phi 29.980\mathrm{mm}$。

4）卡规止端

$$\text{上偏差} = \mathrm{ei} + T = -0.041 + 0.002\,4 = -0.038\,6\ (\mathrm{mm})$$

$$\text{下偏差} = \mathrm{ei} = -0.041\mathrm{mm}$$

所以卡规止端尺寸为 $\phi 30^{-0.038\,6}_{-0.041\,0}\mathrm{mm}$，也可按工艺尺寸标注为 $\phi 29.959^{+0.002\,4}_{\ 0}\mathrm{mm}$。

最后，检验 $\phi 30\mathrm{H8}Ⓔ$ 和 $\phi 30\mathrm{f7}Ⓔ$ 的工作量规简图如图 3-49 和图 3-50 所示。

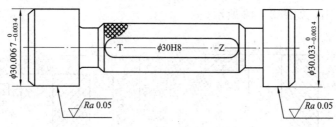

图 3-49　塞规简图

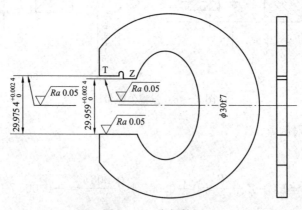

图 3-50　卡规简图

习　　　题

3-1　改正下列标注错误：

（1）$\phi 50^{\ 0}_{+0.025}$；　（2）$\phi 63^{-0.034}_{+0.025}$；　（3）$\phi 100^{+0.054}$；　（4）$\phi 60^{-0.076}_{-0.030}$；　（5）$\phi 40^{-0.062}_{\ 0}$；

（6）$\phi 60^{+0.1}_{-0.1}$。

3-2　在下列尺寸标注中，判断哪个工件尺寸公差等级高、加工最困难？哪个工件公差等级最低、加工最容易？

（1）$\phi 50^{+0.039}_{0}$，$\phi 50^{0}_{-0.039}$，$\phi 50^{+0.060}_{+0.034}$，$\phi 50\pm 0.031$；

（2）$\phi 50^{+0.039}_{0}$，$\phi 10^{0}_{-0.022}$，$\phi 250^{+0.046}_{0}$，$\phi 6\pm 0.015$；

（3）$\phi 10js7$，$\phi 30js8$，$\phi 50f9$，$\phi 10H6$。

3-3　查出下列配合中的孔、轴极限偏差值，画出公差带图，求出极限间隙或极限过盈，说明该配合的基准及配合性质。

（1）$\phi 50H7/g6$；（2）$\phi 65G7/h6$；（3）$\phi 120H7/r6$；（4）$\phi 35S7/h6$；（5）$\phi 55JS8/h7$；（6）$\phi 35H7/n6$；（7）$\phi 70N7/h6$；（8）$\phi 72F6/k5$；（9）$\phi 45H8/js7$；（10）$\phi 30F9/k6$。

3-4　根据表 3-15 中给出的数据求解并填写空白数据。

表 3-15　　　　　　　　　　　题 3-4 表

公称尺寸 D（d）	孔			轴			X_{max} 或 Y_{min}	X_{min} 或 Y_{max}	配合公差 T_f	配合性质
	ES	EI	T_h	es	ei	T_s				
$\phi 25$		0				0.021	+0.074		0.054	
$\phi 12$		0		+0.001			+0.010	−0.009		
$\phi 50$		0.025		0		0.016		−0.025		

3-5　查表确定下列各尺寸的公差带的代号。

（1）轴 $\phi 18^{0}_{-0.011}$；（2）孔 $\phi 120^{+0.087}_{0}$；（3）轴 $\phi 50^{-0.050}_{-0.075}$；（4）孔 $\phi 65^{+0.005}_{-0.041}$。

3-6　计算 $\phi 45H7/k6$ 的孔用和轴用各种量规的极限尺寸，并绘制量规公差带图。

3-7　量规的通规和止规是按工件的什么尺寸制造的？分别控制工件的什么尺寸？

3-8　为什么用量规检验工件时总是成对使用？待验工件合格的标准是什么？

3-9　设计检验有包容要求的 $\phi 40H7/n6$ 的工作量规工作尺寸，并画出公差带图。

3-10　孔用和轴用量规的公差带是如何布置的？特点是什么？

3-11　某配合的公称尺寸 $\phi 40mm$，要求配合间隙 +0.025～+0.066mm，试按基孔制确定公差等级，选取适当配合（写出代号）并绘制公差带图。

3-12　某配合的公称尺寸为 $\phi 25mm$，要求配合的最大间隙为 +0.013mm，最大过盈为 −0.021mm。试确定基准制和公差等级，选择适当的配合（写出代号）并绘制公差带图。

3-13　某配合的公称尺寸为 $\phi 30mm$，要求配合的过盈应为 −0.014～−0.048mm。试确定公差等级，按基轴制选定适当的配合（写出代号），并绘制公差带图。

第 4 章　几何公差与检测

4.1　概　　述

零件加工过程中，不仅有尺寸误差，还会产生形状和位置误差（即几何误差）。几何误差对机构、仪器的使用功能影响很大。因此，仅控制尺寸误差有时仍难以保证零件的工作精度、连接强度、密封性、运动平衡性、耐磨性、可装配性等方面的要求，特别在高温、高压、高速重载等条件下工作的精密机械影响更大。例如，导轨的形状误差影响结构件的运动精度；车床主轴两支承轴颈的几何误差影响主轴的回转精度；齿轮箱上各轴承孔的位置误差影响齿面承载能力和齿轮副的间隙，有结合要求的平面的形状误差将影响结合的密封性，并因接触面积的减小而降低承载能力等；花键轴各键的位置误差将影响与花键孔的连接；箱盖、法兰盘等零件上各螺栓孔出现的位置误差将难以自由装配。

因此，为满足使用要求，保证零件的互换性和经济性，必须对零件的几何误差加以控制，即在图样规定相应的形状和位置公差（简称几何公差）要求。

4.2　基　本　概　念

我国已经将几何公差标准化，并颁布了下列相关国家标准：

GB/T 1182—2008　《产品几何技术规范（GPS）　几何公差　形状、方向、位置和跳动公差标注》

GB/T 4249—2018　《产品几何技术规范（GPS）　公差原则》

GB/T 16671—2018　《产品几何技术规范（GPS）　几何公差　最大实体要求、最小实体要求和可逆要求》

GB/T 17851—2008　《产品几何技术规范（GPS）　几何公差　基准和基准体系》

GB/T 13319—2003　《产品几何量技术规范（GPS）　几何公差　位置度公差注法》

GB/T 18780.1—2003　《产品几何量技术规范（GPS）　几何要素　第 1 部分：基本术语和定义》

GB/T 18780.2—2003　《产品几何量技术规范（GPS）　几何要素　第 2 部分：圆柱面和圆锥面的提取中心线、平行平面的提取中心面、提取要素的局部尺寸》

GB/T 1184—1996　《形状和位置公差　未注公差值》

此外，作为贯彻上述国家标准的技术保证，还发布了圆度、直线度、平面度检测、位置量规等标准。为了与国际接轨，我国新颁布的国家标准均采用 ISO 国际标准，以便更好地在国际范围内进行技术合作。

4.2.1　几何公差的研究对象

几何公差的研究对象是几何要素（简称要素）。要素是构成零件几何特征的点、线、面，如图 4-1 所示。零件的球心、锥顶为点要素，圆柱和圆锥的素线、轴线为线要素，球面、圆柱面、圆锥面为面要素。中心平面也是面要素。

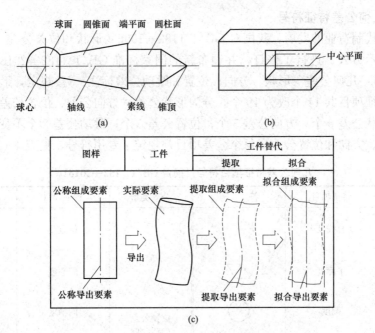

图 4-1　零件的几何要素

要素可从不同角度分类。

1. 按存在状态分

(1) 提取要素。实际要素是零件上实际存在的由无数个连续点组成的要素，检测时不易获得，通常用测量得到有限个点组成的提取要素来代替。

(2) 拟合要素。公称要素是具有几何学意义的要素，不存在任何误差，图样上表示的要素均为公称要素，常由通过计算得到的拟合要素代替，为理想几何要素，拟合要素的计算准则有最小二乘法、最大内切法、最小外接法等。

2. 按所处部位分

(1) 被测要素：是指在图样上给出了形状或（和）位置的要素，是检测的对象。

(2) 基准要素：是指用来确定被测要素的方向或（和）位置的要素。

3. 按结构特征分

(1) 组成要素（轮廓要素）：是指构成零件外形的点、线、面，如图 4-1 中的球面、圆锥面、圆柱面、端平面以及圆锥面和圆柱面的素线。

(2) 导出要素（中心要素）：是指轮廓要素对称中心所表示的点、线、面各要素，如图 4-1 中的轴线、球心和中心平面。

4. 按功能关系分

(1) 单一要素：是指仅对其本身给出形状公差要求的要素。

(2) 关联要素：是指对基准要素有功能关系并给出位置关系公差要求的要素。

新标准中，各分类方法可交叉形成各种组合概念，如公称组成要素、公称导出要素、提取组成要素、提取导出要素、拟合组成要素、拟合导出要素等。图 4-1（c）以图柱为例，对各几何要素术语给出了解释。

4.2.2 几何公差特征符号

为适应现代制造业的发展，我国对 GB/T 1182—1996《形状和位置公差　通则、定义、符号和图样表示方式》进行了修订，并颁布新的国家标准 GB/T 1182—2018《产品几何技术规范（GPS）　几何公差　形状、方向、位置和跳动公差标注》。按规定，形位公差改称几何公差，原特征项目共 14 个改为 19 个，分为形状公差、方向公差、位置公差和跳动公差四类。其中，形状公差 6 个；方向公差 5 个；位置公差 6 个；跳动公差 2 个不变；轮廓度公差分别归入形状、方向和位置公差。每个公差项目都规定了专用符号，见表 4-1。

表 4-1　　　　　　　　几何公差特征项目符号（摘自 GB/T 1182—2018）

公差类型	特征项目	符　号	公差类型	特征项目	符　号
形状公差（无基准）	直线度	—	位置公差（有基准）	位置度	⊕
	平面度	▱		同心度	◎
	圆度	○		同轴度	◎
	圆柱度	⌀		对称度	═
	线轮廓度	⌒		线轮廓度	⌒
	面轮廓度	⌓		面轮廓度	⌓
方向公差（有基准）	平行度	∥	跳动公差（有基准）	圆跳动	↗
	垂直度	⊥			
	倾斜度	∠			
	线轮廓度	⌒		全跳动	⌰
	面轮廓度	⌓			

4.2.3 几何公差带

几何公差带是用来限制被测实际要素变动的区域，可用公差带图来表示。只要被测要素完全落在规定的公差带内，就表示被测要素的形状和位置符合设计要求。

几何公差带具有形状、大小、方向和位置四个要素。形状公差带具有大小和形状两个要素，方向和位置浮动；方向公差带具有大小、形状和方向三个要素，位置浮动；位置公差带具有所有四个要素，形状、大小方向和位置均固定。

（1）公差带形状。公差带的形状，取决于被测要素的形状特征、公差项目和设计时表达的要求。新颁布的国家标准规定公差带的主要形状共 13 个，如图 4-2 所示，包括一个圆内的区域、一个圆柱面内的区域、一个圆锥面内的区域、一个单一曲面内区域、一个圆球面内的区域、两个同心圆之间的区域、两个同轴圆柱之间的区域、在一个圆锥面上的两平行圆内的区域、在一个圆柱面上的两平行圆内的区域、两条等距曲线或两条平行直线内的区域、两条不等距曲线或两条不平行直线内的区域、两个等距曲面或两个平行平面内的区域、两个不等距曲面或两个不平行平面内的区域。

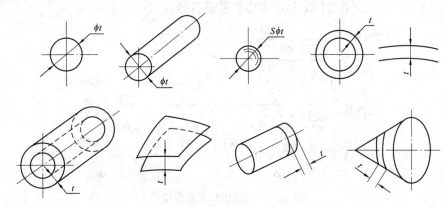

图 4-2 几何公差带的部分形状

在某些情况下，被测要素的形状特征就确定了公差带形状。例如被测要素是平面，则其公差带只能是两平行平面。

在多数情况下，除被测要素的形状特征外，设计要求对公差带形状起着重要的决定作用。例如对于轴线，其公差带可以是两平行直线、两平行平面或圆柱面，视设计给出的是给定平面内、给定方向上或是任意方向上的要求而定。

在少数情况下，几何公差的项目就已决定了几何公差带的形状。例如同轴度，由于零件孔或轴的轴线是空间直线，同轴要求必是指任意方向的，其公差带只有圆柱形一种。

(2) 公差带的大小。公差带的大小是指标注中公差值的大小，是允许实际要素变动的量。它表明几何公差形状、位置精度的高低。公差带的大小由公差值 t 决定，指的是公差带的宽度或直径。一般无说明时指宽度。对于同轴度和任意方向上的直线度、平行度、垂直度、倾斜度和位置度时，所给公差值指的是直径，可在公差值前加 ϕ 以示区别。对于任意方向空间点的位置控制，指的是球形公差带，则在公差值前加 $S\phi$。

(3) 公差带的方向。公差带的方向指的是与公差带延伸方向相垂直的方向，通常为指引箭头所指的方向。对于形状公差带，其放置方向应符合最小条件原则（见几何公差评定），但不控制具体方向。对于方向公差带，由于控制的是方向，其放置位置必须与基准要素成绝对理想的关系，即平行、垂直或其他角度关系。对于位置公差带，除点的位置度，其余都有方向问题，其放置方向由相对基准的方向来确定。

(4) 公差带的位置。对于形状公差带，只控制形状误差，没有方向和位置要求。例如平面度公差，只控制平面平整与否，不管其方向是水平、垂直或倾斜，更无与其他要素的具体距离、角度等位置要求。对于方向公差带，本身强调的是相对于基准的方向关系，对实际要素与基准的距离、角度等位置没有要求，而是由相对基准的尺寸公差或理论正确尺寸来控制。对于位置公差带，强调的是相对于基准的位置关系，必然包含方向关系，公差带的位置由相对于基准的理论正确尺寸确定，公差带位置完全固定的。同轴度、对称度的公差带位置与基准重合，即理论正确尺寸为 0。

4.2.4　几何公差代号及标注

GB/T 1182—2018 规定，在技术图样中，几何公差采用代号表示；如果无法标注，则在技术要求中用文字说明。几何公差代号包括公差特征项目符号、公差框格和指引线、公差值和其他有关代号、基准代号、附加符号。标注形式如图 4-3 所示。图 4-3（a）所示为标注说明，图 4-3（b）所示为国家标准规定的基准符号。

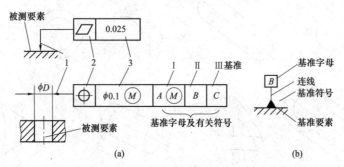

图 4-3　公差框格及基准符号

(a) 标注说明；(b) 基准符号

1—指引箭头；2—项目符号；3—几何公差值及有关符号

1. 几何公差代号标注基本形式

（1）公差特征项目符号和公差框格。根据零件的工作要求，在表 4-1 中选取公差特征项目符号，标注在第一格中。公差框格由两格（无基准符号）或多格（有基准符号）组成，一般水平放置。从左到右，依次填写公差符号、公差值和基准符号。

（2）指引线与被测要素标注。指引线应指向被测要素，由细实线和箭头组成由公差框格一端引出，并与框格端线保持垂直，引向被测要素时最多可弯折两次。

1）当对同一被测要素有不同的公差特征项目要求时，可用同一指引线引出，见图 4-4（a）。

2）同一要素的公差值在全部要素内和其中任一部分有进一步的限制时，见图 4-4（b）。

3）当被测要素为组成（轮廓）要素时，指引线箭头应置于被测要素或其延长线上，并与尺寸线明显错开，见图 4-4（c）。

4）当被测要素为导出（中心）要素时，指引线箭头应与尺寸线对齐，见图 4-4（d）；也可采用图 4-4（e）所示的方式表示导出要素。

5）当一个公差带控制几个被测要素且共面时，在第二公差框格上标明"CZ"，见图 4-4（f）。

6）轮廓度公差作为单独的要求应用于横截面内的封闭轮廓时，应采用全周符号，见图 4-4（g）；轮廓度公差作为单独的要求应用于工件的所有组成要素上时，应使用全表面符号（全周符号仅适用于组合平面所定义的面要素，而不是整个工件），见图 4-4（h）；如果所标注的要素需要作为一个要素使用，应将联合要素 UF 符号与全周符号或全表面符号相连使用，见图 4-4（h）。

7）被测要素在某一局部范围内有公差要求时，采用粗长点画线并标注相应尺寸，见

图 4-4（i）。

8）当指向局部表面时，箭头可置于带点的参考线上，该点指在局部表面上，见图 4-4（j）。

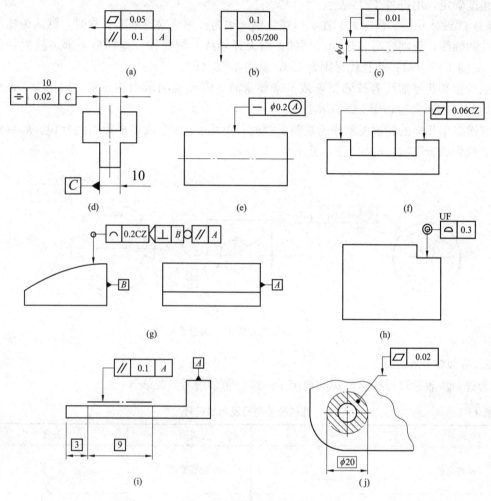

图 4-4　几何公差的标注

（3）公差值标注。公差值表示公差带的宽度或直径，是控制误差量的指标，其大小是公差精度的直接体现，标注在第二格中。标注 t 表示宽度，标注 ϕt 表示圆直径，标注 $S\phi t$ 表示球直径。

（4）基准要素的标注。基准字母用大写英文字母（E、I、J、O、M、P、L、R、F 有特殊意义不用），字母应始终水平书写。基准要素可分为单一基准、公共基准和基准体系。按基准的先后次序从左到右排列，分别为第Ⅰ、第Ⅱ、第Ⅲ基准。基准要素标注在公差值后的一格或多格内。

1）当基准要素为组成（轮廓）要素时，基准符号应置于被测要素或其延长线上，其连线与尺寸线明显错开。

2）当基准要素为导出（中心）要素时，基准符号的连线应与尺寸线对齐，见图 4-4

（d）。

3）被测基准要素在某一局部范围时，同被测要素一样采用粗点画线并标注相应尺寸。

4）理论正确尺寸是位置公差带中围以框格的尺寸，由不带公差带的理论正确位置、轮廓或角度确定，用符号 TED 表示。

（5）螺纹、花键、齿轮的标注。以螺纹轴线作为被测要素或基准要素时，默认为螺纹中径圆柱的轴线，否则应另有说明。例如，指大径轴线，则应在公差框格下部加注大径代号 MD，见图 4-5（a）；小径代号则为 LD，见图 4-5（b）。

以齿轮和花键轴线为被测要素或基准要素时，需要说明所指的要素，如用 PD 表示节径，用 MD 表示大径，用 LD 表示小径。

花键多个相同的轮廓要素作为被测要素时，可用"$n\times$"或多根指引线标识。如果将被测要素视为联合要素，应加 UF，见图 4-5（c）。

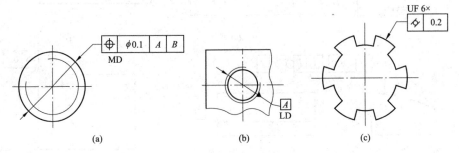

图 4-5　螺纹与花键的几何公差标注

2. 附加符号标注

为进一步表达设计要求，标准规定了一部分附加符号，见表 4-2。

表 4-2　　　　　　　　　　　　几何公差符号及附加符号

说明	符号	说明	符号
被测要素	↓	包容要求	Ⓔ
基准要素	𝐴　𝐴	最大/最小实体要求	Ⓜ Ⓛ
理论正确尺寸 TED	30　45°	可逆要求	Ⓡ
全周符号		延伸公差带	Ⓟ
全表面符号		自由状态条件	Ⓕ
中心要素	Ⓐ	任意横截面	ACS

说明	符号	说明	符号
组合公差带	CZ	相交平面	<∥ | B
小径	LD	定向平面	<⊥ | B
大径	MD	方向要素	→∠ | C
中径/节径	PD	组合平面	○∥ | A
联合要素	UF	均布	EQS

（1）包容要求。对于需要严格保证配合性质并要求尺寸公差控制其形状公差时，应在尺寸极限偏差或公差带号后面标注符号Ⓔ，标注见图 4－6（a）。

（2）最大实体要求和最小实体要求。当被测要素或基准要素采用最大（最小）实体要求，符号Ⓜ（或Ⓛ）应标注在公差框格内公差值后或基准名称后，标注见图 4－6（b）。

（3）可逆要求。可逆要求不能单独使用，必须与最大或最小实体要求同时使用，符号Ⓡ标在Ⓜ或Ⓛ后，标注见图 4－6（b）。

（4）独立原则。独立原则是指被测要素在图样上给出的尺寸公差和几何公差各自独立，分别标注，不加任何的附加符号，标注见图 4－7。

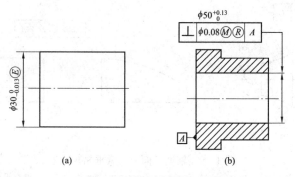

(a)　　　　　　　　　　(b)

图 4－6　相关要求标注

（a）包容要求标注；（b）最大/最小实体要求与可逆要求标注

（5）延伸公差带。延伸公差带符号标注在公差值后面，同时应加注在图样中延伸公差带长度数值前面，如图 4－8 所示。

（6）相交平面。相交平面是由工件的提取要素建立的平面，用于标识提取面上的线要素（组成要素或中心要素）或标识提取线上的点要素，以免产生误解，除非被测要素是圆柱、圆锥或球的母线的直线度或圆度。相交平面应按照平行于、垂直于、倾斜于、对称于在相交平面框格第二格所标注的基准构建，并默认垂直于被测要素。标注示例见图 4－9（a）。

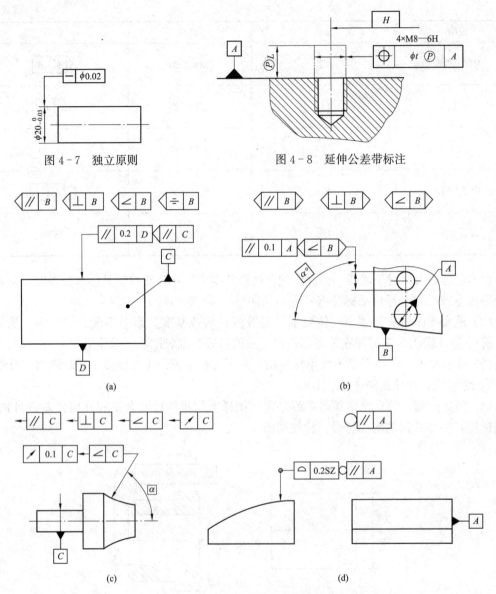

图 4 - 7　独立原则　　　　　　　　　图 4 - 8　延伸公差带标注

(a)

(b)

(c)　　　　　　　　　　　　　　　　(d)

图 4 - 9　辅助平面与要素框格标注

(a) 相交平面标注；(b) 定向平面标注；(c) 方向要素标注；(d) 组合平面标注

　　(7) 定向平面。定向平面是由工件的提取要素建立的平面，用于标识公差带的方向。定向平面应按照平行于、垂直于、倾斜于在定向平面框格第二格所标注的基准构建。使用平行符号或垂直符号时，平行平面所定义的角度 0°或 90°是默认的，不需要标注；使用倾斜符号时，定向平面所定义的角度必须使用 TED 明确标注。标注示例见图 4 - 9 (b)。

　　(8) 方向要素。方向要素是由工件的提取要素建立的理想要素，用于标识公差带宽度（局部偏差）的方向。公差带宽度的方向应按照平行于、垂直于、倾斜于、跳动在方向要素框格第二格所标注的基准构建。使用平行符号或垂直符号时，公差带方向所定义的角度 0°或 90°是默认的，不需要标注；使用倾斜符号时，公差带方向所定义的角度必须使用 TED 明确标注；使用跳动符号时，公差带方向定义为与被测要素的面要素垂直，且被测要素应在方向要素框格中作为基准标注。标注示例见图 4-9（c）。

（9）组合平面。组合平面是由工件的要素建立的平面，用于定义封闭的组合连续要素。当使用全周符号时，总是使用组合平面。组合平面可标识一个平行平面族。标注示例见图 4-9（d）。

（10）联合要素 UF。联合要素 UF 是由连续的或不连续的组成要素组合而成的要素，将其视为单一要素，见图 4-4（h）和图 4-5（c）。

（11）全周与全表面符号。如果将几何公差规范作为单独的要求应用于横截面轮廓，或将其应用于封闭轮廓所表示的所有要素，应使用全周符号标注。全周符号仅适用于组合平面所定义的面要素，而不是整个工件。如果将几何公差规范作为单独的要求应用于工件的所有组成要素上，应使用全表面符号标注。

一般全周符号与全表面符号应与独立公差带 SZ、组合公差带 CZ 或联合要素 UF、组合平面一起使用，如图 4-4（g）、（h）和图 4-9（d）所示。

另外，为帮助理解，图 4-10 列出了错误标注示例。图 4-10（a）所示圆度、圆柱度、跳动的被测要素均指组成要素（轮廓要素），而非导出要素（中心要素），指引线应与尺寸线错开；图 4-10（b）所示同轴度和对称度的被测要素均指导出要素（中心要素），指引线应与尺寸线对齐。

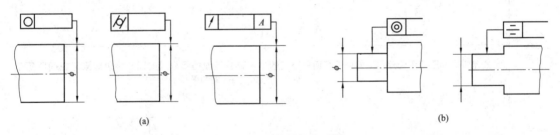

图 4-10　错误标注示例

4.3　形状公差与误差

4.3.1　形状公差和公差带

形状公差是单一被测实际要素的形状对其理想要素所允许的变动全量。形状公差用形状公差带表示。形状公差带是限制单一实际要素变动的区域，零件实际要素在该区域内为合格。形状公差的大小用公差带的宽度或直径来表示，由形状公差值决定。形状公差有直线度、平面度、圆度、圆柱度、无基准线轮廓度和面轮廓度 6 个项目。无基准线轮廓度和面轮廓度公差带形状只由理论正确尺寸决定。形状公差带不涉及基准，只包括形状和大小两个要素，没有方向和位置的约束，可随被测实际要素不同的状态而浮动。典型形状公差带见表 4-3。

形状公差的特点是不涉及基准，无确定的方向和位置基准。对于归入形状公差的线轮廓度和面轮廓度公差是无基准的，其公差带形状只由理论正确尺寸决定，见表 4-3。

表 4 - 3　　　　　　　　　　　　　形状公差带定义、标注和解释

特征	公差带定义	标记示例及解释
直线度	公差带为在平行于（相交平面框格给定的）基准 A 的给定平面内与给定方向上、间距等于公差值 t 的两平行直线所限定的区域　a——基准 A；b——任意距离；c——平行于基准 A 的相交平面。	在由相交平面框格规定的平面内，上表面的提取（实际）线应限定在间距等于 0.1 的两平行直线之间 （a) 2D （b) 3D
	公差带为间距等于公差值 t 的两平行面所限定的区域	圆柱表面的提取（实际）棱边应限定在间距等于 0.1mm 的两平行平面之间 （a) 2D （b) 3D

特征	公差带定义	标记示例及解释
直线度	公差带为直径等于公差值 ϕt 的圆柱面所限定的区域	圆柱面的提取（实际）中心线应限定在直径等于 $\phi 0.08$mm 的圆柱面内 (a) 2D (b) 3D
平面度	公差带为间距等于公差值 t 的两平行平面所限定的区域	提取（实际）表面应限定在间距等于 0.08mm 的两平行面之间 (a) 2D (b) 3D

特征	公差带定义	标记示例及解释
圆度	公差带为在给定横截面内，半径差等于公差值 t 的两个同心圆所限定区域 a——任意横截面。	在圆柱面与圆锥面的其任意横截面内，提取（实际）圆周应限定在半径差等于 0.03mm 的两共面同心圆之间。这是圆柱表面的缺省应用方式，而对于圆锥表面则应使用方向要素框格进行标注 (a) 2D (b) 3D
圆柱度	公差带为半径差等于公差值 t 的两个同轴圆柱面所限定的区域 	提取（实际）圆柱表面应限定在半径差等于 0.1mm 的两同轴圆柱面之间 (a) 2D (b) 3D

特征	公差带定义	标记示例及解释
与基准不相关的线轮廓度	公差带为直径等于公差值 t，圆心位于具有理论正确几何形状上的一系列圆的两包络线所限定的区域 a——基准平面 A； b——任意距离； c——平行于基准平面 A 的平面。	在任一平行于基准平面 A 的截面内，如相交平面框格所规定的，提取（实际）轮廓线应限定在直径等于 0.04，圆心位于理论正确几何形状上的一系列圆的两等距包络线之间。可使用 UF 表示组合要素上的三个圆弧部分应组成联合要素 (a) 2D (b) 3D
与基准不相关的面轮廓度	公差带为直径等于公差值 t，球心位于理论正确几何形状上的一系列圆球的两个包络面所限定的区域 	提取（实际）轮廓面应限定在直径等于 0.02、球心位于被测要素理论正确几何形状表面上的一系列圆球的两等距包络面之间 (a) 2D (b) 3D

4.3.2　形状误差及其评定

1. 形状误差评定准则

形状误差是单一被测实际要素对其理想要素的变动量。形状误差的误差值小于或等于相应的形状公差值为合格。当被测实际要素与其理想要素进行比较时，理想要素所处的位置不同，会得到不同的变动量。因此，评定实际要素的形状误差时，理想要素相对于实际要素的位置，必须有一个统一的评定标准，称为最小条件准则。所谓最小条件，是指被测实际要素对其理想要素的最大变动量为最小。

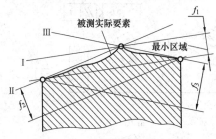

图 4-11　最小条件和最小区域

图 4-11 所示为以直线度公差为例说明最小条件和最小区域。f_1、f_2、f_3 是相对于理想要素处于不同位置时得到的最大变动量，而且 $f_1 < f_2 < f_3$。f_1 为最小值，则理想要素在 I 位置符合最小条件，宽度 f_1 即为被测实际要素的形状误差。

2. 形状误差的表达——最小区域

评定形状误差时，按最小条件的要求，可用最小包容区域的宽度或直径来表示形状误差值。所谓最小包容区域是指包容被测实际要素的理想要素所具有的最小宽度或直径的区域，组成要素（平面度）和导出要素（任意方向直线度）的最小区域如图 4-12 所示。最小包容区域的形状与形状公差带相同，按最小包容区域评定形状误差的方法称为最小区域法。

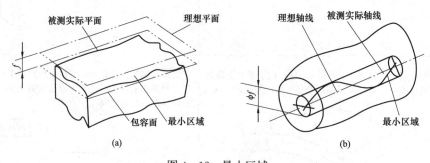

图 4-12　最小区域
(a) 组成要素（平面度）；(b) 导出要素（任意方向直线度）

3. 形状误差的判别方法

最小区域根据被测实际要素与包容区域的接触状态来判别，也就是说，被测实际要素是否已为最小区域所包容，要根据接触状态来判别。

判别方法有如下几种：

(1) 直线度误差判别法。

1) 限制一条直线在平面内变动的要求时，由两条理想平行直线包容被测实际实线实现高低相间，至少 3 点接触，则该包容区即为最小包容区域，如图 4-13 (a) 所示。

2) 限制一条直线在空间内变动的要求时，由两个理想平行平面去包容被测实际实线，沿主方向（长度方向）包容时实现高低相间，至少 3 点接触，则该两个平面间的包容区即为最小包容区域，如图 4-13 (b) 所示。

3) 限制一条直线在任意方向变动的要求时，用一个理想的圆柱体去包容被测实际实线，包容时实现高低相间，至少 3 点接触，且此 3 点在同一轴剖面上，而 1、3 两点在同一条素线上时，如图 4-13 (c) 所示，则包容该实际实线的圆柱面区域即为最小区域；若是接触点不在同一轴剖面上，则需 4 点接触才能确定最小包容区域，如图 4-13 (d) 所示。若是 5 点接触，判别法则复杂，只有用电算法才便于实现。

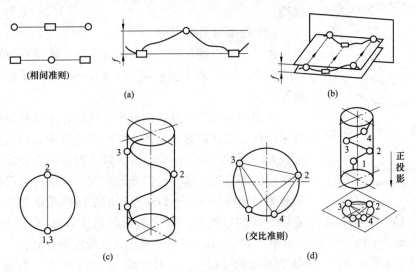

图 4-13　直线度误差评定准则

（2）平面度误差判别法。

评定平面度误差时，由两个理想平行平面包容被测实际平面，使其至少有 3 点或 4 点与理想包容平面相接触，并实现下列三种形式之一者，则该包容区即为最小包容区域。

1）1 个高点（或低点）在另一个包容平面上的投影位于 3 个低点（或高点）所形成的三角形内，如图 4-14 (a) 所示，称为三角形准则。

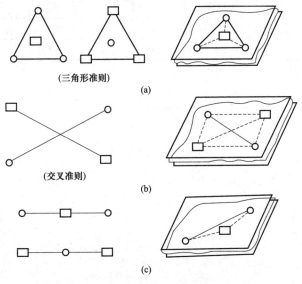

图 4-14　平面度误差评定准则

（a）三角形准则；（b）交叉准则；（c）直线准则

2）2 个高点的连线与 2 个低点的连线在包容平面上的投影相交，如图 4 - 14（b）所示，称为交叉准则。

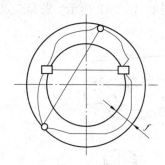

图 4 - 15　圆度误差评定
准则（交叉准则）
○—与外圆接触的点；
□—与内圆接触的点

3）1 个高点（或低点）在另一个包容平面上的投影位于 2 个低点（或高点）的连线上，如图 4 - 14（c）所示，称为直线准则。

（3）圆度误差判别法。

由 2 个同心圆包容被测实际要素时，实现内外相间，至少 4 点接触，则为最小包容区域，如图 4 - 15 所示，亦称交叉准则。

在生产实际中，除使用最小区域法评定形状误差外，也允许采用近似的评定方法，如直线度误差可用二端点连续法；圆度误差可用最小外接圆中心法、最大内接圆中心法和最小二乘圆中心法等方法。这些近似评定方法一般使用较简便，但误差值较大，当有争议时，以最小区域法所得误差为准。

【例 4 - 1】 用水平仪测量某导轨的直线度，依次测得各点读数 a_i 分别为 -2、+1、-3、-3、+3、+1、-3、-2（单位为 0.01mm），试确定其直线度误差值。

解 因为水平仪是以水平面为基准测量后一点相对于前一点的高度差，所以首先要将测得的各点读数换算为对同一坐标的坐标值，即将各点读数 a_i 顺序累积，并取定原点（第 0 点）的坐标值 $h_0 = 0$，则其余各点的坐标值为 $h_i = h_{i-1} + a_i$。计算结果列于表 4 - 4。误差见图 4 - 16。在直线度误差曲线上，用两条理想的平行线包容被测实际直线，且符合相间准则时，即形成最小包容区域，此包容区域沿纵坐标方向上的距离即为直线度误差值 $f = 0.05mm$，如图 4 - 16 中虚线所示。由上述结果可知，二端点连线法所得直线度误差值较大。

表 4 - 4　　　　　　　　　　　　　　[例 4 - 1] 计算结果

序号 i	0	1	2	3	4	5	6	7	8
读数 a_i	—	-2	+1	-3	-3	+3	+1	-3	-2
累积值 h_i	—	-2	-1	-4	-7	-4	-3	-6	-8

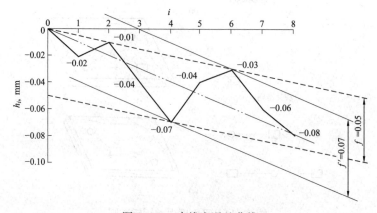

图 4 - 16　直线度误差曲线

4.4　基　　准

4.4.1　基准、基准的建立与体现

　　基准是确定被测要素方向或位置的依据，图样上给的基准是理想的，有基准面、基准线、基准点。由于基准实际要素存在形状误差（有时包括方向误差），往往难以确定被测实际要素的方位。因此，应以该基准的实际要素建立基准，使其符合最小条件。

　　基准实际要素为组成要素（轮廓）时，规定以其最小包容区域的体外边界为基准，如图 4-17 和图 4-18 所示。基准实际要素为导出（中心）要素时，规定以其最小包容区域的中心要素为基准，如图 4-19 所示。前者称为体外原则，后者称为中心原则。

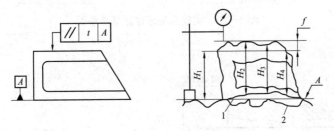

图 4-17　基准要素存在形状误差

1—基准实际要素；2—平台工作面

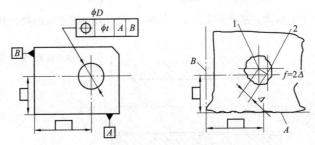

图 4-18　基准要素存在形状误差和方向误差

1—孔的实际位置；2—孔的理想位置

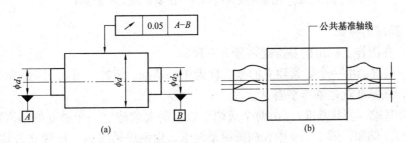

图 4-19　基准要素（中心）存在形状误差

（a）图样标注；（b）实际中心要素

　　在生产实际中，通常用模拟方法体现理想基准要素。体现时应符合最小条件，当基准实际要素与模拟基准之间稳定接触时，它们之间自然形成符合最小条件的相对位置关系；当基

准实际要素与模拟基准之间非稳定接触时，两者的相对位置关系一般不符合最小条件，应通过调整使基准实际要素与模拟基准之间尽可能符合最小条件的相对位置关系的状态，见图 4-20 和图 4-21。新标准增加了采用基准要素的拟合组成要素和拟合导出要素建立基准的内容，见图 4-22 和图 4-23。

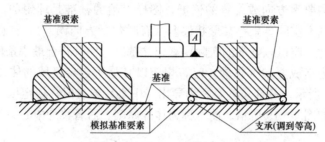

图 4-20　用模拟基准建立基准平面

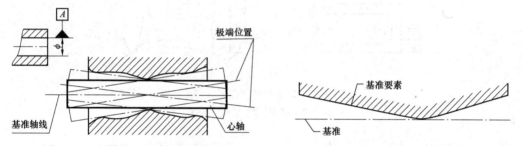

图 4-21　用模拟基准建立基准轴线　　　图 4-22　用基准要素的拟合组成要素建立基准平面

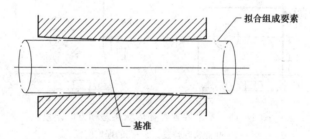

图 4-23　用基准要素的拟合导出要素建立基准轴线

4.4.2　基准的种类

设计时，在图样上标出的基准通常分为三种。

（1）单一基准。由一个要素建立的基准称为单一基准。例如，图 4-17 所示为由一个平面建立基准，该基准就是基准平面 A。

（2）组合基准（公共基准）。由两个或两个以上的要素建立一个独立的基准称为组合基准或公共基准。例如，图 4-19 中径向圆跳动要求，由两段轴线 A、B 建立公共基准线 A-B。在公差框格中标注时，将各个基准字母用短横线相连在同一格内，以表示作为一个基准使用。

（3）基准体系（三基面体系）。确定某些被测要素的方向或位置，从功能要求出发，常需要超过一个基准。

为了与空间直角坐标系相一致，规定以三个互相垂直的平面构成一个三基面体系，如图 4-24 所示。这三个互相垂直的平面都是基准平面（A 为第一基准平面，B 为第二基准平面，垂直于 A；C 为第三基准平面，垂直于 A 与 B）。每两个基准平面的交线构成基准轴线，三轴线的交点构成基准点。

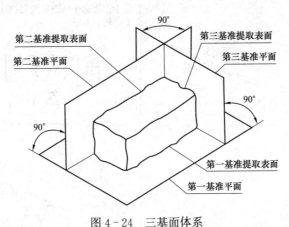

图 4-24　三基面体系

由此可见，上面提到的单一基准平面是三基面体系中的一个基准平面，基准轴线是三基面体系中两个基准平面的交线。应用三基面体系时，应特别注意在图样上标注基准的顺序。

4.5　方向与位置公差及误差

方向与位置公差是指关联实际要素的方向与位置对基准所允许的变动全量。方向与位置公差用以控制方向和位置误差，用方向与位置公差带表示，它是限制关联实际要素的变动区域。关联实际要素位于该区域内为合格，区域的大小由公差值决定。

方向与位置公差按项目特征可分为方向公差（原定向公差）、位置公差（原定位公差）和跳动公差。

4.5.1　方向公差与方向误差

1. 方向公差与公差带

方向公差是指关联被测实际要素对基准在规定方向上所允许的变动量。方向公差用以控制方向误差，方向公差用方向公差带表示，方向公差带是限制关联实际要素的变动区域。

按要素间的几何方向关系，方向公差包括平行度、垂直度、倾斜度和线轮廓度、面轮廓度五个项目，其公差带见表 4-5（线轮廓度和面轮廓度省略）。

平行度、垂直度和倾斜度的被测要素和基准要素有直线和平面之分，因此，均有被测直线相对于基准直线（线对线）、被测直线相对于基准平面（线对面）、被测平面相对于基准直线（面对线）和被测平面相对于基准平面（面对面）四种情况。新标准增加了线对基准体系的平行度、线对基准体系的垂直度两项内容。即新标准规定的平行度公差带有五种，垂直度公差带有五种，倾斜度公差带仍为四种。所谓基准体系，是由相互平行的基准面、基准线、基准点组成的组合基准，意义同前，故部分公差带省略。如有需要可参阅相关国家标准。

表 4-5		方向公差带定义、标注和解释
特征	公差带定义	标记示例及解释
相对于基准体系的中心线平行度	公差带为间距等于公差值 t、平行于两基准且沿规定方向的两平行平面所限定的区域 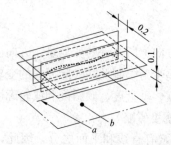 a——基准 A； b——基准 B。	提取（实际）中心线应限定在间距等于 0.1、平行于基准轴线 A 的两平行平面之间。限定公差带的平面均平行于由定向平面框格规定的基准平面 B。基准 B 为基准 A 的辅助基准 (a) 2D (b) 3D
	公差带应限定在两对间距分别等于 0.1 和 0.2，且平行于基准轴线 A 的平行平面之间。定向平面框格规定了公差带宽度相对于基准平面 B 的方向。 　定向平面框格规定了 0.2 的公差带的限定平面垂直于定向平面 B； 　定向平面框格规定了 0.1 的公差带的限定平面平行于定向平面 B 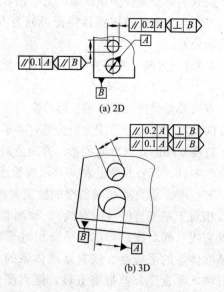 a——基准 A； b——基准 B。	提取（实际）中心线应限定在两对间距分别等于公差值 0.1 和 0.2 且平行于基准轴线 A 的平行平面之间。定向平面框格规定了公差带宽度相对于基准平面 B 的方向。基准 B 为基准 A 的辅助基准 (a) 2D (b) 3D

续表

特征	公差带定义	标记示例及解释
相对于基准线的中心线平行度	公差带为平行于基准轴线、直径等于公差值 ϕt 的圆柱面所限定的区域 a——基准 A。	提取（实际）中心线应限定在平行于基准轴线 A、直径等于 $\phi 0.03$mm 的圆柱面内 (a) 2D (b) 3D
相对于基准面的中心线平行度	公差带为平行于基准平面、间距等于公差值 t 的两平行平面限定的区域 a——基准 B。	提取（实际）中心线应限定在平行于基准平面 B、间距等于 0.01 的两平行平面之间 (a) 2D (b) 3D

特征	公差带定义	标记示例及解释
相对于基准直线的平面平行度	公差带为间距等于公差值 t、平行于基准的两平行平面所限定的区域 a——基准 C。	提取（实际）面应限定在间距等于 0.1、平行于基准轴线 C 的两平行平面之间 (a) 2D (b) 3D
相对于基准面的平面平行度	公差带为间距等于公差值 t、平行于基准平面的两平行平面所限定的区域 a——基准 D。	提取（实际）表面应限定在间距等于 0.01、平行于基准面 D 的两平行平面之间 (a) 2D (b) 3D

特征	公差带定义	标记示例及解释
相对于基准体系的中心线垂直度	公差带为间距等于公差值 t 的两平行平面所限定的区域。该两平行平面垂直于基准平面 A 且平行于辅助基准 B 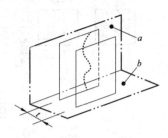 a——基准 A； b——基准 B。	圆柱面的提取（实际）中心线应限定在间距等于 0.1 的两平行平面之间。该两平行平面垂直于基准平面 A，且方向由基准平面 B 规定。基准 B 为基准 A 的辅助基准 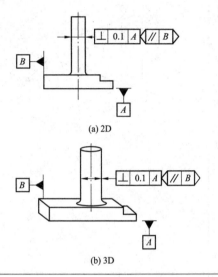
	公差带为间距分别等于公差值 0.1 与 0.2、且相互垂直的两组平行平面所限定的区域。该两组平行平面都垂直于基准平面 A。其中一组平行平面平行于辅助基准 B，另一组平行平面则垂直于辅助基准 B 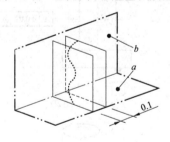 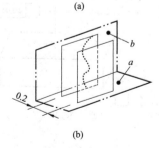 a——基准 A； b——基准 B。	圆柱的提取（实际）中心线应限定在间距分别等于 0.1 与 0.2、且垂直于基准平面 A 的两组平行平面之间。公差带的方向使用定向平面框格由基准平面 B 规定。基准 B 是基准 A 的辅助基准 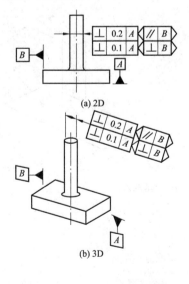

特征	公差带定义	标记示例及解释
相对于基准直线的中心线垂直度	公差带为间距等于公差值 t、垂直于基准轴线的两平行平面所限定的区域 a——基准 A。	提取（实际）中心线应限定在间距等于 0.06、垂直于基准轴 A 的两平行平面之间 (a) 2D (b) 3D
相对于基准面的中心线垂直度	公差带为直径等于公差值 ϕt、轴线垂直于基准平面的圆柱面所限定的区域 a——基准 A。	圆柱面的提取（实际）中心线应限定在直径等于 $\phi 0.01$、垂直于基准平面 A 的圆柱面内 (a) 2D (b) 3D

特征	公差带定义	标记示例及解释
相对于基准直线的平面垂直度	公差带为间距等于公差值 t 且垂直于基准轴线的两平行平面所限定的区域 a——基准 A。	提取（实际）面应限定在间距等于 0.08 的两平行平面之间。该两平行平面垂直于基准轴线 A (a) 2D (b) 3D
相对于基准面的平面垂直度	公差带为间距等于公差值 t、垂直于基准平面 A 的两平行平面所限定的区域 a——基准 A。	提取（实际）面应限定在间距等于 0.08 垂直于基准平面 A 的两平行平面之间 (a) 2D (b) 3D

特征	公差带定义	标记示例及解释
相对于基准直线的平面倾斜度	公差带为间距等于公差值 t 的两平行平面所限定的区域。该两平行平面按规定角度倾斜于基准直线 a——基准 A。	提取（实际）表面应限定在间距等于 0.1 的两平行平面之间。该两平行平面按理论正确角度 75° 倾斜于基准轴线 A (a) 2D (b) 3D
相对于基准面的平面倾斜度	公差带为间距等于公差值 t 的两平行平面所限定的区域。该两平行平面按规定角度倾斜于基准平面 a——基准 A。	提取（实际）表面应限定在间距等于 0.08 的两平行平面之间。该两平行平面按理论正确角度 40° 倾斜于基准平面 A (a) 2D (b) 3D

方向公差带的特点如下：

（1）相对于基准有确定的方向。平行度、垂直度和倾斜度公差带分别相对于基准保持平行、垂直和倾斜一个理论正确角度的关系（见图 4-25）。并且在相对于基准保持方向的条件下，公差带的位置可以浮动。t 为方向公差值。

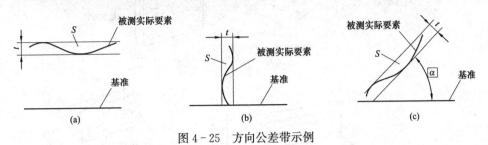

图 4-25 方向公差带示例

(a) 平行度公差；(b) 垂直度公差；(c) 倾斜度公差

（2）具有综合控制被测要素的方向和形状的功能。方向公差带的形状和大小是固定的，位置浮动。方向公差带一经确定，被测要素的形状误差也就受到约束。因此，在保证功能要求的前提下，当对某一被测要素给出方向公差后，通常不再对该被测要素给出形状公差。如果在功能需要对形状精度有进一步要求，则可同时给出形状公差。但是，给出的形状公差值应小于已给定的方向公差值。例如，图 4-26 中已给出了平面对平面的平行度公差值 0.05mm，因对被测表面有进一步的平面度要求，所以又给出了平面度公差值 0.02mm。

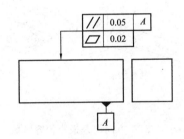

图 4-26 同时给出方向和形状公差示例

2. 方向误差及其评定

方向误差是指关联被测实际要素对基准要素具有确定方向的实际变动量。理想要素的方向由基准确定。评定方向误差时，理想要素相对于基准保持图样上所要求的方向关系。方向误差可以用对基准保持所要求的方向最小区域的宽度或直径来表示。方向最小区域的形状与方向公差带相同。评定相对于基准面的线（或面）平行度、相对于基准线的线（或面）垂直度误差时，由方向最小包容区域包容被测要素的提取（实际）要素，至少有两个实测点与之接触，一个最高点，一个最低点，即两个平面各有一个接触点，如图 4-27（a）所示；评定相对于基准线的面平行度或者相对于基准面的面垂直度误差时，由方向最小包容区域包容被测要素的提取（实际）面要素，至少有三实测点与之接触，如图 4-27（b）所示；评定线对基准线的平行度、线对面的垂直度误差时，用圆柱面包容提取线，至少有两点或三点接触，如图 4-27（c）所示。

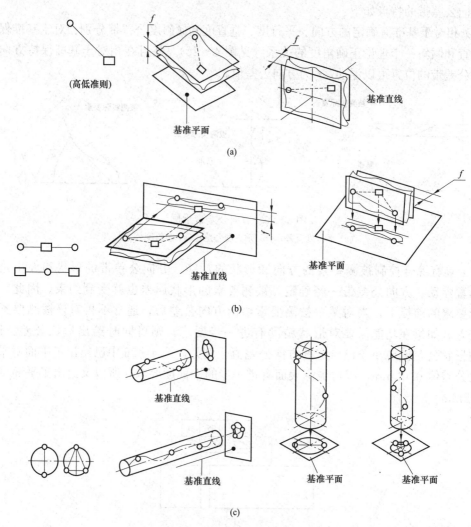

图 4 - 27　方向误差最小包容区域

4.5.2　位置公差与位置误差

1. 位置公差与公差带

位置公差是指关联被测实际要素对基准在位置上允许的变动全量。位置公差用以控制位置误差。位置公差用位置公差带表示。位置公差有位置度、同轴度、同心度、对称度和有基准的线轮廓度、有基准的面轮廓度 6 个项目。位置公差带定义、标注和解释见表 4 - 6。

位置公差项目中的位置度涉及的要素包括点、线、面，同轴度只涉及轴线，同心度只涉及中心点，对称度涉及的要素有直线和平面。

位置公差带的特点如下：

（1）位置公差带具有确定的位置，相对于基准的尺寸为理论正确尺寸。其中，同轴度和对称度公差带的被测要素应与基准重合，公差带相对于基准位置的理论正确尺寸为 0，图上可省略。对于成组要素的位置度公差而言，如果只控制相对位置，可以不给出基准，只给出相对位置的理论正确尺寸。成组要素的位置度公差带示例如图 4 - 28 所示。

表 4-6	位置公差带定义、标注和解释	
特征	公差带定义	标记示例及解释
导出点的同心度	公差带为直径等于公差值 ϕt 的圆周所限定的区域。公差值之前应使用符号 ϕ。该圆周公差带的圆心与基准点重合 ϕt a a——基准 A。	在任意横截面内，内圆的提取（实际）中心应限定在直径等于 $\phi 0.1$、以基准点 A（在同一横截面内）为圆心的圆周内 A ACS ◎ $\phi 0.1$ A (a) 2D A ACS ◎ $\phi 0.1$ A (b) 3D
中心线的同轴度	公差带为直径等于公差值的圆柱面所限定的区域。该圆柱面的轴线与基准轴线重合 ϕt a a——基准 $A-B$。	被测圆柱的提取（实际）中心线应限定在直径等于 $\phi 0.08$、以公共基准轴线 $A-B$ 为轴线的圆柱面内 ◎ $\phi 0.08$ $A-B$ A　B (a) 2D A ◎ $\phi 0.08$ Ⓐ $A-B$ B (b) 3D

续表

特征	公差带定义	标记示例及解释
对称度	公差带为间距等于公差值 0.08、对称于基准中心平面的两平行平面所限定的区域 *a*——基准 *A*。	提取（实际）中心表面应限定在间距等于 0.08、对称于基准中心平面 A 的两平行平面之间 (a) 2D (b) 3D
导出点的位置度	公差带为直径等于公差值 *Sϕ*0.3 的圆球面所限定的区域。该圆球面的中心位置由相对于基准 *A*、*B*、*C* 的理论正确尺寸确定 *a*——基准 *A*； *b*——基准 *B*； *c*——基准 *C*。	提取（实际）球心应限定在直径等于 *Sϕ*0.3 的圆球面内。该圆球面的中心与基准平面 *A*、基准平面 *B*、基准中心平面 *C* 及被测球所确定的理论正确位置一致 (a) 2D (b) 3D

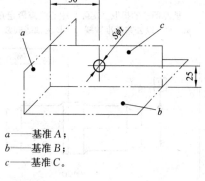

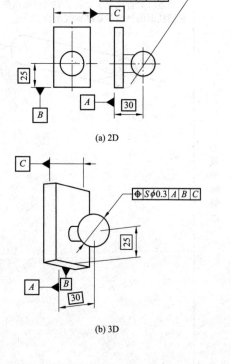

特征	公差带定义	标记示例及解释
中心线的位置度	公差带为间距分别等于公差值 0.05 与 0.2、对称于理论正确位置的平行平面所限定的区域。该理论正确位置由相对于基准 C、A、B 的理论正确尺寸确定。该公差在基准体系的两个方向上给定 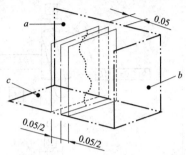 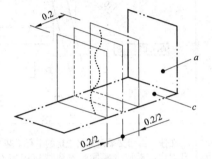 a——第二基准 A，与基准 C 垂直； b——第三基准 B，与基准 C 及第二基准 A 垂直； c——基准 C。	各孔的提取（实际）中心线在给定方向上应各自限定在间距分别等于 0.05 及 0.2、且相互垂直的两对平行平面内。每对平行平面的方向由基准体系确定，且对称于基准平面 C、A、B 及被测孔所确定的理论正确位置 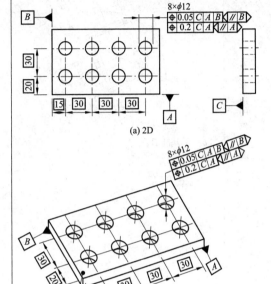
	公差带为直径等于公差值 φt 的圆柱面所限定的区域。该圆柱面轴线的位置由相对于基准 C、A、B 的理论正确尺寸确定 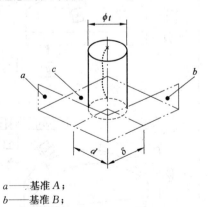 a——基准 A； b——基准 B； c——基准 C。	提取（实际）中心线应限定在直径等于 φ0.08 的圆柱面内。该圆柱面的轴线应处于由基准平面 C、A、B 与被测孔所确定的理论正确位置 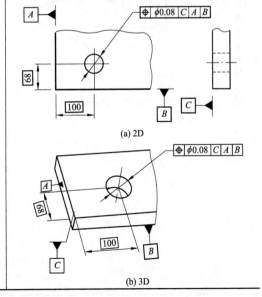

特征	公差带定义	标记示例及解释
平表面的位置度	公差带为间距等于公差值 t 的两平行平面所限定的区域。该两平行平面对称于由相对于基准 A、B 的理论正确尺寸所确定的理论正确位置 a——基准 A。 b——基准 B。	提取（实际）表面应限定在间距等于 0.05 的两平行平面之间。该两平行平面对称于由基准平面 A、基准轴线 B 与该被测表面所确定的理论正确位置 (a) 2D (b) 3D
相对于基准体系的线轮廓度	公差带为直径等于公差值 t、圆心位于由基准平面 A 与基准平面 B 确定的被测要素理论正确几何形状上的一系列圆的两包络线所限定的区域 a——基准 A； b——基准 B； c——平行于基准 A 的平面。	在任一由相交平面框格规定的平行于基准平面 A 的截面内，提取（实际）轮廓线应限定在直径等于 0.04、圆心位于由基准平面 A 与基准平面 B 确定的被测要素理论正确几何形状线上的一系列圆的两等距包络线之间 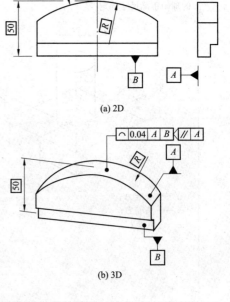 (a) 2D (b) 3D

特征	公差带定义	标记示例及解释
相对于基准体系的面轮廓度	公差带为直径等于公差值 t、球心位于由基准平面 A 确定的被测要素理论正确几何形状上的一系列圆球的两包络面所限定的区域 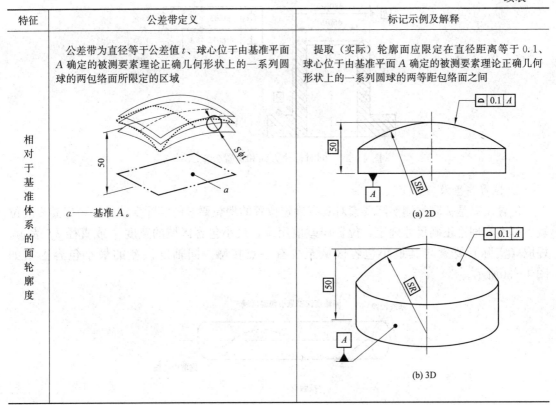 a——基准 A。	提取（实际）轮廓面应限定在直径距离等于 0.1、球心位于由基准平面 A 确定的被测要素理论正确几何形状上的一系列圆球的两等距包络面之间 (a) 2D (b) 3D

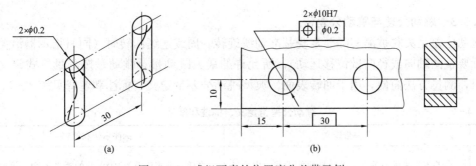

图 4-28 成组要素的位置度公差带示例

（2）位置公差带具有综合控制被测要素位置、方向和形状的功能。位置公差带的形状、大小、方向、位置均是固定的。由于给出了位置公差的被测要素总是同时存在位置、方向和形状误差，因此被测要素的位置、方向和形状误差总是同时受到位置公差带的约束。在保证功能要求的前提下，对被测要素给定了位置公差，通常对该被测要素不再给出方向和形状公差。如果对方向和形状有进一步的精度要求，则另行给出方向或形状公差，或者方向和形状公差同时给出。例如，图 4-29 中，直径 $\phi60J6$ 的轴线相对于基准 A 和 B 已经给出了位置度公差值 $\phi0.03$mm。但是，该轴线对基准 A 的垂直度有进一步要求，因此又给出了垂直度公差值 0.012mm。这是位置与方向公差同时给出的一个例子，因方向公差是进一步要求，所以垂直度公差值小于位置度公差值，否则没有意义。

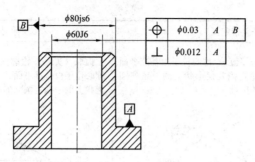

图 4 - 29　同时标注方向和位置公差示例

2. 位置误差及其评定

位置误差是关联被测实际要素对具有确定位置的理想要素的实际变动量。理想要素的位置由基准和理论正确尺寸确定，位置误差值用位置最小包容区域的宽度 f 或直径 ϕf 表示。提取（实际）要素与其最小包容区域至少有一点接触。同轴度误差的最小包容区域如图 4 - 30 所示。

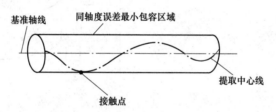

图 4 - 30　位置误差最小包容区域

4.5.3　跳动公差与跳动公差带

跳动公差是关联被测实际要素绕基准轴线旋转一周或连续回转时（同时指示器沿关联被测实际要素的轴向或径向做位移运动），所允许的最大跳动量。跳动是按测量方式定义的公差项目，测量方法简便，用于回转表面。典型跳动公差带定义、标注和解释见表 4 - 7。

表 4 - 7　　　　　　　　　　　　　　跳动公差带定义、标注和解释

特征	公差带定义	标注示例和解释
径向圆跳动	公差带为在任一垂直于基准轴线的横截面内、半径差等于公差值 t、圆心在基准轴线上的两同心圆所限定的区域 *a*——基准 *A*。	在任一垂直于基准轴线 *A* 的横截面内，提取（实际）线应限定在半径差等于 0.1、圆心在基准轴线 *A* 上的两共面同心圆之间 (a) 2D　　　　(b) 3D

特征	公差带定义	标注示例和解释
轴向圆跳动	公差带为与基准轴线同轴的任一半径的圆柱截面上、间距等于公差值 0.1 的两圆所限定的圆柱面区域。 a——基准 D； b——公差带； c——与基准 D 同轴的任意直径。	在与基准轴线 D 同轴的任一圆柱形截面上，提取（实际）圆应限定在轴向距离等于 0.1 的两个等圆之间 (a) 2D (b) 3D
斜向圆跳动	公差带为与基准轴线同轴的任一圆锥截面上、间距等于公差值 t 的两圆所限定的圆锥面区域 a——基准 C； b——公差带。	在与基准轴线 C 同轴的任一圆锥截面上，提取（实际）线应限定在素线方向间距等于 0.1 的两不等圆之间，并且截面的锥角与被测要素垂直 (a) 2D (b) 3D

特征	公差带定义	标注示例和解释
径向全跳动	公差带为半径差等于公差值 t、与基准轴线同轴的两圆柱面所限定的区域 a——公共基准 A-B。	提取（实际）表面应限定在半径差等于 0.1、与公共基准轴线 A-B 同轴的两圆柱面之间 (a) 2D (b) 3D
轴向全跳动	公差带为间距等于公差值 0.1、垂直于基准轴线的两平行平面所限定的区域 a——基准 D； b——提取表面。	提取（实际）表面应限定在间距等于 0.1、垂直于基准轴线 D 的两平行平面之间 (a) 2D (b) 3D

跳动公差带的特点如下：

（1）跳动公差带相对于基准轴线有确定的位置。例如，在某一横截面内，径向圆跳动公差带的圆心在基准轴线上，径向全跳动公差带的轴线与基准轴线同轴。轴向全跳动（端面全跳动）的公差带两平行平面所围成的区域垂直于基准轴线。

（2）可以综合控制被测要素的位置、方向和形状。例如，径向全跳动公差带控制同轴度和圆柱度误差。轴向全跳动（端面全跳动）公差带控制端面对基准轴线的垂直度，也控制端面的平面度误差。径向圆跳动公差带控制横截面的轮廓中心相对于基准轴线的同心度和圆度误差。轴向圆跳动（端面圆跳动）公差带控制测量圆周上轮廓对基准轴线的垂直度和形状误差。

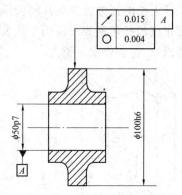

当综合控制被测要素不能满足要求时，可进一步给出有关的公差。如图 4-31 所示，对 ϕ100h6 的圆柱面已经给出了径向圆跳动公差值 0.015mm，但对该圆柱面的圆度有进一步要求，所以又给出了圆度公差值 0.004mm。对被测要素给出跳动公差后，若再对该被测要素给出其他项目的几何公差，则其公差值必须小于跳动公差值，否则没有意义。

图 4-31　径向圆跳动公差和圆度公差同时标注示例

4.5.4　各类公差与误差值的关系

形状公差只控制被测要素的形状，公差带的方向和位置是浮动的；方向公差可同时控制被测要素的形状和方向，公差带的位置是浮动的；位置和跳动公差可同时控制被测要素的形状、方向和位置，公差带的形状、方向和位置均是固定。但也有例外，对于成组要素的位置度公差，如果只控制相对位置，可以不给出基准，只给出相对位置的理论正确尺寸即可，其公差带可在一定范围内浮动，如图 4-28 所示。

如果图样上标注了位置和跳动公差 t_3，可以不标注方向和形状公差；如果需要进一步标注方向 t_2 和形状公差 t_1，则其公差值应遵循关系 $t_1 < t_2 < t_3$，否则没有意义。对于同一被测要素而言，其形状、方向、位置和跳动误差值的关系为 $f_1 < f_2 < f_3$，如图 4-32 所示。

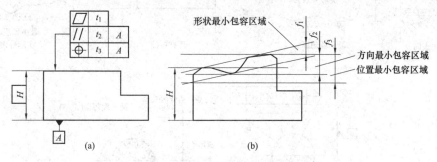

图 4-32　形状、方向与位置公差的关系
(a) 图样标注；(b) 最小包容区域

4.6　公　差　原　则

在设计零件时，对同一被测要素，除给定尺寸公差外，有时还要给定几何公差。因此，有必要研究尺寸公差与几何公差之间的关系。确定这种相互关系所遵循的原则称为公差原

则。公差原则包括独立原则和相关要求两大类。

独立原则是指图样上给定的每一个尺寸和形状位置要求均是独立的，应分别满足要求。图样上给的尺寸公差和几何公差相互有关的公差要求称为相关要求。相关要求包括最大实体要求（包括可逆要求应用于最大实体要求）、最小实体要求（包括可逆要求应用于最小实体要求）、包容要求三类。

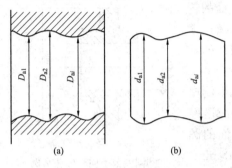

图 4-33　局部实际尺寸

(a) 内表面；(b) 外表面

4.6.1　术语及定义

1. 局部实际尺寸

局部实际尺寸是指在实际要素的任意正截面上，两对应点之间测得的距离，各处实际尺寸不同。内表面（孔）的局部实际尺寸和外表面（轴）的局部实际尺寸分别用 D_a 和 d_a 表示，如图 4-33 所示。

2. 体外作用尺寸

体外作用尺寸是指在被测要素的给定长度上，与实际内表面（孔）体外相接的最大理想面或与实际外表面（轴）体外相接的最小理想面的直径或宽度。对于关联要素，该理想面的轴线或中心平面必须与基准保持图样给定的几何关系。轴和孔的单一体外作用尺寸分别用 d_{fe} 和 D_{fe} 表示，轴和孔的方向体外作用尺寸分别用表示 d'_{fe} 和 D'_{fe} 表示，轴和孔的位置体外作用尺寸分别用 d''_{fe} 和 D''_{fe} 表示，如图 4-34 所示。

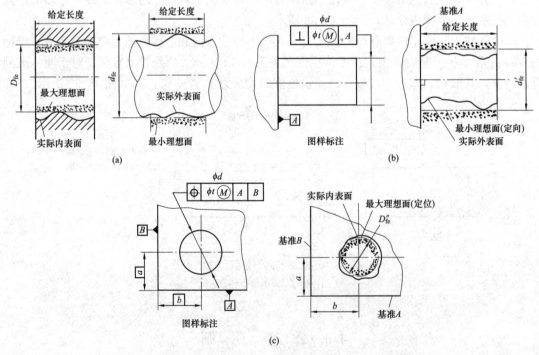

图 4-34　体外作用尺寸

(a) 单一体外作用尺寸；(b) 方向体外作用尺寸；(c) 位置体外作用尺寸

3. 体内作用尺寸

体内作用尺寸是指在被测要素的给定长度上，与实际内表面（孔）体内相接的最小理想面或与实际外表面（轴）体内相接的最大理想面的直径或宽度。对于关联要素，该理想面的轴线或中心平面必须与基准保持图样给定的几何关系。轴和孔的体内作用尺寸分别用 d_{fi} 和 D_{fi} 表示，轴和孔的方向体外作用尺寸分别用表示 d'_{fi} 和 D'_{fi} 表示，轴和孔的位置体外作用尺寸分别用 d''_{fi} 和 D''_{fi} 表示，如图 4-35 所示。

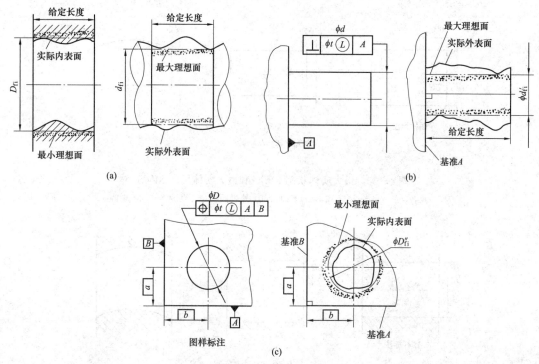

图 4-35 体内作用尺寸

(a) 单一体内作用尺寸；(b) 方向体内作用尺寸；(c) 位置体内作用尺寸

4. 最大实体状态 MMC 和最大实体尺寸 MMS

最大实体状态 MMC 是指实际要素在给定长度上处处位于极限尺寸内并具有最大实体时的状态。最大实体尺寸 MMS 是指实际要素在最大实体状态下的极限尺寸。外表面和内表面的最大实体尺寸分别用 d_M 和 D_M 表示。对于外表面（轴）为最大极限尺寸 d_{max}，有 $d_M = d_{max}$；对于内表面（孔）为最小极限尺寸 D_{min}，有 $D_M = D_{min}$，如图 4-36 所示。

5. 最小实体状态 LMC 和最小实体尺寸 LMS

最小实体状态 LMC 是指实际要素在给定长度上处处位于极限尺寸内并具有最小实体时的状态。最小实体尺寸 LMS 是指实际要素在最小实体状态下的极限尺寸。外表面和内表面的最小实体尺寸分别用 d_L 和 D_L 表示。对于外表面（轴）为最小极限尺寸 d_{min}，有 $d_L = d_{min}$；对于内表面（孔）为最大极限尺寸 D_{max}，有 $D_L = D_{max}$，如图 4-37 所示。

6. 最大实体实效状态 MMVC 和最大实体实效尺寸 MMVS

最大实体实效状态 MMVC 是指在给定长度上实际要素处于最大实体状态且中心要素的形状或位置误差等于给出公差值时的综合极限状态。最大实体实效尺寸 MMVS 是指在最大

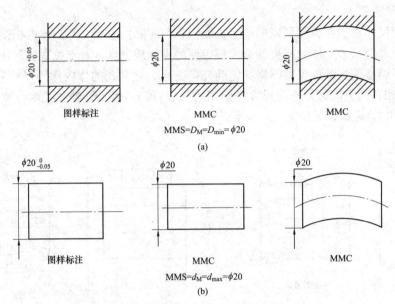

图 4-36　最大实体状态 MMC 和最大实体尺寸 MMS
（a）内表面；（b）外表面

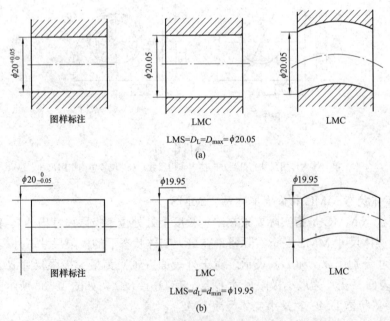

图 4-37　最小实体状态 LMC 和最小实体尺寸 LMS
（a）内表面；（b）外表面

实体实效状态下的体外作用尺寸。外表面（轴）和内表面（孔）的单一最大实体实效尺寸分别用 d_{MV} 和 D_{MV} 表示，轴和孔的方向最大实体实效尺寸分别用 d'_{MV} 和 D'_{MV} 表示，轴和孔的位置最大实体实效尺寸分别用 d''_{MV} 和 D''_{MV} 表示，如图 4-38 所示。

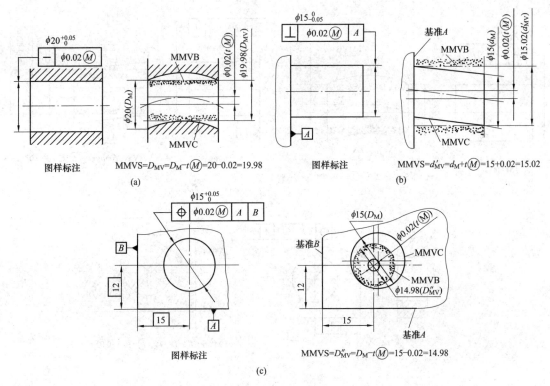

图 4-38 最大实体实效状态 MMVC 和最大实体实效尺寸 MMVS

(a) 孔的单一最大实体实效状态 MMVC 和最大实体实效尺寸 D_{MV};(b) 轴的方向最大实体实效状态 MMVC 和最大实体实效尺寸 d'_{MV};(c) 孔的位置最大实体实效状态 MMVC 和最大实体实效尺寸 D''_{MV}

轴(外表面)的最大实体实效尺寸等于轴的最大实体尺寸加几何公差值,即

$$d_{MV}(d'_{MV}、\ d''_{MV}) = d_M + t$$

孔(内表面)的最大实体实效尺寸等于孔的最大实体尺寸减几何公差值,即

$$D_{MV}(D'_{MV}、\ D''_{MV}) = D_M - t$$

7. 最小实体实效状态 LMVC 和最小实体实效尺寸 LMVS

最小实体实效状态 LMVC 是指在给定长度上实际要素处于最小实体状态且中心要素的形状或位置误差等于给出公差值时的综合极限形态。最小实体实效尺寸 LMVS 是指在最小实体实效状态下的体内作用尺寸。外表面(轴)和内表面(孔)的最小实体实效尺寸分别用 d_{LV} 和 D_{LV} 表示,轴和孔的方向最小实体实效尺寸分别用 d'_{LV} 和 D'_{LV} 表示,轴和孔的位置最小实体实效尺寸分别用 d''_{LV} 和 D''_{LV} 表示,如图 4-39 所示。

轴(外表面)的最小实体实效尺寸等于轴的最小实体尺寸减几何公差值,即

$$d_{LV}(d'_{LV}、\ d''_{LV}) = d_L - t$$

孔(内表面)的最小实体实效尺寸等于孔的最小实体尺寸加几何公差值,即

$$D_{LV}(D'_{LV}、\ D''_{LV}) = D_L + t$$

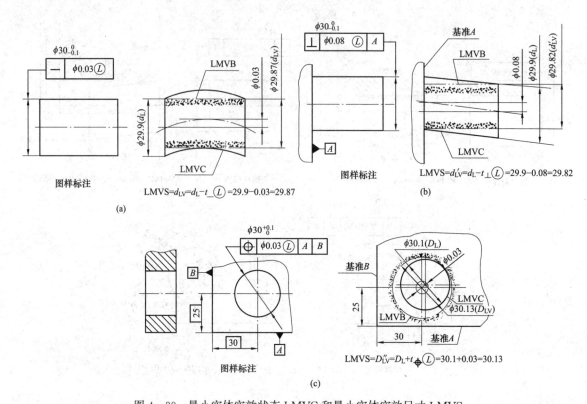

图 4-39　最小实体实效状态 LMVC 和最小实体实效尺寸 LMVS

(a) 轴的单一最小实体实效状态 LMVC 和最大实体实效尺寸 d_{LV}；(b) 轴的方向最小实体实效状态 LMVC 和
最小实体实效尺寸 d'_{LV}；(c) 孔的位置最小实体实效状态 LMVC 和最小实体实效尺寸 D''_{LV}

8. 最大实体边界 MMB

边界是指具有理想形状的极限包容面。孔（内表面）的边界是一个理想轴（外表面）；轴（外表面）的边界是一个理想孔（内表面）。轴和孔最大实体边界是尺寸为最大实体尺寸的边界，如图 4-40 所示。

9. 最小实体边界 LMB

最小实体边界是指尺寸为最小实体尺寸的边界。轴和孔最小实体边界是尺寸为最小实体尺寸的边界，如图 4-41 所示。

10. 最大实体实效边界 MMVB

最大实体实效边界是指尺寸为最大实体实效尺寸的边界。轴和孔最大实体实效边界是尺寸为最大实体实效尺寸的边界，如图 4-38 所示。

11. 最小实体实效边界 LMVB

最小实体实效边界是指尺寸为最小实体实效尺寸的边界。轴和孔最小实体实效边界是尺寸为最小实体实效尺寸的边界，如图 4-39 所示。

4.6.2　独立原则

独立原则是标注几何公差和尺寸公差的基本原则，是指被测要素在图样上给出的尺寸公差与几何公差各自独立，应分别满足要求的公差原则。无论是何尺寸，对直线度或圆度公差要求始终不变，即尺寸公差与几何公差没有关系，各自独立，如图 4-42 所示。

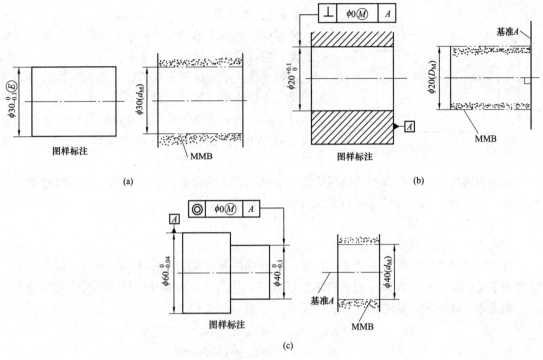

图 4 - 40 最大实体边界 MMB

(a) 轴的单一最大实体边界 d_M；(b) 孔的方向最大实体边界 D_M；(c) 轴的位置最大实体边界 d_M

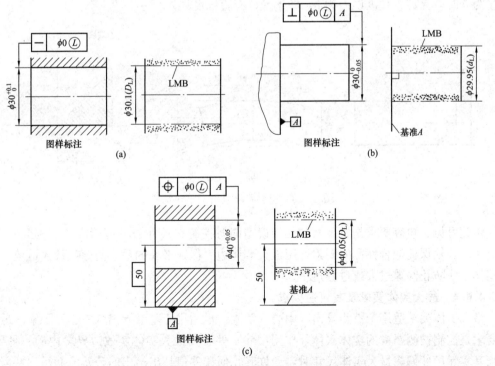

图 4 - 41 最小实体边界 LMB

(a) 孔的单一最小实体边界 D_L；(b) 轴的方向最小实体边界 d_L；(c) 孔的位置最小实体边界 D_L

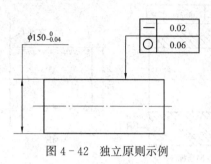

图 4-42 独立原则示例

4.6.3 包容要求

包容要求适用于单一尺寸要素，如圆柱表面或两平行表面，主要目的是保证配合要求。

包容要求表示实际要素应遵守其最大实体边界，当实际尺寸处处为最大实体尺寸时，其几何公差为 0。当实际尺寸偏离最大实体尺寸时，允许的几何公差可相应增加，增加量为实际尺寸与最大实体尺寸之差（绝对值）。

采用包容要求时，被测要素应遵守最大实体边界，即要素的体外作用尺寸不得超越其最大实体尺寸，且局部实际尺寸不得超越其最小实体尺寸，即

对外表面（轴）为　$d_{fe} \leqslant d_M = d_{max}$，$d_a \geqslant d_L = d_{min}$

对内表面（孔）为　$D_{fe} \geqslant D_M = D_{min}$，$D_a \leqslant D_L = D_{max}$

有包容要求的图样在单一要素的尺寸公差后标注符号 $Ⓔ$，如图 4-43 所示。包容要求如果要用于关联要素时，在标注的框格第二栏内用 $0Ⓜ$ 表示，即零几何公差的最大实体要求。

如图 4-43 所示，轴的尺寸应满足要求 [见图 4-43（b）]：

$$d_{fe} \leqslant d_M = d_{max} = 20\text{mm}$$

$$d_a \geqslant d_L = d_{min} = 19.7\text{mm}$$

图 4-43（c）所示为该轴的动态公差带图，表明当实际尺寸为 19.97mm，偏离最大实体尺寸为 0.03mm 时，允许直线度误差为 0.03mm；当实际尺寸为最大实体尺寸 20mm，偏离量为 0 时，允许直线度误差为 0，即不允许有直线度误差。

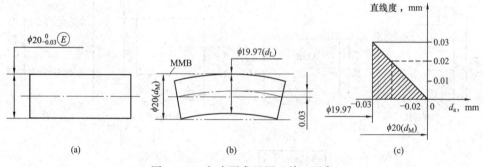

图 4-43　包容要求只用于单一要素

由此可见，包容要求是将尺寸和几何误差同时控制在尺寸公差范围内的一种公差要求，主要用于必须保证配合性质的要素，用最大实体边界保证必要的最小间隙或最大过盈，用最小实体尺寸防止间隙过大或过盈过小。

4.6.4　最大实体要求及其可逆要求

最大实体要求适用于被测导出（中心）要素，也适用于基准导出（中心）要素。最大实体要求是控制被测要素的实体（体外作用尺寸）处于其最大实体实效边界之内的一种要求。即当其实际尺寸偏离最大实体尺寸时，允许其几何误差值超出给出的公差值而得到补偿。补偿值为最大实体尺寸与实际尺寸的偏离值，也就是说，最大实体要求用于被测要素时，被测要素的几何公差值是在该要素处于最大实体状态时给定的。所以，在图样上几何公差框格内

公差值后常标注Ⓜ。用于基准要素时，在公差框格内相应的基准字母代号后标注Ⓜ。

1. 最大实体要求应用于被测要素

最大实体要求用于被测要素时，被测要素应遵守最大实体实效边界，即要素的体外作用尺寸不得超越最大实体实效尺寸，且局部实际尺寸在最大实体尺寸与最小实体尺寸之间，即

对外表面（轴）

$$d_{fe} \leqslant d_{MV} = d_{max} + t$$

$$d_{min} \leqslant d_a \leqslant d_{max}$$

对内表面（孔）

$$D_{fe} \geqslant D_{MV} = D_{min} - t$$

$$D_{max} \geqslant D_a \geqslant D_{min}$$

式中：t 为几何公差值。

图 4-44（a）表示轴 $\phi 20_{-0.3}^{0}$ 的轴线直线度公差采用最大实体要求。实际尺寸为 $\phi 19.7 \sim \phi 20$mm，体外作用尺寸 $d_{fe} \leqslant d_{MV} = d_{max} + t = 20$mm $+ 0.1$mm $= 20.1$mm。当被测要素处于最大实体状态 $\phi 20$mm 时，其轴线直线度公差为给定的 $\phi 0.1$mm；当被测要素偏离最大实体状态时，直线度公差获得补偿而增大，补偿量为被测要素偏离最大实体状态的差值，如被测要素为 $\phi 19.9$ 时，偏离量 0.1mm 补偿给直线度公差，为 $\phi 0.2$mm；当被测要素处于最小实体状态 $\phi 19.7$ 时，获得的补偿量最大，其轴线直线度误差允许达到最大值，即等于图样给出的直线度公差值（$\phi 0.1$mm）与轴的尺寸公差（$\phi 0.3$mm）之和 $\phi 0.4$mm。表达上述关系的动态公差图见图 4-44（d）。

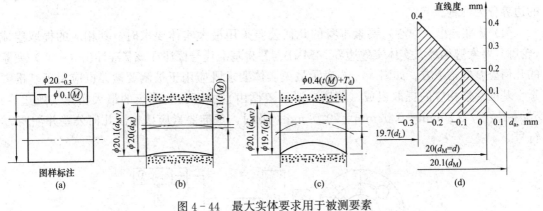

图 4-44　最大实体要求用于被测要素

2. 最大实体要求的零几何公差

当关联要素采用最大实体要求但给出的几何公差值为 0 时，称为最大实体要求的零几何公差，公差值标注为"0Ⓜ"。图 4-45 表示孔 $\phi 50_{-0.08}^{+0.13}$ 的轴线对基准面在任意方向的垂直度公差采用最大实体要求的零几何公差。实际尺寸为 $\phi 49.92 \sim \phi 50.13$mm，体外作用尺寸 D_{fe} $\geqslant D'_{MV} = D_{min} = 49.92$mm。当被测要素处于最大实体状态 $\phi 49.92$ 时，其轴线垂直度公差为给定的 0；当被测要素偏离最大实体状态时，垂直度公差获得补偿而增大，补偿量为被测要素偏离最大实体状态的差值，如被测要素为 $\phi 50$ 时，偏离量 0.08mm 补偿给垂直度公差，为 $\phi 0.08$mm；当被测要素处于最小实体状态 $\phi 50.13$ 时获得的补偿量最大，其轴线垂直度误差允许达到最大值，即等于图样给出的垂直度公差值（0）与轴的尺寸公差（$\phi 0.21$mm）之和 $\phi 0.21$mm。表达上述关系的动态公差图见图 4-45（d）。

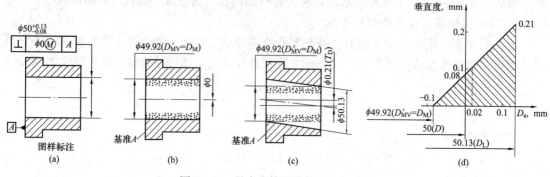

图 4 - 45　最大实体要求的零几何公差

值得注意的是，单一要素如果要采用最大实体要求的零几何公差，相当于包容要求。国家标准规定单一要素不能采用最大实体要求的零几何公差，而是采用包容要求，故只有关联要素才能采用最大实体要求的零几何公差。

3. 最大实体要求应用于基准要素

如果图样上公差框格中基准字母后标注Ⓜ，表示最大实体要求应用于基准要素。此时基准要素应遵循相应的边界，即其体外作用尺寸偏离相应的边界尺寸，则允许基准要素在一定范围内浮动，浮动范围等于基准要素的体外作用尺寸与其边界之差。

最大实体要求应用于基准导出（中心）要素时，其相应的提取组成（轮廓）要素应遵守的边界分为两种。

（1）基准导出（中心）要素本身的几何公差采用最大实体要求时，其相应的提取组成（轮廓）要素遵循最大实体实效边界 MMVB。并将基准代号标注在该基准导出（中心）要素的几何公差框格下方。如图 4 - 46 表示最大实体要求既应用于被测要素，也应用于基准要素。基准要素相应的提取组成（轮廓）要素遵循由直线度公差确定的最大实体实效边界，$d''_{MV} = d_M + t = 20mm + 0.02mm = 20.02mm$。此时，基准要素应该标注几何公差并注明Ⓜ符号。

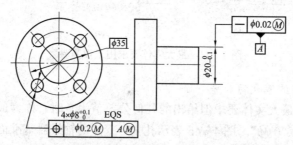

图 4 - 46　最大实体要求应用于基准要素且基准本身采用最大实体要求

（2）基准导出（中心）要素本身的几何公差不采用最大实体要求时，其相应的提取组成（轮廓）要素遵循最大实体边界 MMB。并将基准代号标注在该基准导出（中心）要素的尺寸线处，基准代号的连线与尺寸线对齐。该情况又分为独立原则和包容要求两种。图 4 - 47 （a）表明，基准要素遵循独立原则，边界尺寸为最大实体尺寸 $D_M = \phi 20mm$；图 4 - 47 （b）表明，基准要素采用包容要求 $D_M = \phi 20mm$。

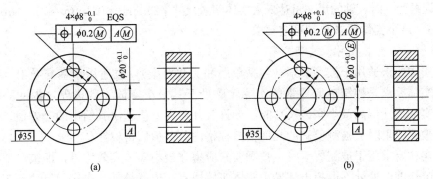

图 4-47　最大实体要求应用于基准要素且基准本身不采用最大实体要求

(a) 基准本身遵循独立原则；(b) 基准本身采用包容原则

4. 可逆要求用于最大实体要求 Ⓜ Ⓡ

图样上几何公差框格中，在被测要素几何公差值后的符号 Ⓜ 后标注 Ⓡ 时，则表示被测要素在遵守最大实体要求的同时遵守可逆要求。

所谓可逆要求，是指中心要素的几何误差值小于给出的几何公差时，允许在满足零件功能要求的前提下扩大尺寸公差。换言之，与前面相反，在几何公差有富余的情况下，也可以反过来补给尺寸公差，允许尺寸误差超过规定值。

可逆要求应用于最大实体要求，是指被测要素的实际轮廓应遵守其最大实体实效边界，当其实际尺寸偏离最大实体尺寸时，允许其几何误差值超出最大实体状态下给出的几何公差值；反之，当其几何误差值小于给定的几何公差值时，也允许其实际尺寸超出最大实体尺寸，如图 4-48 所示。

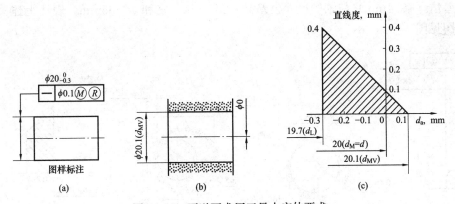

图 4-48　可逆要求用于最大实体要求

当该轴处于最大实体状态 $\phi20$mm 时，其轴线的直线度误差为给定的 $\phi0.1$mm；当被测要素的尺寸偏离最大实体状态时，直线度误差获得补偿而增大，补偿量为被测要素偏离最大实体状态的差值，如果被测要素尺寸为 $\phi19.90$ 时，直线度误差可以增大到 $\phi0.1$mm＋ $\phi0.1$mm＝$\phi0.2$mm；当该轴处于最小实体状态 $\phi19.7$ 时，其轴线的直线度误差允许达到最大值，即等于图样给出的直线度公差（$\phi0.1$mm）与轴的尺寸公差（$\phi0.3$mm）之和 $\phi0.4$mm。

反过来，当直线度误差小于给定的公差值时，允许轴的尺寸超出最大实体尺寸 $\phi20$mm；

当直线度误差为 0 时，轴的尺寸可达最大实体实效尺寸 $\phi20$mm$+\phi0.1$mm$=\phi20.1$mm。

4.6.5　最小实体要求及其可逆要求

1. 最小实体要求应用于被测要素

最小实体要求适用于被测要素（包括单一和关联要素），也适用于基准导出（中心）要素。最小实体要求是控制被测要素的实际轮廓处于其最小实体实效边界之内的一种公差要求。当其实际尺寸偏离最小实体尺寸时，允许其几何误差值超出其给出的公差值。最小实体要求用于被测要素时，被测要素的几何公差框格内公差值后常标注 $\textcircled{L}$。

最小实体要求用于被测要素时，被测要素应遵守最小实体实效边界，即被测要素的实际轮廓在给定长度上处处不得超出其最小实体实效边界，也就是其体内作用尺寸不应超出最小实体实效尺寸，且局部实际尺寸在最大实体尺寸与最小实体尺寸之间，即

对外表面（轴）为
$$d_{\text{fi}} \geq d_{\text{LV}} = d_{\min} - t$$
$$d_{\max} \geq d_{\text{a}} \geq d_{\min}$$

对内表面（孔）为
$$D_{\text{fi}} \leq D_{\text{LV}} = D_{\max} + t$$
$$D_{\min} \leq D_{\text{a}} \leq D_{\max}$$

如图 4-49 所示，孔 $\phi8^{+0.25}_{0}$ 采用最小实体要求，实际尺寸为 $\phi8\sim\phi8.25$mm，体内作用尺寸为 $D_{\text{fi}} \leq D_{\text{LV}} = \phi8.65$mm。当被测要素处于最小实体状态 $\phi8.25$mm 时，其轴线对 A 基准的位置度公差为给定的 $\phi0.4$mm。当孔的尺寸偏离最小实体状态时，位置度公差获得补偿而增大，补偿量为被测要素偏离最小实体状态的差值，如被测要素为 $\phi8.20$ 时，偏离量 0.05mm 补偿给位置度公差，为 $\phi0.05$mm$+\phi0.4$mm$=\phi0.45$mm；当被测要素处于最大实体状态 $\phi8$ 时获得的补偿量最大，其轴线位置度误差允许达到最大值，即等于图样给出的位置度公差值（$\phi0.4$mm）与轴的尺寸公差（$\phi0.25$mm）之和 $\phi0.65$mm。表达上述关系的动态公差图见图 4-49（d）。

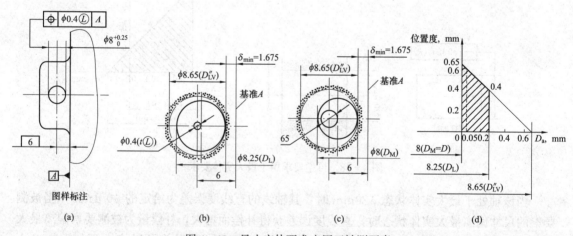

图 4-49　最小实体要求应用于被测要素

2. 最小实体要求的零几何公差

当关联要素采用最小实体要求，但给出的几何公差值为 0 时，称为最小实体要求的零几何公差，公差值标注为 "$0\textcircled{L}$"。图 4-50（a）表示孔 $\phi8^{+0.65}_{0}$ 的轴线对基准面在任意方向的

位置度公差采用最小实体要求的零几何公差。实际尺寸为 $\phi8\sim\phi8.65$mm，体内作用尺寸 $D_{fi}\leqslant D''_{LV}=8.65$mm。当被测要素处于最小实体状态 $\phi8.65$ 时，其轴线位置度公差为给定的 0；当被测要素偏离最小实体状态时，位置度公差获得补偿而增大，补偿量为被测要素偏离最小实体状态的差值，如被测要素为 $\phi8.50$ 时，偏离量 0.15mm 补偿给位置度公差，为 $\phi0.15$mm；当被测要素处于最大实体状态 $\phi8$ 时获得的补偿量最大，其轴线位置度误差允许达到最大值，即等于图样给出的位置度公差值（0）与轴的尺寸公差（$\phi0.65$mm）之和 $\phi0.65$mm。表达上述关系的动态公差图见图 4-50（d）。

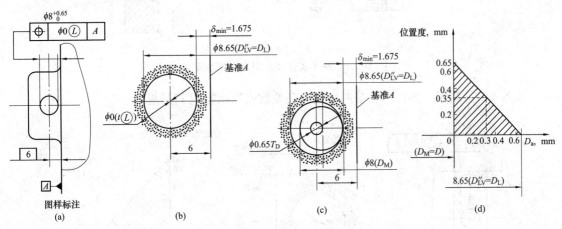

图 4-50 最小实体要求的零几何公差

3. 最小实体要求应用于基准要素

如果图样上公差框格中基准字母后标注 Ⓛ，表示最小实体要求应用于基准要素。此时，基准要素应遵循相应的边界，即其体内作用尺寸偏离相应的边界尺寸，则允许基准要素在一定范围内浮动，浮动范围等于基准要素的体内作用尺寸与其边界之差。

最小实体要求应用于基准导出（中心）要素时，其相应的提取组成（轮廓）要素应遵守的边界分为两种。

（1）基准导出（中心）要素本身的几何公差采用最小实体要求时，其相应的提取组成（轮廓）要素遵循最小实体实效边界 LMVB，并将基准代号标注在该基准导出（中心）要素的几何公差框格下方。如图 4-51（a）表示最小实体要求既应用于被测要素，又应用于基准要素。基准要素遵循由位置度公差确定的最小实体实效边界，此时基准要素应该标注几何公差并注明 Ⓛ 符号。

（2）基准导出（中心）要素本身的几何公差不采用最小实体要求时，其相应的提取组成（轮廓）要素遵循最小实体边界 LMB，并将基准代号标注在该基准导出（中心）要素的尺寸线处，基准代号的连线与尺寸线对齐。该情况又分为独立原则和包容要求两种。如图 4-51（b）所示，基准要素遵循独立原则，边界尺寸为最小实体尺寸。

4. 可逆要求用于最小实体要求

可逆要求应用于最小实体要求，是指被测要素的实际轮廓应遵守其最小实体实效边界，当其实际尺寸偏离最小实体尺寸时，允许其几何误差值超出在最小实体状态下给出的几何公差值；反之，当其几何误差值小于给出的几何公差值时，也允许其实际尺寸超出最小实体尺

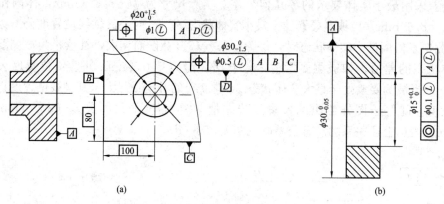

图 4-51　最小实体要求应用于基准要素

寸。如图 4-52 所示，图样上在公差框格内公差数值后面的 Ⓛ 符号后加注 Ⓡ。

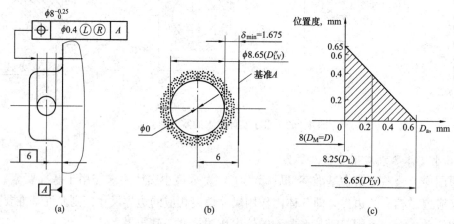

图 4-52　可逆要求用于最小实体要求

　　当该孔处于最小实体状态 $\phi8.25$mm 时，其轴线对 A 基准的位置度误差为给定的 $\phi0.4$mm；当被测要素的尺寸偏离最小实体状态时，位置度误差获得补偿而增大，补偿量为被测要素偏离最小实体状态的差值，如果被测要素尺寸为 $\phi8.20$ 时，位置度误差可以增大到 $\phi0.4$mm$+\phi0.05$mm$=\phi0.45$mm；当该孔处于最大实体状态 $\phi8$ 时，其轴线对 A 基准的位置度误差允许达到最大值，即等于图样给出的位置度公差（$\phi0.4$mm）与孔的尺寸公差（0.25mm）之和 $\phi0.65$mm。

　　反过来，当位置度误差小于给定的公差值时，允许孔的尺寸误差超出（低于）最小实体尺寸 $\phi8.25$mm；当位置度误差为 0 时，孔的尺寸可达 $\phi8.25$mm$+\phi0.4$mm$=\phi8.65$mm。

4.7　几何公差的选择

　　图样上零件的几何公差要求有两种表示方法：①用公差框格形式在图样上标注；②按未注公差规定，图样上不标注几何公差要求。

　　无论标注与否，零件都有几何精度要求。几何公差的标注主要有正确选择公差特征、公差数值（或公差等级）和公差原则三项内容。

4.7.1　几何公差特征的选择

几何公差特征的选择应根据零件的形体结构、功能要求、检测方便、经济性等方面因素，经综合分析后决定。

1. 零件的几何特征

零件本身的形体结构决定了它可能要求的公差特征。例如，圆柱形零件可选择圆度、圆柱度、轴心线直线度及素线直线度等项目，平面零件可选择平面度，窄长平面可选择直线度，凸轮类零件可选择线轮廓度等。

2. 零件的使用要求

可供选择的公差特征没有必要全部注出，需要分析各部分的功能要求，以确定适当的标注项目。例如，对于圆柱形零件，当仅需要顺利装配或保证轴、孔之间的相对运动以避免磨损时，可选择轴心线的直线度公差；如果孔、轴之间既有相对运动，又要求密封性能好，为了保证在整个配合表面有均匀的小间隙，需要标注圆柱度公差，综合控制圆度、素线直线度和轴线直线度（如柱塞与柱塞套、阀芯与阀体等）。又如，为保证机床工作台或刀架运动轨迹的精度，需要对导轨提出直线度或平面度要求；对安装齿轮轴的箱体孔，为保证齿轮的正确啮合，需要提出孔心线平行度要求等。

紧固件连接孔（光孔和螺纹孔）、定位孔、分度孔等，孔与孔之间的距离和孔与基准之间的距离一般不标注尺寸公差而标注位置度公差，可以避免尺寸误差的累积。

3. 检测的方便性

确定公差特征必须与检测条件相结合，考虑检测的可能性与经济性。在满足功能要求的前提下，项目应尽量减少，以获得较好的经济效益。例如，对于轴类零件，可用径向全跳动综合控制圆柱度、同轴度，用轴向全跳动代替端面对轴线的垂直度，因为跳动误差的检测方便，又能较好地控制相应的几何误差项目。

由于零件种类繁多，功能要求各异，设计者只有在充分明确所设计零件的功能要求、熟悉零件的加工工艺和具有一定的检测经验的情况下，才能对零件提出更合理、恰当的几何公差特征。

4.7.2　几何公差数值（或公差等级）的选择

几何精度的高低是用公差等级数字的大小来表示的。按照国家标准规定，对 19 项几何公差特征，除线、面轮廓度及位置度未规定公差等级外，其余均有规定。一般划分为 12 级，即 1~12 级，精度依次降低；仅圆度和圆柱度划分为 13 级，见表 4-8~表 4-11。

表 4-8　　　　　　　　　直线度、平面度公差值（摘自 GB/T 1184—1996）　　　　　　μm

主参数 L (mm)	公 差 等 级											
	1	2	3	4	5	6	7	8	9	10	11	12
≤10	0.2	0.4	0.8	1.2	2	3	5	8	12	20	30	60
>10~16	0.25	0.5	1	1.5	2.5	4	6	10	15	25	40	80
>16~25	0.3	0.6	1.2	2	3	5	8	12	20	30	50	100
>25~40	0.4	0.8	1.5	2.5	4	6	10	15	25	40	60	120

主参数 L (mm)	公差等级											
	1	2	3	4	5	6	7	8	9	10	11	12
>40～63	0.5	1	2	3	5	8	12	20	30	50	80	150
>63～100	0.6	1.2	2.5	4	6	10	15	25	40	60	100	200

注　主参数 L 系轴、直线、平面的长度。

表 4-9　　　　　圆度、圆柱度公差值（摘自 GB/T 1184—1996）　　　　　μm

主参数 d (D) (mm)	公差等级												
	0	1	2	3	4	5	6	7	8	9	10	11	12
≤3	0.1	0.2	0.3	0.5	0.8	1.2	2	3	4	6	10	14	25
>3～6	0.1	0.2	0.4	0.6	1	1.5	2.5	4	5	8	12	18	30
>6～10	0.12	0.25	0.4	0.6	1	1.5	2.5	4	6	9	15	22	36
>10～18	0.15	0.25	0.5	0.8	1.2	2	3	5	8	11	18	27	43
>18～30	0.2	0.3	0.6	1	1.5	2.5	4	6	9	13	21	33	52
>30～50	0.25	0.4	0.6	1	1.5	2.5	4	7	11	16	25	39	62
>50～80	0.3	0.5	0.8	1.2	2	3	5	8	13	19	30	46	74

注　主参数 d (D) 系轴（孔）的直径。

表 4-10　　　　平行度、垂直度、倾斜度公差值（摘自 GB/T 1184—1996）　　　　μm

主参数 L、d (D) (mm)	公差等级											
	1	2	3	4	5	6	7	8	9	10	11	12
≤10	0.4	0.8	1.5	3	5	8	12	20	30	50	80	120
>10～16	0.5	1	2	4	6	10	15	25	40	60	100	150
>16～25	0.6	1.2	2.5	5	8	12	20	30	50	80	120	200
>25～40	0.8	1.5	3	6	10	15	25	40	60	100	150	250
>40～63	1	2	4	8	12	20	30	50	80	120	200	300
>63～100	1.2	2.5	5	10	15	25	40	60	100	150	250	400

注　1. 主参数 L 为给定平行度时轴线或平面的长度，或给定垂直度、倾斜度时被测要素的长度。
　　2. 主参数 d (D) 为给定面对线垂直度时，被测要素的轴（孔）直径。

表 4-11　　同轴度、对称度、圆跳动和全跳动公差值（摘自 GB/T 1184—1996）　　μm

主参数 d (D)、B、L (mm)	公差等级											
	1	2	3	4	5	6	7	8	9	10	11	12
≤1	0.4	0.6	1.0	1.5	2.5	4	6	10	15	25	40	60
>1～3	0.4	0.6	1.0	1.5	2.5	4	6	10	20	40	60	120
>3～6	0.5	0.8	1.2	2	3	5	8	12	25	50	80	150
>6～10	0.6	1	1.5	2	4	6	10	15	30	60	100	200
>10～18	0.8	1.2	2	3	5	8	12	20	40	80	120	250
>18～30	1	1.5	2.5	4	6	10	15	25	50	100	150	300
>30～50	1.2	2	3	5	8	12	20	30	60	120	200	400
>50～120	1.5	2.5	4	6	10	15	25	40	80	150	250	500

注　1. 主参数 d (D) 为给定同轴度时的轴直径，或给定圆跳动、全跳动时的轴（孔）直径。
　　2. 圆锥体斜向圆跳动公差的主参数为平均直径。
　　3. 主参数 B 为给定对称度时槽的宽度。
　　4. 主参数 L 为给定两孔对称度时的孔心距。

对位置度，国家标准只规定了公差值数系，而未规定公差等级，见表 4-12。

表 4-12　　　　　　　位置度公差值数系表（摘自 GB/T 1184—1996）　　　　　　　μm

1	1.2	1.5	2	2.5	3	4	5	6	8
1×10^n	1.2×10^n	1.5×10^n	2×10^n	2.5×10^n	3×10^n	4×10^n	5×10^n	6×10^n	8×10^n

注　n 为正整数。

几何公差值（公差等级）常用类比法确定，主要考虑零件的使用性能、加工的可能性和经济性等因素。表 4-13～表 4-16 可供类比时参考。

表 4-13　　　　　　　　　　直线度和平面度公差等级应用

公差等级	应 用 举 例
5	1 级平板，2 级宽平尺，平面磨床纵导轨、垂直导轨、立柱导轨及工作台，液压龙门刨床和转塔车床床身导轨，柴油机进气、排气阀门导杆
6	普通车床导轨面，如卧式车床、龙门刨床、滚齿机、自动车床等床身导轨、立柱导轨，柴油机壳体
7	2 级平板，机床主轴箱，摇臂钻床底座和工作台，镗床工作台，液压泵盖，减速器壳体结合面
8	机床传动箱体，挂轮箱体，车床溜板箱体，柴油机缸体，连杆分离面，缸盖，结合面，汽车发动机缸盖，曲轴箱结合面，液压管件和法兰连接面
9	3 级平板，自动车床床身底面，摩托车曲轴箱体，汽车变速箱壳体，手动机械的支承面

表 4-14　　　　　　　　　　圆度和圆柱度公差等级应用

公差等级	应 用 举 例
5	一般计量仪器的主轴、测杆外圆柱面，陀螺仪轴颈，一般机床主轴轴颈及主轴轴承孔，柴油机、汽油机活塞销，与 E 级滚动轴承配合的轴颈
6	仪表端盖外圆柱面，一般机床主轴及主轴轴承孔，泵，压缩机的活塞，汽缸，汽油机凸轮轴，纺机锭子，减速传动轴颈，高速船用柴油机曲轴轴颈，与 E 级滚动轴承配合的外壳孔，与 G 级滚动轴承配合的轴颈
7	大功率低速柴油机曲轴轴颈、活塞、活塞销、连杆、汽缸，高速柴油机箱体轴承孔，千斤顶或压力油缸活塞，机车传动轴，水泵及通用减速器转轴轴颈，与 G 级滚动轴承配合的外壳孔
8	低速发动机、大功率曲柄轴轴颈，压气机连杆盖，拖拉机汽缸、活塞，炼胶机冷铸轴辊，印刷机传墨辊，内燃机曲轴轴颈，柴油机凸轮轴轴承孔，凸轮轴，拖拉机、小型船用柴油机汽缸套
9	空气压缩机缸体，液压传动筒，通用机械杠杆与拉杆用套筒销子，拖拉机活塞环、套筒孔

表 4-15　　　　　　　　平行度、垂直度和倾斜度公差等级应用

公差等级	应 用 举 例
4，5	卧式车床导轨，重要支承面，机床主轴孔对基准的平行度，精密机床重要零件，计量仪器、量规、量具的基准面和工作面，床头箱体重要孔，通用减速器壳体孔，齿轮泵油孔端面，发动机轴和离合器的凸缘，汽缸支承端面，安装精密滚动轴承的壳体孔的凸肩

续表

公差等级	应 用 举 例
6，7，8	一般机床的基准面和工作面，压力机和锻锤的工作面，中等精度钻模的工作面，机床一般轴承孔对基准的平行度，变速箱体孔，主轴花键对定心直径部位轴线的平行度，重型机械轴承端面，卷扬机、手动传动装置中的传动轴，一般导轨、主轴箱体孔、刀架、砂轮架、汽缸配合面对基准轴线，活塞销孔对活塞中心线的垂直度、滚动轴承内外圈端面对轴线的垂直度
9，10	低精度零件，重型机械滚动轴承端面，柴油机、煤气发动机箱体曲轴孔、曲轴颈，花键轴和轴肩端面，皮带运输机法兰盘等端面对轴线的垂直度，手动卷扬机及传动装置中的轴承端面、减速器壳体平面

表 4 - 16　　　　　　　　同轴度、对称度、圆跳动和全跳动公差等级应用

公差等级	应 用 举 例
5，6，7	应用范围广，用于几何精度要求高、尺寸公差等级为 IT8 及高于 IT8 的零件。5 级用于机床轴颈计量仪器的测量杆、汽轮机主轴、柱塞泵转子，高精度滚动轴承外圈、一般精度动轴承内圈、回转工作台端面跳动。7 级用于内燃机曲轴、凸轮轴、齿轮轴、水泵轴、汽车后轮输出轴、电机转子、印刷机传墨辊的轴颈、键槽
8，9	用于几何精度要求一般，尺寸公差等级 IT9～IT11 的零件。8 级用于拖拉机发动机分配轴轴颈，与 9 级精度以下齿轮相配的轴，水泵叶轮，离心泵体，棉花精梳机前后滚子，键槽等。9 级用于内燃机汽缸套配合面，自行车中轴

在确定几何公差值（公差等级）时，还应注意下列情况：

（1）在公差带形状相同的情况下，在同一要素上给出的形状公差值应小于方向公差值，方向公差值应小于位置公差值，即满足 $t_{形状}<t_{方向}<t_{位置}$。例如，要求平行的两个表面的平面度公差值应小于平行度公差值。

（2）圆柱形零件的形状公差值（轴线直线度除外）一般情况下应小于其尺寸公差值。

（3）平行度公差值应小于其相应的距离公差值。

（4）回转表面及其素线的形状公差值和轴线的同轴度公差值均应小于相应的跳动公差值，素线的形状公差值应小于其形成面的形状公差值。

（5）同一要素的圆跳动公差值小于其全跳动公差值。

（6）凡有关标准对几何公差作出规定的，都应按相应标准确定。例如，与滚动轴承相配的轴和壳体孔的圆柱度公差、机床导轨的直线度公差、齿轮箱体孔心线的平行度公差等。

（7）对于下列情况，考虑加工的难易程度和除主参数外其他参数的影响，在满足零件功能的要求下，可适当降低 1 级或 2 级选用：①孔相对于轴；②细长且比较大的轴和孔；③距离较大的轴或孔；④宽度较大（一般大于 1/2 长度）的零件表面。

4.7.3　公差原则和相关要求的选择

1. 独立原则

独立原则是处理几何公差与尺寸公差关系的基本原则，主要用于以下场合：

（1）尺寸精度和几何精度要求都较严，且需要分别满足要求。例如，齿轮箱体孔，为保证与轴承的配合性质和齿轮的正确啮合，要分别保证孔的尺寸精度和孔心线的平行度要求。

（2）尺寸精度与几何精度要求相差较大。例如，印刷机的滚筒、轧钢机的轧辊等零件，尺寸精度要求低、圆柱度要求高，平板尺寸精度要求低、平面度要求高，应分别提出要求。

（3）为保证运动精度、密封性等特殊要求，通常单独提出与尺寸精度无关的几何公差要求。例如，机床导轨为保证运动精度，直线度要求严，尺寸精度要求次要；汽缸套内孔为保证与活塞环在直径方向的密封性，圆度或圆柱度公差要求严，需要单独保证。

其他尺寸公差与几何公差无联系的零件，也广泛采用独立原则。

2. 包容要求

包容要求主要用于需要严格保证配合性质的场合。例如，ϕ30H7 Ⓔ 孔与 ϕ30h6 Ⓔ 轴的配合，可以保证配合的最小间隙等于 0。若对形状公差有更严的要求，可在标注 Ⓔ 的同时进一步提出形状公差要求。

3. 最大实体要求与最小实体要求

最大实体要求主要用于保证可装配性（无配合性质要求）的场合。例如，用于穿过螺栓的通孔的位置度。最小实体要求主要用于需要保证零件强度和最小壁厚等场合。

可逆要求与最大（最小）实体要求联用，能充分利用公差带，扩大了被测要素实际尺寸的范围，使尺寸超过最大（最小）实体尺寸而体外（体内）作用尺寸未超过最大（最小）实体实效边界的废品变为合格品，提高了效益。在不影响使用性能要求前提下可以选用。

4.7.4 基准要素的选择

基准是确定关联要素间方向和位置的依据。在选择方向、位置公差项目时，需要正确选用基准。选用基准时，一般应从以下几方面考虑：

（1）根据零件各要素的功能要求，一般以主要配合表面，如轴颈、轴承孔、安装定位面，重要的支撑面等作为基准。例如轴类零件，常以两个轴承为支撑运转，其运动轴线是安装轴承的两轴颈共有轴线，因此，从功能要求来看，应选这两处轴颈的公共轴线（组合基准）为基准。

（2）根据装配关系应选零件上相互配合、相互接触的定位要素作为各自的基准。如盘、套类零件，一般是以其内孔轴线径向定位装配或以其端面轴向定位，因此根据需要可选其轴线或端面作为基准。

（3）根据加工定位的需要和零件结构，应选择较宽大的平面、较长的轴线作为基准，以使定位稳定。对结构复杂的零件，一般应选三个基准面，根据对零件使用要求影响的程度，确定基准的顺序。

（4）根据检测的方便程度，应选择在检测中装夹定位的要素为基准，并尽可能将装配基准、工艺基准与检测基准统一起来。

4.7.5 几何公差选用示例

【例 4 - 2】 图 4 - 53 所示为减速器输出轴，试根据其功能要求标注几何公差。

解 （1）公差项目的确定。

1）轴颈 ϕ55j6 与轴承内径配合，标注圆柱度，径向圆跳动。

2）ϕ55j6 和 ϕ56r6 左、右轴肩两端面为轴承、齿轮工作定位面，应与基准垂直，标注轴向圆跳动。

3）轴颈 ϕ56r6 与齿轮孔配合，标注径向圆跳动。

4）轴槽标注对称度。

（2）基准的确定。

基准的选择应尽可能使设计基准、工艺基准和检测基准重合，各要素尽可能使用同一基

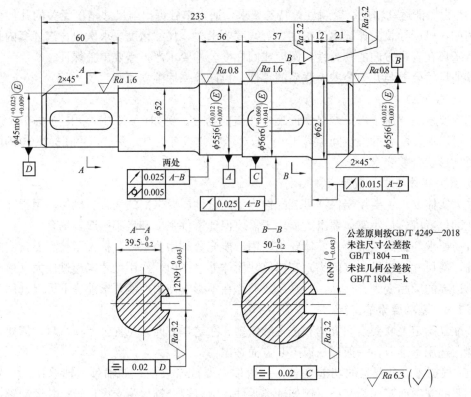

图 4-53　几何公差标注示例

准，根据减速器轴的功能要求和结构特点，选 A、B 轴线构成公共基准 $A-B$。

（3）公差值的确定。

1）两轴颈 $\phi55j6$ 与 0 级轴承配合，查表 4-9，圆柱度公差值为 6 级 0.005mm；查表 4-11，径向圆跳动公差值为 0.025mm。

2）$\phi55j6$ 和 $\phi56r6$ 左、右轴肩两端面，保证工作时定位精度、轴向圆跳动为 6 级，查表 4-11，公差值为 0.015mm。

3）轴颈 $\phi56r6$ 与齿轮孔配合，其几何精度主要由齿轮精度决定，径向圆跳动为 7 级，查表 4-11，公差值为 0.025mm。

4）轴槽对称度常用 7～9 级，取 8 级，查表 4-11，公差值为 0.02mm。

（4）公差原则的确定。

轴颈 $\phi55j6$ 与轴承内径配合，采用包容原则；轴颈 $\phi56r6$ 与齿轮孔配合以及轴颈 $\phi45m6$ 与输出链轮配合均采用包容原则。

4.7.6　未注几何公差的规定

图样上没有具体注明几何公差值的要求，其几何精度要求由未注几何公差来控制。为了简化制图，对一般机床加工能保证的几何精度，不必将几何公差在图样上具体注出。

未注几何公差可按下列规定处理：

（1）对未注直线度、平面度、垂直度、对称度和圆跳动各规定了 H、K、L 三个公差等级，见表 4-17～表 4-20。采用未注公差时，应在标题栏或技术要求中注明标准编号，如 GB/T 1184—H。

（2）未注平行度由尺寸公差和未注直线度或平面度公差之中的较大者控制。

（3）未注倾斜度由角度公差与未注直线度或平面度公差控制。

（4）未注圆度公差值规定等于相应圆柱面的直径公差值，但不得大于未注径向圆跳动公差值。

（5）未注圆柱度由圆度公差、直线度公差和素线平行度公差控制。

（6）未注线轮廓度、面轮廓度和位置度由相应的尺寸公差控制。

（7）圆跳动和全跳动都是综合性项目。因此，未注圆跳动和全跳动由上述有关项目的未注公差分别控制。例如，径向圆跳动由未注圆度和同轴度公差控制，轴向全跳动（端面全跳动）由未注垂直度和平面度公差控制。

表 4 - 17　　　　　直线度、平面度未注公差值（摘自 GB/T 1184—1996）　　　mm

公差等级	基本长度范围					
	～10	>10～30	>30～100	>100～300	>300～1000	>1000～3000
H	0.02	0.05	0.1	0.2	0.3	0.4
K	0.05	0.1	0.2	0.4	0.6	0.8
L	0.1	0.2	0.4	0.8	1.2	1.6

表 4 - 18　　　　　　　垂直度未注公差值（摘自 GB/T 1184—1996）　　　mm

公差等级	基本长度范围			
	～100	>100～300	>300～1000	>1000～3000
H	0.2	0.3	0.4	0.5
K	0.4	0.6	0.8	1.0
L	0.6	1.0	1.5	2.0

表 4 - 19　　　　　　　对称度未注公差值（摘自 GB/T 1184—1996）　　　mm

公差等级	基本长度范围			
	～100	>100～300	>300～1000	>1000～3000
H	0.5			
K	0.6	0.6	0.8	1.0
L	0.6	1.0	1.5	2.0

表 4 - 20　　　　　　　圆跳动未注公差值（摘自 GB/T 1184—1996）　　　mm

公差等级	公差值	公差等级	公差值
H	0.1	L	0.5
K	0.2		

未注几何公差等级和未注几何公差值应根据产品的特点和生产单位的具体工艺条件，由生产单位自行选定，并在有关的技术文件中予以明确。这样，在图样上虽然没有具体注出几何公差值，却明确了对形状和位置有一般的精度要求。

4.8　几何误差的检测原则

几何误差可以应用以下五种检测原则来进行检测，见表 4-21。

表 4-21　　　　　　　　　公 差 检 测 原 则

编号	检测原则名称	说　明	示　例
1	与理想要素比较的原则	将被测实际要素与其理想要素相比较，量值由直接法或间接法获得。理想要素用模拟法获得	
2	测量坐标值原则	测量被测实际要素的坐标值（如直角坐标值、极坐标值）经数据处理获得几何误差值	
3	测量特征参数原则	测量被测实际要素上具有代表性的参数（即特征参数）来表示几何误差值	
4	测量跳动原则	被测实际要素绕基准轴线回转过程中，沿给定方向测量其对某参考点或线的变动量。变动量是指指示器最大与最小读数之差	

续表

编号	检测原则名称	说　明	示　　例
5	控制实效边界原则	检验被测实际要素是否超过实效边界，以判断合格与否	用综合量规检测同轴度误差 量规

(1) 与拟合要素比较原则。是指测量时将被测实际要素与相应的理想要素作比较，在比较过程中获得数据，以评定几何误差。应用该项检测原则，理想要素可用不同方法来体现。例如，刀口尺的刃口、平尺的工作面、一条拉紧的钢丝绳可作为理想直线，平台的工作面、样板的轮廓等也可作为理想要素。

(2) 测量坐标值原则。由于几何要素的特征总可以在坐标中反映出来，因此，测得被测实际要素上各测点的坐标值后，就可以评定几何误差。

(3) 测量特征参数原则。特征参数是指能近似反映几何误差的参数，例如，用二点法测量误差，在一个横截面内的几个方向上测量直径，取最大直径差值的二分之一，作为该横截面的圆度误差等。

(4) 测量跳动原则。测量跳动原则是针对圆跳动和全跳动量的需要而提出的检测原则。

(5) 控制实效边界原则。按最大实体原则给出原几何公差时，给出了一个理想边界，即实效边界，要求被测实体不得超越该理想边界。综合量规是模拟实效边界的全形量规，若被测实体能被综合量规通过，则为合格。

习　题

4-1　什么是几何公差？它们包括哪些项目？用什么符号表示？

4-2　不同要素具有相同的公差要求，若用一个框格表示，指引线应该怎样引出？

4-3　设计时，图样上标出的基准有哪几种？在公差框格中如何表示它们？

4-4　什么是形状公差、方向公差和位置公差？它们应该按什么方法评定？

4-5　何为最小条件和最小区域？评定形状公差为什么要按最小条件？评定位置误差要不要符合最小条件？

4-6　下列公差项目的公差带有何相同点和不同点？

(1) 圆度和径向圆跳动公差带；

(2) 端面对轴线的垂直度和轴向全跳动（端面全跳动）公差带；

(3) 圆柱度和径向全跳动公差带；

(4) 平面度和平行度公差带；

(5) 平面度与轴向全跳动。

4-7　最大实体要求、包容要求和独立原则的含义是什么？

4-8　被测要素应用最大实体原则的意义何在？它的实效尺寸如何确定？

4-9　若对同一要素既有位置公差要求，又有形状公差要求，则它们的公差值应如何处理？

4-10 如果图样上给出了轴线对平面的垂直度公差，而未给出该轴线的直线度公差，则如何解释对直线度的要求？

4-11 如何正确选择几何公差项目和几何公差等级？应具体考虑哪些问题？

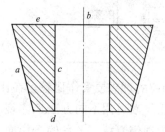

图 4-54 习题 4-12 图

4-12 将下列技术要求用框格代号标注在图 4-54 上。

（1）圆锥面 a 的圆度公差为 0.01mm；

（2）圆锥面 a 对孔轴线 b 的斜向圆跳动公差为 0.02mm；

（3）孔轴线 b 的直线度公差为 0.005mm；

（4）孔表面 c 的圆柱度公差为 0.01mm；

（5）端面 d 对孔轴线 b 的轴向全跳动（端面全跳动）公差为 0.01mm；

（6）端面 c 对端面 d 的平行度公差为 0.03mm。

4-13 改正图 4-55 中各项几何公差标注的错误（不改变几何公差项目）。

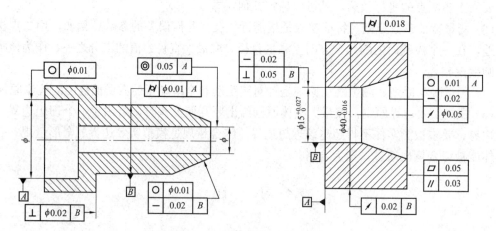

图 4-55 习题 4-13 图

4-14 如图 4-56 所示，该零件的几何公差是否合理，为什么？

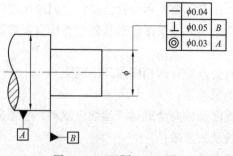

图 4-56 习题 4-14 图

4-15 按图 4-57 所示的检测方法，测量被测实际表面的径向跳动时，百分表的最大与最小读数之差为 0.02mm，由于被测实际表面的形状误差很小，可忽略不计。因而有人说，该圆柱面的同轴度误差为 0.01mm，因为该圆柱面的轴线对基准轴线偏移了 0.01mm。

这种说法是否正确，为什么？

4-16 如图 4-58 所示，若实测零件的圆柱直径为 $\phi19.97$mm，其轴线对基准面 B 的垂直度误差为 $\phi0.04$mm。试判断其垂直度是否合格，并说明理由。

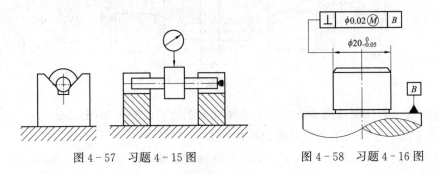

图 4-57 习题 4-15 图　　　　　图 4-58 习题 4-16 图

4-17 根据图 4-59 上标注的公差要求填写表 4-22，并绘出动态公差带图。

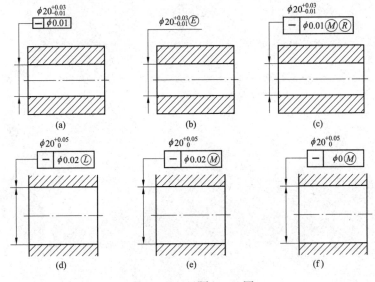

图 4-59 习题 4-17 图

表 4-22　　　　　　　　　　　　　　习题 4-17 表

图序	采用的公差原则或公差要求	理想边界名称	理想边界尺寸（mm）	MMC 时的几何公差值（mm）	LMC 时的几何公差值（mm）
(a)					
(b)					
(c)					
(d)					
(e)					
(f)					

4-18　按图4-60标注公差项目。

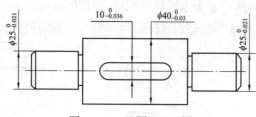

图 4-60　习题 4-18 图

（1）$\phi40_{-0.03}^{0}$ 圆柱面对两 $\phi25_{-0.021}^{0}$ 公共轴线的圆跳动公差为 0.015mm；

（2）两 $\phi25_{-0.021}^{0}$ 轴颈的圆度公差为 0.01mm；

（3）$\phi40_{-0.03}^{0}$ 左、右端面对两 $\phi25_{-0.021}^{0}$ 公共轴线的轴向跳动公差为 0.02mm；

（4）键槽 $10_{-0.036}^{0}$ 中心平面对 $\phi40_{-0.03}^{0}$ 轴线的对称度公差为 0.015mm。

第5章 表面粗糙度与检测

5.1 概　　述

表面粗糙度是指加工表面具有的较小间距和峰谷所组成的微观几何形状特性，一般由所采用的加工方法和其他因素形成。例如，在切削加工中，由于刀具和零件表面间的摩擦，机床、刀具和工件系统的振动，以及刀具形状、切削用量、切屑分离时工件表面层金属的塑性变形等因素的影响，产生许多微小的凹凸不平的痕迹。这种痕迹就是零件表面微观几何形状。表面粗糙度不同于宏观的表面几何形状误差，也不同于介于宏观和微观几何形状误差之间的表面波纹度。零件的表面缺陷，如划伤、裂痕、气孔、毛刺、砂眼等不属于表面粗糙度范围。一般认为，相邻两波峰或波谷之间的距离（即波距）小于1mm的微观几何形状属于表面粗糙度，1～10mm的属于表面波纹度，大于10mm的属于形状误差，如图5-1所示。

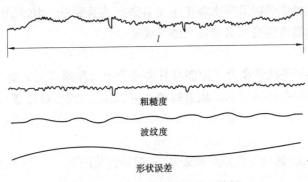

图5-1　表面几何形状误差分析

零件表面粗糙度的大小，对其使用性能有很大影响，主要表现在以下几个方面：

（1）影响零件表面的耐磨性。当两个零件存在凸峰和凹谷并相互接触时，往往是一部分峰顶接触，它比理论上的接触面积要小，单位面积上压力增大，凸峰部分容易产生塑性变形而被折断或剪切，导致磨损加快。为了提高表面的耐磨性，应对表面提出较高的加工精度要求。

（2）影响零件配合性质的稳定性。对于有相对运动的间隙配合，因粗糙表面相对运动产生磨损，实际间隙会逐渐加大。对于过盈配合，粗糙表面在装配压入过程中，会将凸峰挤平，减小实际有效过盈，降低连接强度。

（3）影响零件的抗疲劳强度。零件表面越粗糙，对应力集中越敏感。若零件受到交变应力作用，零件表面凹谷处容易产生应力集中而引起零件的损坏。

（4）影响零件表面的抗腐蚀性、表面的密封性、表面外观等性能。表面粗糙度的精度要求是否恰当，不但与零件的使用要求有关，而且会影响零件加工的经济性。因此，在设计零件时，除了要保证零件尺寸和几何精度要求以外，对零件的不同表面也要提出适当的表面粗糙度要求。

与表面粗糙度有关的部分标准有：

GB/T 131—2006《产品几何技术规范（GPS）　技术产品文件中表面结构的表示法》

GB/T 1031—2009《产品几何技术规范（GPS）　表面结构　轮廓法　表面粗糙度及其数值》

GB/T 3505—2009《产品几何技术规范（GPS）　表面结构　轮廓法　表面结构的术语、定义及参数》

GB/T 6062—2009《产品几何技术规范（GPS）　表面结构　轮廓法　接触（触针）式仪器的标称特性》

GB/T 18618—2009《产品几何技术规范（GPS）　表面结构　轮廓法　图形参数》

GB/T 10610—2009《产品几何技术规范（GPS）　表面结构　轮廓法评定表面结构的规则和方法》

5.2　表面粗糙度的评定

5.2.1　术语与定义

GB/T 3505—2009《产品几何技术规范（GPS）　表面结构　轮廓法　表面结构的术语、定义及参数》对表面粗糙度的术语和参数做了规定。

1. 轮廓滤波器

轮廓滤波器是能把表面轮廓分成短波和长波成分的滤波器，它们能抑制的截止波长分别称为 λ_s 和 λ_c。对实际表面轮廓用 λ_s 滤去短波成分，用 λ_c 滤去长波成分，得到的轮廓称为表面粗糙度轮廓。

2. 传输带

从短波截止波长 λ_s 到长波截止波长 λ_c 之间的波长范围 $\lambda_s-\lambda_c$ 称为传输带，例如可表示为 0.0025-0.8mm。

3. 取样长度 lr

取样长度指用于判别具有表面粗糙度特征的一段基准线长度。规定取样长度的目的是限制和削弱其他几何形状误差对表面粗糙度测量结果的影响。表面粗糙度的取样长度 lr 等于长波滤波器 λ_c 的截止波长。

取样长度的数值系列为 0.08、0.25、0.8、2.5、8、25mm。

零件表面越粗糙，选取的取样长度数值应越大。因为一般而言，表面越粗糙，波距也越大，选用较大的取样长度才能包含一定数量的凸峰和凹谷。不同的粗糙表面对取样长度的推荐值见表 5-1。

表 5-1　轮廓算术平均偏差 Ra、轮廓的最大高度 Rz 和轮廓单元的平均宽度 RS_m 的标准取样长度和标准评定长度（摘自 GB/T 1031—2009、GB/T 10610—2009）

Ra（μm）	Rz（μm）	RS_m（mm）	标准取样长度 lr		标准评定长度 $ln=5lr$（mm）
			λ_s（mm）	$lr=\lambda_c$（mm）	
≥0.008~0.02	≥0.025~0.10	≥0.013~0.04	0.0025	0.08	0.4
>0.02~0.1	>0.10~0.50	>0.04~0.13	0.0025	0.25	1.25
>0.1~2.0	>0.50~10.0	>0.13~0.4	0.0025	0.8	4.0

续表

Ra (μm)	Rz (μm)	RS_m (mm)	标准取样长度 lr		标准评定长度 $ln=5lr$ (mm)
			λ_s (mm)	$lr=\lambda_c$ (mm)	
>2.0~10.0	>10.0~50.0	>0.4~1.3	0.008	2.5	12.5
>10.0~80.0	>50.0~320	>1.3~4.0	0.025	8.0	40.0

4. 评定长度 ln

评定长度是指评定轮廓所必需的一段长度，它可包括一个或几个取样长度。即使零件上的同一个表面，该表面的各部分表面粗糙度也存在不均匀性，所以需要在表面上取几个长度来评定表面粗糙度，一般取 $ln=5lr$。

5. 中线

中线是指用以评定表面粗糙度参数值大小的一条基准线，其位置在评定的轮廓中部，故称为中线。中线分为轮廓的最小二乘中线和轮廓的算术平均中线两种。

（1）轮廓的最小二乘中线。它用最小二乘法确定，即在取样长度内，使轮廓上各点至一条参考线距离的平方和为最小，这条基准线就是轮廓的最小二乘中线。如图 5-2（a）所示，即 $\sum\limits_{i=1}^{n} z_i^2$ 为最小。

（2）轮廓的算术平均中线。在取样长度内，一条参考线将轮廓分为上、下两部分，且上部分所围面积之和等于下部分所围面积之和，这条参考线就是轮廓的算术平均中线，如图 5-2（b）所示，即 $\sum F_i = \sum F_i'$。

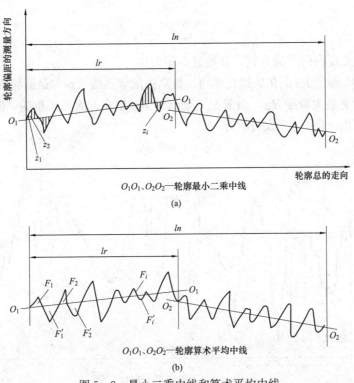

图 5-2　最小二乘中线和算术平均中线

（a）最小二乘中线；（b）算术平均中线

　　在现代表面粗糙度测量仪器中，借助于计算机，容易精确地确定最小二乘中线的位置。用光学仪器测量时，常用目测估计来确定轮廓的算术平均中线。

5.2.2　评定表面粗糙度的参数

　　随着工业技术的不断进步，加工精度的不断提高，对零件的表面质量提出了越来越高的要求，需要用合适的参数对表面轮廓微观几何形状特性做精确的描述。GB/T 3505—2009 从表面微观几何形状的高度、间距和形状三方面的特征，相应规定了有关参数。

　　1. 高度特征参数

　　(1) 轮廓算术平均偏差 Ra。在取样长度内，被测轮廓上各点至基准线距离在 z_i 的算术平均值，称为轮廓算术平均偏差 Ra，如图 5-3 所示。Ra 可表示为

$$Ra = \frac{1}{lr}\int_0^{lr} |z(x)| \, \mathrm{d}x \tag{5-1}$$

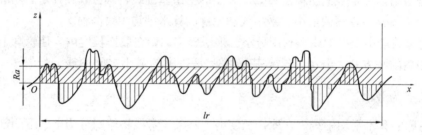

图 5-3　轮廓算术平均偏差

或近似为

$$Ra = \frac{1}{n}\sum_{i=1}^{n} |z(x)_i| \tag{5-2}$$

其中，n 为取样长度内的测量点数，其数量不能太少。

　　(2) 轮廓最大高度 Rz。在取样长度内，最高轮廓峰顶线 Rp 与最低轮廓谷底线 Rv 之间的距离，称为轮廓最大高度 Rz，如图 5-4 所示。Rz 越大，表面越粗糙，但 Rz 不如 Ra 对粗糙度的反应全面。Rz 用公式表示为

$$Rz = Rp + Rv \tag{5-3}$$

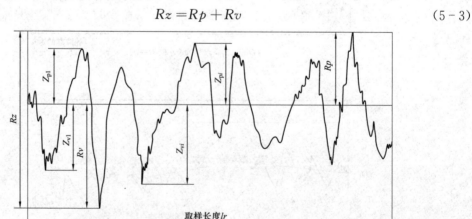

图 5-4　轮廓最大高度

2. 间距特征参数——轮廓单元平均宽度 RS_m

轮廓单元是轮廓峰和轮廓谷的组合。轮廓单元平均宽度 RS_m 指在一个取样长度内，轮廓单元宽度的平均值。如图 5-5 所示，可表示为

$$RS_m = \frac{1}{m} \sum_{i=1}^{m} x_{si} \qquad (5-4)$$

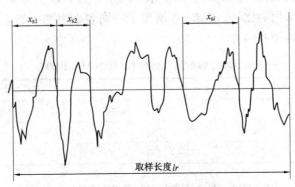

图 5-5 轮廓单元平均宽度

3. 形状特征参数——轮廓支承长度率 $R_{mr}(C)$

轮廓支承长度率 $R_{mr}(C)$ 在指定水平位置 C 上的轮廓实体材料长度 $Ml(C)$ 与评定长度之比，如图 5-6 所示。可表示为

$$R_{mr}(C) = \frac{Ml(C)}{ln} \qquad (5-5)$$

$$Ml(C) = b_1 + \cdots + b_i + \cdots + b_n \qquad (5-6)$$

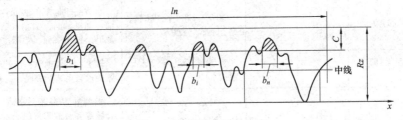

图 5-6 轮廓支承长度率

由图 5-6 可知，平行于中线的直线在轮廓上截取的位置不同，即水平截距 C 不同，则所得到的支承长度也不同。因此，支承长度率应该对应于水平截距 C 给出。轮廓支承长度率用百分数表示。

5.3 表面粗糙度的选用与标注

5.3.1 表面粗糙度参数的选用

在零件选用表面粗糙度参数时，绝大多数情况下，只要选用高度特征参数即可。只有当高度特征参数不能满足零件的使用要求时，才附加给出间距特征参数或形状特征参数。例如，对零件表面的耐磨性能要求较高时，可选用高度特征参数，附加选用轮廓支承长度率。

在高度特征参数中，轮廓算术平均偏差 Ra 能较全面客观地反映表面微观几何形状的特性，可优先选用。Rz 只能反映轮廓的峰高和谷深，不能反映其尖锐或平钝的几何特性，且因为测点数偏少，反映表面微观几何形状的特性不如 Ra。

5.3.2　表面粗糙度参数数值的选用

设计零件时，应该按 GB/T 1031—2009《产品几何技术规范（GPS）　表面结构　轮廓法表面粗糙度参数及其数值》规定的参数值系列选取，各参数值分别见表 5－2 和表 5－3。选用高度参数时一般采用类比法。表 5－4 给出了不同表面粗糙度的表面特性、经济加工方法及应用举例，可供选用时参考。

表 5－2　　　　　　　　　　**Ra 和 Rz 参数值（摘自 GB/T 1031—2009）**　　　　　　　　　　μm

Ra 参数值				Rz 参数值			
0.012	0.1	0.8	6.3	0.025	0.2	1.6	12.5
0.025	0.2	1.6	12.5	0.05	0.4	3.2	25
0.05	0.4	3.2	25	0.1	0.8	6.3	50

表 5－3　　　　　　　　　**RS_m 和 $R_{mr}(C)$ 参数值（摘自 GB/T 1031—2009）**　　　　　　　μm

RS_m 参数值				$R_{mr}(C)$ 参数值			
0.006	0.05	0.4	3.2	10	25	50	80
0.012 5	0.1	0.8	6.3	15	30	60	90
0.025	0.2	1.6	12.5	20	40	70	

表 5－4　　　　　　　　**表面粗糙度的表面特性、经济加工方法及应用举例**

表面微观特性		Ra（μm）	Rz（μm）	加工方法	应用举例
粗糙表面	微见刀痕	≤20	≤80	粗车、粗刨、粗铣、钻、毛锉、锯断	半成品粗加工的表面，非配合加工表面，如轴端面、倒角、钻孔、齿轮带轮侧面、键槽底面、垫圈接触面
半光表面	微见加工痕迹	≤10	≤40	车、刨、铣、镗、钻、粗铰	轴上不安装轴承、齿轮的非配合表面，紧固件自由装配表面，孔和轴的退刀槽
	微见加工痕迹	≤5	≤20	车、刨、铣、镗、磨、拉、粗刮、滚压	半精加工表面，箱体、支架、盖面、套筒等和其他零件结合而与配合要求的表面，需发蓝的表面
	看不清加工痕迹	≤2.5	≤10	车、刨、铣、镗、磨、拉、刮、压	接近精加工表面，齿轮工作面，箱体上安装轴承的镗孔表面
光表面	可辨加工痕迹方向	≤1.25	≤6.3	车、镗、磨、拉、刮、精铰、磨齿、滚压	圆柱销、圆锥销，与滚动轴承配合的表面，普通车床导轨面，内、外花键定心表面
	微辨加工痕迹方向	≤0.63	≤3.2	精铰、精镗、磨、刮、滚压	要求配合性质稳定的配合表面，工作时受交变应力的零件，高精车床导轨面
	不可辨加工痕迹方向	≤0.32	≤1.6	精磨、珩磨、研磨、超精加工	精密车床主轴锥孔、顶尖圆锥面、发动机曲轴、凸轮轴工作表面，高精度齿轮表面

续表

表面微观特性		Ra（μm）	Rz（μm）	加 工 方 法	应 用 举 例
极光表面	亮光泽面	≤0.16	≤0.8	精磨、研磨、普通抛光	精密机床主轴轴颈表面、一般量规工作表面、汽缸套内表面、活塞销表面
	亮光泽面	0.08	≤0.4	超精磨、精抛光、镜面磨削	精密机床主轴轴颈表面、滚动轴承滚珠、高压油泵中柱塞和柱塞配合的表面
	镜状光泽面	≤0.04	≤0.2		
	镜面	≤0.01	≤0.05	镜面磨削、超精研	高精度量仪、量块的工作表面、光学仪器的金属镜面

　　表面粗糙度的参数值选用是否恰当，不仅与零件的使用性能有关，还影响加工的经济性。一般选用原则有以下几点：

　　（1）同一零件上，重要表面的 Ra 值或者 Rz 值比非重要表面要小。运动速度高、单位面积压力大、受交变应力作用的重要零件圆角沟槽处，应有较小的表面粗糙度；配合性质要求高的配合表面，如小间隙配合的运动表面、受重载荷作用的过盈配合表面表面粗糙度值要小；有密封性、防腐性或外观要求的表面粗糙度值要小。

　　（2）同一零件上，工作表面比非工作表面的表面粗糙度值要小；摩擦表面比非摩擦表面粗糙度值要小，滚动摩擦比滑动摩擦表面粗糙度值要小。

　　（3）在确定表面粗糙度参数值时，应注意与尺寸公差与几何公差相协调。几何公差与表面粗糙度参数值的关系见表 5-5。

　　（4）有关标准已对表面粗糙度要求单独作出规定的，应按该标准确定。例如，与滚动轴承配合的轴颈和外壳孔的表面粗糙度，应根据滚动轴承的要求确定。

表 5-5　　　　　　　　　几何公差与表面粗糙度参数值的关系　　　　　　　　　（%）

几何公差 t 占尺寸公差 T 的百分比	表面粗糙度参数值占尺寸公差 T 的百分比	
	Ra/T	Rz/T
～60	≤5.0	≤20
～40	≤2.5	≤10
～25	≤1.2	≤5

5.3.3　表面粗糙度的标注

1. 表面粗糙度符号

在图样上标注的表面粗糙度符号有三种，另有附加符号两种，见表 5-6。

表 5-6　　　　　　　　　表面粗糙度符号（摘自 GB/T 131—2006）

符　　号	说　　明
√	表面可用任何方法获得
∀	表面用不去除材料的方法获得，如铸造、锻造、冲压、粉末冶金等

续表

符　号	说　明
∇	表面用去除材料方法获得，如车、铣、刨、磨、抛光等
∇　∇　∇	在上述三个符号上加一横线，用于标注有关参数和说明
∇　∇　∇	在上述三个符号上加一圆圈，表示所有表面具有相同的表面粗糙度要求

2. 表面粗糙度代号及其标注

（1）高度参数的标注。表面粗糙度数值及有关规定在符号中的位置如图 5 - 7 所示。表面粗糙度高度参数是基本参数，参数值在代号中用数值表示，参数前必须标注相应的代号。标注示例见表 5 - 7。

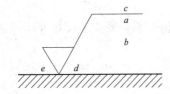

a—第一个表面结构要求（传输带或取样长度mm/粗糙度参数代号及其数值μm）；
b—第二个表面结构要求（粗糙度参数代号及其数值μm）；
c—加工要求说明，如车、铣、刨、磨、镀覆、涂覆、表面处理或其他等；
d—加工纹理方向符号；
e—加工余量，μm。

图 5 - 7　表面粗糙度代号标注

表 5 - 7　　　　表面粗糙度高度参数的标注（摘自 GB/T 131—2006）

代号	意　义
$\sqrt{}$ Ra 3.2	用任何方法获得表面粗糙度 Ra 上限值 3.2（省略 U 标注），默认传送带，默认评定长度为 5 个取样长度，16％规则
$\sqrt{}$ Rz 3.2	用不去除材料方法获得表面粗糙度 Rz 上限值 3.2（省略 U 标注），默认传送带，默认评定长度为 5 个取样长度，16％规则
$\sqrt{}$ Ra max 3.2	用去除材料方法获得表面粗糙度 Ra 最大值 3.2（省略 U 标注），默认传送带，默认评定长度为 5 个取样长度，最大规则
$\sqrt{}$ Ra 3.2 / Ra 1.6	用任何方法获得表面粗糙度 Ra 上限值 3.2，Ra 下限值 1.6，两个极限值均使用默认传送带，默认评定长度为 5 个取样长度，16％规则（省略 U、L 标注）
$\sqrt{}$ Rz max 3.2 / Rz min 1.6	用不去除材料方法获得表面粗糙度 Rz 最大值 3.2，Rz 最小值 1.6，两个极限值均使用默认传送带，默认评定长度为 5 个取样长度，最大规则（省略 U、L 标注）
$\sqrt{}$ U Rz 3.2 / L Rz 1.6	用去除材料方法获得表面粗糙度 Rz 上限值 3.2，Rz 下限值 1.6，16％规则（在不引起误会的情况下，U、L 可省略标注）
$\sqrt{}$ L Ra 0.4	用任意方法获得的加工表面，单向下限值（不可省略 L 标注），Ra 下限值 0.4，默认传送带，默认评定长度为 5 个取样长度，16％规则
$\sqrt{}$ U Ra max 3.2 / L Rz 0.8	用不去除材料的方法获得的加工表面，双向极限值，Ra 的最大值 3.2（最大规则），Rz 下限值 0.8（16％规则），两个极限值均使用默认传送带，默认评定长度为 5 个取样长度

续表

代号	意　义
$Ra\ \mathrm{max}\ 3.2$ $Ra\ \mathrm{min}\ 1.6$	用去除材料方法获得表面粗糙度 Ra 最大值 3.2，Ra 最小值 1.6，两个极限值均使用默认传送带，默认评定长度为 5 个取样长度，最大规则（省略 U、L 标注）
$0.008-0.8/Ra\ 3.2$	用去除材料方法获得表面粗糙度 Ra 上限值 3.2（省略 U 标注），传输带 0.008-0.8mm，16％规则
$-0.8/Ra\ 3.2$	用去除材料方法获得表面粗糙度 Ra 上限值 3.2（省略 U 标注），长波滤波器（即取样长度）0.8mm，默认评定长度为 5 个取样长度，16％规则
$0.0025-/Ra\ 3.2$	用去除材料方法获得表面粗糙度 Ra 上限值 3.2（省略 U 标注），短波滤波器 0.0025mm，默认评定长度为 5 个取样长度，16％规则

需要注意的是表面粗糙度参数值极限判断原则和极限值（U 和 L）标注。表面粗糙度参数极限值的两种表示方式上限值（或下限值）和最大值"max"（或最小值"min"）的含义是有区别的。"上限值"（或"下限值"）表示所有实测值中允许 16％的测得值超过规定值，称为"16％规则"；而"最大值 max"（或"最小值 min"）表示不允许任何测得值超过规定值，称为"最大规则"。

（2）间距、形状特性参数标注（见表 5-8）。

表 5-8　　　　　　　　表面粗糙度间距、形状特性参数标注

代　号	意　义
$RS_\mathrm{m}0.05$	RS_m 上限值标注示例
$RS_\mathrm{m}0.05\mathrm{max}$	RS_m 最大值标注示例
$R_\mathrm{mr}(C)70\%,\ C50\%$	$R_\mathrm{mr}(C)$ 下限值标注示例，表示水平截距 C 在 Rz 的 50％位置上，$R_\mathrm{mr}(C)$ 为 70％
$R_\mathrm{mr}(C)70\%\mathrm{min},\ C50\%$	$R_\mathrm{mr}(C)$ 最小值标注示例，表示水平截距 C 在 Rz 的 50％位置上，$R_\mathrm{mr}(C)$ 为 70％

（3）其他项目的标注。评定长度一般按国家标准选取 5 个取样长度，在图样上可以省略标注；若选用非标准值（3 个），则应在相应位置标注，见图 5-8（a）；若表面要按指定方法加工，则可标注文字见图 5-8（b）；若需要控制表面加工纹理方向，可加注纹理符号，见图

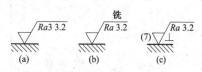

图 5-8　其他符号的标注

5-8（c）；如需标注加工余量（如 7mm）见图 5-8（c）。国家标准规定的纹理加工方向见表 5-9。其余项目标注见相关标准。

表 5 - 9   纹理加工符号及说明

符 号	图例与说明	符 号	图例与说明
=	纹理方向 纹理沿平行方向	M	纹理呈多方向
⊥	纹理方向 纹理沿垂直方向	C	纹理近似为以表面的中心为圆心的同心圆
X	纹理方向 纹理沿二交叉方向	R	纹理近似为通过表面中心的辐线
		P	纹理无方向或呈凸起的细粒状

3. 图样上的标注

表面粗糙度符号在图样上一般标注在可见轮廓处，也可标注在轮廓引出线尺寸线或公差框格上方，见图 5-9。

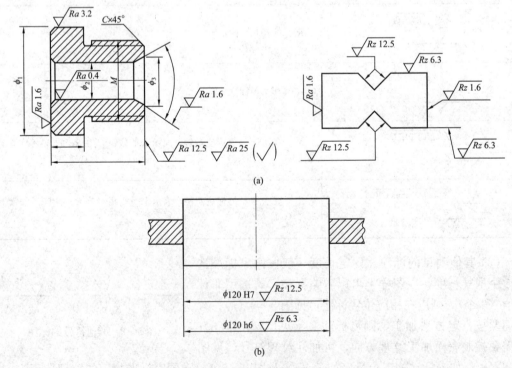

(a)

(b)

图 5-9 表面粗糙度标注示例（一）

(a) 表面粗糙度标注在轮廓线上；(b) 表面粗糙度标注在尺寸线上

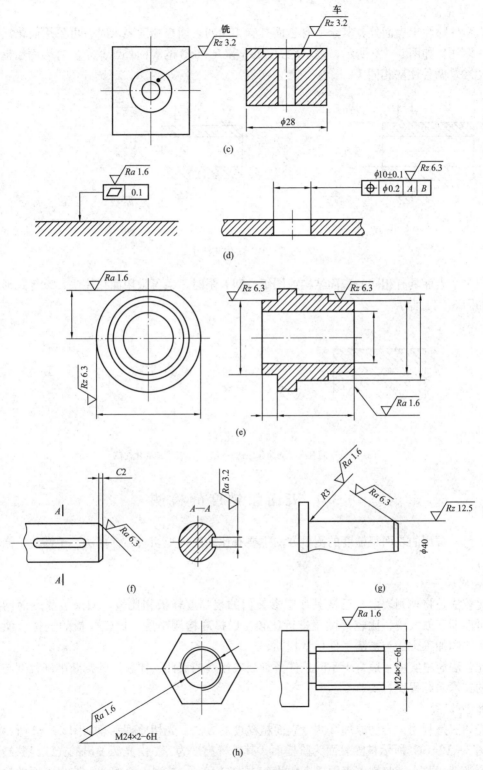

图 5-9 表面粗糙度标注示例（二）

（c）用指引线引出表面粗糙度；（d）表面粗糙度标注在公差框格上方；（e）表面粗糙度标注在圆柱特征延长线上；

（f）键槽的表面粗糙度注法；（g）圆角和倒角的表面粗糙度注法；（h）螺纹工作面的表面粗糙度注法

4. 简化注法

当零件除注出表面外，其余所有表面具有相同的表面粗糙度要求时，可采用简化注法进行统一标注，如图 5-10 所示，表示除 $Rz\,1.6$ 和 $Rz\,6.3$ 的表面外，其余所有表面粗糙度均为 $Ra\,3.2$，两种注法相同。

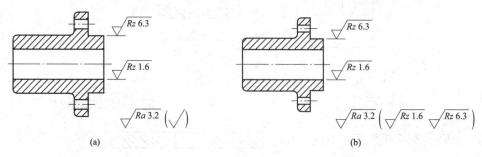

图 5-10　简化注法 I

当多个表面具有相同的表面结构或图纸空间有限时，也可采用简化注法，以等式形式给出，如图 5-11 所示。

图 5-11　简化注法 II

（a）图纸空间有限时的简化注法；（b）只用符号的简化注法

5.4　表面粗糙度的检测

目前，常用的表面粗糙度的测量方法主要有比较法、光切法、针描法、干涉法、激光反射法等。

1. 比较法

比较法是将被测表面与已知其评定参数值的粗糙度样板相比较，如果被测表面精度较高，可借助于放大镜、比较显微镜进行比较，以提高检测精度。比较样板的选择应使其材料、形状和加工方法与被测工件尽量相同。

比较法简单实用，适合于车间条件下判断较粗糙的表面。比较法的判断准确程度与检验人员的技术熟练程度有关。

2. 光切法

光切法是利用"光切原理"测量表面粗糙度的方法。光切原理示意如图 5-12 所示。

图 5-12（a）所示被测表面为阶梯面，其阶梯高度为 h。由光源发出的光线经狭缝后形成一个光带，此光带与被测表面以夹角为 45°的方向 A 与被测表面相截，被测表面的轮廓影像沿 B 向反射后可由显微镜中观察得到图 5-12（b）。其光路系统如图 5-12（c）所示，光源 1 通过聚光镜 2、狭缝 3 和物镜 5，以 45°角的方向投射到工件表面 4 上，形成一窄细光

带。光带边缘的形状，即光束与工件表面的交线，也就是工件在 45°截面上的轮廓形状，此轮廓曲线的波峰在 S_1 点反射，波谷在 S_2 点反射，通过物镜 5，分别成像在分划板 6 上的 S_1'' 和 S_2'' 点，其峰、谷影像高度差为 h''。由仪器的测微装置可读出此值，按定义测出评定参数 Rz 的数值。

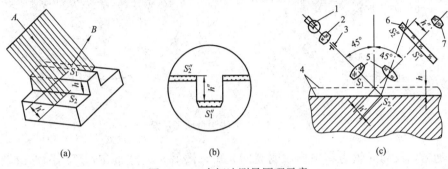

图 5-12 光切法测量原理示意

按光切原理设计制造的表面粗糙度测量仪器称为光切显微镜（或双管显微镜）其测量范围 Rz 为 $0.8\sim80\mu m$。

3. 针描法

针描法是利用仪器的触针在被测表面上轻轻划过，被测表面的微观不平度将使触针做垂直方向的位移，再通过传感器将位移量转换成电量，经信号放大后送入计算机，在显示器上示出被测表面粗糙度的评定参数值。也可由记录器绘制出被测表面轮廓的误差图形，其工作原理示意如图 5-13 所示。

按针描法原理设计制造的表面粗糙度测量仪器通常称为轮廓仪。根据转换原理的不同，可以分为电感式轮廓仪、电容式轮廓仪、压电式轮廓仪等。轮廓仪可测 Ra、Rz、RS_m、R_{mr}（C）等多个参数。

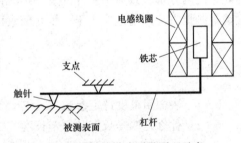

图 5-13 针描法测量原理示意

除上述轮廓仪外，还有光学触针轮廓仪，适用于非接触测量，以防止划伤零件表面，这种仪器通常直接显示 Ra 值，其测量范围为 $0.02\sim5\mu m$。

4. 干涉法

干涉法是利用光波干涉原理测量表面粗糙度的方法。根据干涉原理设计制造的仪器称为干涉显微镜，其基本光路系统如图 5-14（a）所示。由光源 1 发出的光线经平面镜 5 反射向上，至半透半反分光镜 9 后分成两束。一束向上射至被测表面 18 返回，另一束向左射至参考镜 13 返回。此两束光线会合后形成一组干涉条纹。干涉条纹的相对弯曲程度反映被测表面微观不平度的状况，如图 5-14（b）所示。仪器的测微装置可按定义测出相应的评定参数 Rz 值，其测量范围为 $0.025\sim0.8\mu m$。

5. 激光反射法

激光反射法的基本原理是用激光束以一定的角度照射到被测表面，除了一部分光被吸收以外，大部分被反射和散射。反射光与散射光的强度及其分布与被照射表面的微观不平度状

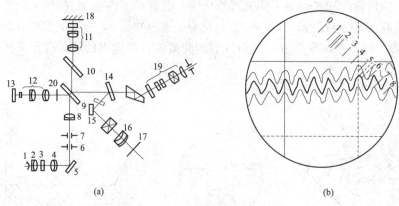

图 5 - 14　干涉法测量原理示意

况有关。通常，反射光较为集中形成明亮的光斑，散射光则分布在光斑周围形成较弱的光带。较为光洁的表面，光斑较强、光带较弱且宽度较小；较为粗糙的表面，光斑较弱，光带较强且宽度较大。

6. 三维几何表面测量

表面粗糙度的一维和二维测量只能反映表面不平度的某些几何特征，把它作为表征整个表面的统计特征是很不充分的，只有用三维评定参数才能真实地反映被测表面的实际特征。为此，国内外都在致力于研究开发三维几何表面测量技术，现已将光纤法、微波法和电子显微镜等测量方法成功地应用于三维几何表面的测量。

习　题

5 - 1　表面粗糙度评定参数 Ra 和 Rz 的含义是什么？

5 - 2　什么是取样长度和评定长度？二者有何关系？

5 - 3　$\phi40H7$ 和 $\phi80H7$ 相比，$\phi40H6/f5$ 和 $\phi40H6/s5$ 相比，哪个粗糙度值应选小些？

5 - 4　请将下列要求标注在图 5 - 15 上。

（1）直径为 $\phi50$ 的圆柱外表面粗糙度 Ra 上限值为 $3.2\mu m$；

（2）左端面的表面粗糙度 Ra 值为 $1.6\mu m$；

（3）直径为 $\phi50$ 的圆柱右端面表面粗糙度 Ra 值为 $3.2\mu m$；

（4）内孔表面粗糙度 Rz 值为 $0.4\mu m$；

（5）其余各加工面的表面粗糙度 Ra 值为 $25\mu m$，各加工面均采用去除材料方法获得。

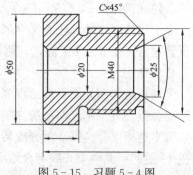

图 5 - 15　习题 5 - 4 图

第 6 章　滚动轴承的公差与配合

6.1　滚动轴承的精度等级及其应用

滚动轴承是机械工业中广泛应用的一种作为传动支承的标准部件，它一般由内圈、外圈、滚动体和保持架组成，如图 6-1 所示。

滚动轴承装在机器上，其内圈内径 d 与轴颈配合，外圈外径 D 与壳体孔配合，在载荷的作用下，内圈和外圈以一定的转速做相对运动。

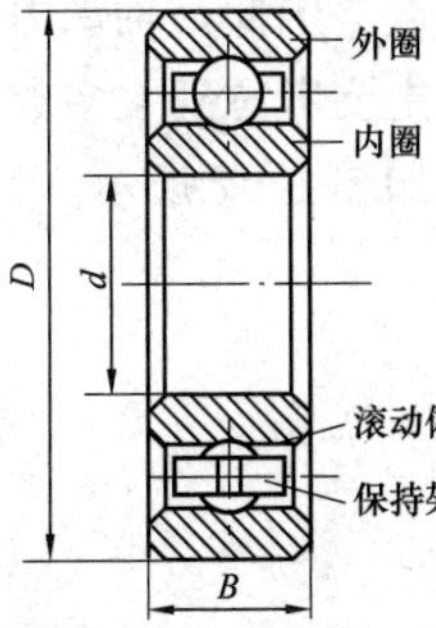

6.1.1　滚动轴承的精度等级

滚动轴承的精度等级是按其基本尺寸精度和旋转精度分级的。

GB/T 307.3—2005《滚动轴承　通用技术规则》规定：向心轴承（圆锥滚子轴承除外）分 5 级，精度由低到高分别用 0 级、6 级、5 级、4 级、2 级表示（相应于 GB 307.3—1984 中的 G、E、D、C 和 B 级）；圆锥滚子轴承精度分 4 级，精度由低到高分别用 0 级、6x 级、5 级、4 级表示；推力轴承也分 4 级，精度由低到高分别用 0 级、6 级、5 级、4 级表示。滚动轴承的精度等级见表 6-1。

图 6-1　滚动轴承的基本结构

表 6-1　滚动轴承的精度等级

公差等级代号	0 级	6、6x 级	5 级	4、2 级
公差等级名称	普通级	高级	精密级	超精密级

滚动轴承的公差由以下两部分组成：

（1）尺寸公差包括内径 d、外径 D、内圈宽度 B、外圈 C、圆锥滚子轴承装配高度 T 的公差。

（2）旋转精度包括内外圈径向跳动公差、内外圈基准端面对滚道的轴向跳动公差、内圈基准端面对内孔的轴向跳动公差，外圈外表面轴线对基准端面的倾斜度公差。

6.1.2　滚动轴承精度的选用

正确选择轴承精度是滚动支承设计的关键之一。各种机械的用途、工作条件不同，因此需要考虑的因素很多，主要有以下两方面要求：

（1）机械功能对轴承部件旋转精度的要求。例如，机床主轴、胶印机辊棒轴等要求轴的旋转跳动精度高，应选用 5 级或 4 级轴承。

（2）转速高低的要求。转速高时，由于与轴承配合的旋转轴（或壳体孔）可能随轴承的跳动而跳动，势必造成振动和噪声，影响机械的精度和稳定性。例如，高速离心机、磨床砂轮轴等一类机械要求转速高，就应选用 5 级或 4 级的轴承，一般机械则用 0 级精度轴承就可以满足要求。0 级轴承是应用最广的一种。2 级精度轴承在 1984 年才列入国际标准，主要应用于高精度、高速运转、特别精密的机械部位上，如精密仪器传动轴、坐标镗床主轴的主要支承处。

6.1.3　滚动轴承内径、外径公差带及其特点

滚动轴承作为标准部件在使用过程中主要通过轴承外圈外径与壳体孔配合，轴承内圈内孔与轴配合。滚动轴承的尺寸公差主要指轴承的外圈外径和内圈内径公差。为了组织专业化生产，轴承外圈外径与壳体孔的配合采用基轴制；轴承内圈孔与轴的配合采用基孔制，但与GB/T 1800.2—2009《产品几何技术规范（GPS）　极限与配合　第2部分：标准公差等级和孔、轴极限偏差表》中的基准孔公差带在零线之上相反，轴承内圈孔与轴的配合虽然也采用基孔制，但其所有公差等级的公差带都在零线之下，与轴承外圈外径公差共同呈现单向分布的特点。因此，轴承内圈孔与轴的配合比GB/T 1800.2—2009中基孔制同名配合要紧得多，这主要考虑到大多数轴承在使用过程中是内圈随轴一起转动，二者配合必须有一定的过盈量，如图6-2所示。具体规定可见GB/T 307.1—2005《滚动轴承　向心轴承　公差》。

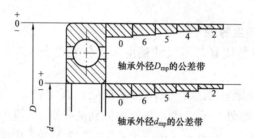

图6-2　不同公差等级轴承内径、外径公差带的分布

6.2　滚动轴承与轴、外壳孔的配合

6.2.1　轴颈和外壳孔的公差带

根据滚动轴承使用的特殊性，与滚动轴承内圈孔相配合的轴虽符合基孔制配合的要求，但轴的公差带并未按GB/T 1800.2—2009基孔制优先配合公差带来设置，并且用无间隙配合公差带；同样，滚动轴承外圈外径与外壳孔的配合也未完全按GB/T 1800.2—2009基轴制优先配合公差带设置，GB/T 275—2015《滚动轴承　配合》规定的公差带见表6-2，其公差带图见图6-5。

表6-2　　　　　与滚动轴承配合的轴和外壳孔的公差带（摘自 GB/T 275—2015）

轴承精度	轴　公　差　带		外壳孔公差带		
	过渡配合	过盈配合	间隙配合	过渡配合	过盈配合
0	h8 h7 g6、h6、j6、js6 g5、h5、j5、js5	k6、m6、n6、p6、r6 k5、m5	H8 G7、H7 H6	J7、JS7、K7、M7、N7 J6、JS6、K6、M6、N6	P7 P6
6	g6、h6、j6、js6 g5、h5、j5	r7 k6、m6、n6、p6、r6 k5、m5	H8 G7、H7 H6	J7、JS7、K7、M7、N7 J6、JS6、K6、M6、N6	P7 P6
5	h5、j5、js5	k6、m6 k5、m5	G6、H6	JS6、K6、M6 JS5、K5、M5	

续表

轴承精度	轴 公 差 带		外壳孔公差带		
	过渡配合	过盈配合	间隙配合	过渡配合	过盈配合
4	h5、js5 h4、js4	k5、m5 k4	H5	K6 JS5、K5、M5	

注　1. 孔 N6 与 0 级精度轴承（外径 $D<150\text{mm}$）和 6 级精度轴承（外径 $D<315\text{mm}$）的配合为过盈配合。

　　2. 轴 r6 用于内径 $d>120\sim500\text{mm}$；轴 r7 用于内径 $d>180\sim500\text{mm}$。

6.2.2　滚动轴承与轴、外壳孔配合的选用

正确选择轴承配合，对于保证机械的正常运转、提高轴承的使用寿命、发挥轴承的技术性能关系极大。

选择轴承配合时，应综合考虑轴承的工作条件，包括下列因素：作用在轴承上的载荷的大小、方向和性质，轴承的类型和尺寸，与轴承相配合的轴和壳体孔的材料、结构，工作温度（温差），装卸与调整等。

1. 轴承载荷的性质及其配合的作用

根据轴承受力的方向、轴承内圈或外圈旋转的不同，将套圈所受的载荷分为定向载荷、旋转载荷和摆动载荷三种类型，如图 6-3 所示。

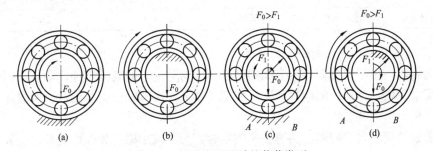

图 6-3　轴承套圈承受的载荷类型

（1）定向载荷。轴承套圈不动，载荷方向也不动；或者载荷和轴承套圈以相同速度旋转，使载荷作用在滚道的较小局部区域上，如图 6-3（a）中的固定外圈和图 6-3（b）中的固定内圈均受一定向载荷作用。

承受定向载荷的轴承套圈一般选用较松的间隙配合，让套圈有可能被滚道间的摩擦力矩带动，产生较小转动，从而改变滚道的受力状况，使整圈滚道均匀磨损，从而延长轴承的使用寿命。例如，荷重轴与外壳孔的配合选用间隙配合。有要求采用过盈配合的除外。

（2）旋转载荷。作用于轴承套圈上的合成径向载荷向量与套圈相对旋转，可以是套圈旋转而载荷方向一定，也可以是套圈不动而载荷旋转。旋转一周后，滚道各点都顺序地承受载荷，如图 6-3（a）中旋转的内圈和图 6-3（b）中旋转的外圈均受到一个作用位置依次改变的径向载荷 F_0 的作用。

承受旋转载荷的套圈与轴或外壳孔的配合应选用过渡配合或过盈配合，这样可以防止套圈在轴颈或外壳孔表面打滑，不致由于配合表面过多发热而加快磨损，避免轴承急剧破坏。配合过盈量的大小由运行状况决定。例如，离心机外圈与外壳孔的配合选用过盈配合。

（3）摆动载荷。在轴承套圈上施加一个大小和方向按一定规律变化的载荷，使套圈始终

只有部分滚道受载荷作用，如图 6-3（c）、（d）所示，轴承受到不变的径向载荷 F_0 和较小

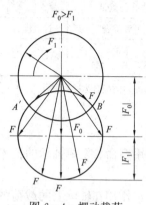

图 6-4　摆动载荷

的旋转载荷 F_1 的共同作用，使合成载荷 F 仅在小于 180°的角度内所对应的一段滚道内摆动，如图 6-4 所示。图 6-4 中，$A'B'$ 弧为摆动载荷作用区。承受摆动载荷作用的套圈通常采用与旋转载荷相同或略松一些的配合，以避免间隙配合。

2. 轴承载荷的大小及其配合的选用

轴承套圈在载荷径向分力作用下，内圈会胀大，使其与轴的配合变松，在重的旋转载荷作用下，容易产生打滑现象。因此，套圈与轴或外壳孔的配合应随载荷的增大而变紧，承受冲击载荷应比承受平稳载荷选用较紧的配合。

径向当量载荷 F_r 的性质可由它与轴承的基本额定动载荷 C_r 的比值来区分，见表 6-3。

表 6-3　　　　　　　　径向当量动载荷 F_r 的分类（摘自 GB/T 275—2015）

径向载荷	向心轴承（圆锥滚子轴承除外）	圆锥滚子轴承
轻载荷	$\leqslant 0.06C_r$	$\leqslant 0.13C_r$
正常载荷	$\geqslant 0.06C_r$，$\leqslant 0.12C_r$	$> 0.13C_r$，$\leqslant 0.26C_r$
重载荷	$> 0.12C_r$	$> 0.26C_r$

3. 轴承的其他工作因素对配合的影响

轴承运转时，由于发热而使其套圈的温度高于与其配合的其他零件，轴承内圈可能因热膨胀而使配合变松，外圈可能因热膨胀而使配合变紧，影响轴承正常游隙。考虑此因素，应对所选配合进行适当调整。

在轴承旋转精度要求较高、转速较高的场合，为了减小振动和弹性变形，一般不选用间隙配合。

对于开式轴承座与轴承外圈的配合不宜采用过盈配合，但又不能让外圈在座孔内转动。当轴承装于薄壁、轻合金轴承座或空心轴上时，为保证有足够的支持面，应采用比厚壁钢铁座或实心轴的正常过盈配合更紧的配合。

当轴承要求便于安装与拆卸时采用间隙配合；若必须用过盈配合，又要拆卸方便时，可选用分离型轴承、带锥孔轴承或带紧定套或退卸套的轴承。

实际工作中选用轴承配合时，应根据国家标准推荐的配合公差带（见表 6-2），再结合实际应用情况，参考有关专业标准及技术手册来确定。

6.2.3　与轴承配合的轴、外壳孔公差等级的选用

与轴承配合的轴和外壳孔的公差等级与轴承的精度等级有关，轴承的精度等级越高，与之相配合的轴和外壳孔的公差等级也越高。一般与 0 级、6（或 6x）级精度轴承配合的轴，其公差等级一般为 IT6，外壳孔一般为 IT7。

GB/T 275—2015 对 0 级和 6 级轴承配合的轴颈规定了 17 种公差带，对外壳孔规定了 16 种公差带，如图 6-5 所示。

该标准的适用范围如下：

（1）对旋转精度、运转稳定性和工作温度无特殊要求。

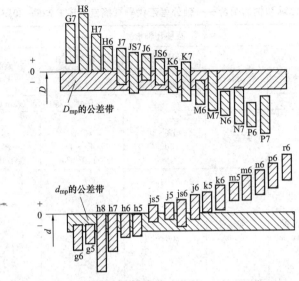

图 6-5　轴承与轴和外壳孔配合公差带

（2）轴为实心或厚壁钢制作。

（3）外壳为铸钢或铸铁制作。

（4）轴承游隙为 0 组。

配合公差带的选择见表 6-4～表 6-7。

表 6-4　　　　　**推力轴承和轴的配合——轴公差带代号**（摘自 GB/T 275—2015）

运载状态	载荷状态	推力球轴承和推力滚子轴承	推力调心滚子轴承[①]	公差带
		轴承公称内径（mm）		
仅有轴向载荷		所 有 尺 寸		j6, js6
固定的轴圈载荷	径向和轴向联合载荷	—	≤250	j6
		—	>250	js6
旋转的轴圈载荷或摆动载荷		—	≤200	k6[②]
			>200～400	m6
			>400	h6

① 也包括推力圆锥滚子轴承、推力角接触球轴承。

② 要求较小过盈时，可用 j6、k6、m6 分别代替 k6、m6、h6。

表 6-5　　　　　**推力轴承和外壳孔的配合——孔公差带代号**（摘自 GB/T 275—2015）

运转状态	载荷状态	轴承类型	公差带	备　注
仅有轴向载荷		推力球轴承	H8	
		推力圆柱、圆锥滚子轴承	H7	
		推力调心滚子轴承	—	外壳孔与座圈间间隙为 0.001D（D 为轴承公称外径）
固定的座圈载荷	径向和轴向联合载荷	推力角接触球轴承，推力调心滚子轴承，推力圆锥滚子轴承	H7	
旋转的座圈载荷或摆动载荷			K7	普通使用条件
			M7	有较大径向载荷

表 6‑6　　　　　向心轴承和轴的配合——轴公差带代号（摘自 GB/T 275—2015）

运 转 状 态		载荷状态	圆柱孔轴承			公差带
			深沟球轴承、调心球轴承和角接触球轴承	圆柱滚子轴承和圆锥滚子轴承	调心滚子轴承	
说明	举　例		轴承公称内径（mm）			
旋转的内圈载荷及摆动载荷	一般通用机械，电动机，机床主轴，泵，内燃机正齿轮转动装置，铁路机车车辆轴箱，破碎机	轻载荷	≤18 >18～100 >100～200 	— — >40～140 >140～200	— ≤40 >40～100 >100～200	h5 j6① k6① m6①
		正常载荷	≤18 >18～100 >100～140 >140～200 >200～280 —	— — ≤40 >40～100 >100～140 >140～200 >200～400	— ≤40 >40～65 >65～100 >100～140 >140～280 >280～500 >500	j5, js5 k5② m5② m6 n6 p6 r6 r7
		重载荷	—	>50～140 >140～200 >200	>50～100 >100～140 >140～200 >200	n6③ p6 r6 r7
固定的内圈载荷	静止轴上的各种轮子，张紧轮绳轮，振动筛子，惯性振动	所有载荷	所 有 尺 寸			f6① g6 h6 j6
仅有轴向载荷			所 有 尺 寸			j6, js6
所有载荷	铁路机车车辆轴箱		装在退卸套上的所有尺寸			h8 (IT6)④⑤
	一般机械传动		装在紧套上的所有尺寸			h9 (IT7)④⑤

① 凡对精度有较高要求的场合，应以 j5、k5、…，代替 j6、k6、…。

② 圆锥滚子轴承、角接触球轴承配合对游隙影响不大，可用 k6、n6 代替 k5、m5。

③ 重载荷下轴承游隙应选大于 0 组。

④ 凡有较高精度或转速要求的场合，应用 h7 (IT5) 代替 h8 (IT6) 等。

⑤ IT6、IT5 表示圆柱度公差数值。

表 6‑7　　　　　向心轴承和外壳的配合——孔公差带代号（摘自 GB/T 275—2015）

运 转 状 态		载荷状态	其他状态	公差带①	
说　明	举　例			球轴承	滚子轴承
固定的外圈载荷	一般机械，铁路机车车辆，电动机，泵，曲轴主轴承	轻，正常，重	轴向易移动，可采用剖分式外壳	H7，G7②	
		冲击	轴向能移动，可采用整体式或剖分式外壳	J7，JS7	
摆动载荷		轻，正常			
		正常，重		K7	
		冲击		M7	
旋转的外圈载荷	张紧滑轮、轮毂轴承	轻	轴向不移动，采用整体式外壳	J7	K7
		正常		K7，M7	M7，N7
		重		—	N7，P7

① 并列公差带随尺寸的增大从左至右选择。对旋转精度有较高要求时，可相应提高 1 个公差等级。

② 不适用于剖分式外壳。

6.2.4　配合表面的其他技术要求

为了保证轴承正常运转，除了正确选择轴承与轴及壳体孔的公差等级及配合性质外，还应对轴及壳体孔的几何公差及表面粗糙度提出要求。GB/T 275—2015 规定了与各种轴承配合的轴和外壳孔的几何公差，见表 6-8。配合面的表面粗糙度的值见表 6-9。

表 6-8　　　　　　　　　轴和外壳孔的几何公差（摘自 GB/T 275—2015）　　　　　μm

基本尺寸 (mm)	圆柱度 t				端面圆跳动 t_1			
	轴　颈		外 壳 孔		轴　肩		外 壳 孔	
	轴承公差等级							
	0	6 (6x)	0	6 (6x)	0	6 (6x)	0	6 (6x)
≤6	2.5	1.5	4	2.5	5	3	8	5
>6~10	2.5	1.5	4	2.5	6	4	10	6
>10~18	3.0	2.0	5	3.0	8	5	12	8
>18~30	4.0	2.5	6	4.0	10	6	15	10
>30~50	4.0	2.5	7	4.0	12	8	20	12
>50~80	5.0	3.0	8	5.0	15	10	25	15
>80~120	6.0	4.0	10	6.0	15	10	25	15
>120~180	8.0	5.0	12	8.0	20	12	30	20
>180~250	10.0	7.0	14	10.0	20	12	30	20
>250~315	12.0	8.0	16	12.0	25	15	40	25
>315~400	13.0	9.0	18	13.0	25	15	40	25
>400~500	15.0	10.0	20	15.0	25	15	40	25

表 6-9　　　　　　　　　配合面的表面粗糙度 Ra（摘自 GB/T 275-2015）　　　　　μm

轴或轴承座直径 (mm)	轴或外壳配合表面直径公差等级					
	IT7		IT6		IT5	
	磨	车	磨	车	磨	车
≤80	1.6	3.2	0.8	1.6	0.4	0.8
>80~500	1.6	3.2	1.6	3.2	0.8	1.6
端　面	3.2	6.3	3.2	6.3	1.6	3.2

图 6-6 所示为滚动轴承为轴、外壳孔在装配图上的标注示例，以及轴颈、外壳孔零件图的标注示例。轴承为标准件，在装配图上只标出轴颈和外壳孔的公差带代号。

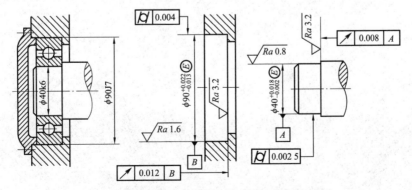

图 6-6　滚动轴承与轴颈、外壳孔配合标注示例

习　题

6-1　滚动轴承的基本构造是怎样的？与其配合的主要配合尺寸有哪些？

6-2　滚动轴承的精度有哪几个等级？常用的是哪个等级？

6-3　滚动轴承与轴颈、外壳孔的配合采用何种基准制？其公差带分布有何特点？

6-4　怎样选择滚动轴承与轴的外壳体孔的配合？

6-5　深沟球轴承 6310（$d=50$mm，$D=110$mm，6 级精度），与轴承内径配合的轴用 k6，与轴承外径配合的孔用 H7。试绘出这两对配合的公差带图，并计算出极限间隙或过盈。

第 7 章　键结合的公差与检测

7.1　概　　述

键连接是利用标准件键来连接轴与轴上的零件（如带轮、齿轮、联轴器等），用以作为周向固定来传递扭矩和运动，有时也作为轴向滑动的导向。它属于可拆连接，在机械工业中具有广泛的用途。

键的类型有单键（包括平键、半圆键、楔键、切向键等）和花键两大类，其中以平键、半圆键及花键应用最多。单键和花键的类型分别如图 7-1 和图 7-2 所示。

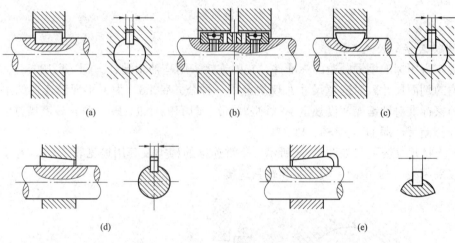

图 7-1　单键的类型

(a) 普通平键；(b) 导向平键；(c) 半圆键；(d) 普通楔键；(e) 钩头楔键

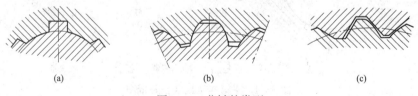

图 7-2　花键的类型

(a) 矩形花键；(b) 渐开线花键；(c) 三角花键

7.2　平键结合的公差与检测

7.2.1　平键连接

平键连接是通过标准件键、轴键槽和轮毂槽三部分组成，按装配要求不同又分为固定键连接和导向键连接。

平键连接所传递的扭矩是通过键的侧面与轴键槽和轮毂键槽的侧面配合来实现的，因此，键连接的配合性质（较松连接、一般连接和较紧连接）主要是由键宽及槽宽 b 的尺寸公差来实现。其他尺寸（见图 7-3）如键高 h 等非配合尺寸公差也相应作了规定。键的尺寸是根据轴的直径进行选取的。

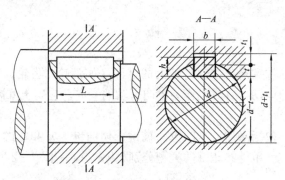

图 7-3　平键和键槽尺寸

1. 平键连接的公差与配合

平键作为用标准型钢制造的标准件，它的连接采用基轴制配合。GB/T 1095—2003《平键　键槽的剖面尺寸》对键宽尺寸 b 仅规定了一种公差带 h8。为了实现键连接的不同配合性质，国家标准对轴键槽宽度规定了三种公差带，即 H9、N9、P9。对轮毂键槽宽度也只规定了三种公差带，即 D10、JS9、P9。

平键连接尺寸公差带如图 7-4 所示。平键连接的种类及其用途见表 7-1。对于半圆键连接，仅采用表 7-1 中的一般连接和较紧连接。

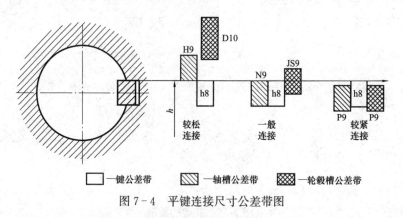

图 7-4　平键连接尺寸公差带图

表 7-1　　　　　　　　　　　　　平键连接的种类及其用途

配合类型	尺寸 b 的公差带			用　途
	键	轴键槽	轮毂键槽	
较松连接	h8	H9	D10	主要用于导向平键，如车床变速箱中的滑移齿轮
一般连接	h8	N9	JS9	主要用于轴和轴上零件的定位及传递扭矩，用于一般机械
较紧连接	h8	P9	P9	主要用于传递重载、冲击及传递双向扭矩

平键与键槽剖面尺寸及键槽极限偏差见表 7-2，平键极限偏差见表 7-3。

平键连接的非配合尺寸中，轴上键槽深 t 和轮毂键槽深 t_1 及槽底面与侧面交角半径 r 的极限尺寸见表 7-2。键高 h 的公差带一般取 h11，公差值见表 7-3。键长 L 一般取标准系列长度，公差带为 h14，轴上键槽长度的公差带取 H14。

表 7-2　　　　　　平键和键槽剖面尺寸及键槽极限偏差（摘自 GB/T 1095—2003）　　　　　mm

轴	键	键 槽											
			宽度 b					深度				半径	
公称直径 d	公称尺寸 $b×h$	公称尺寸 b		偏差				轴 t		毂 t_1			
			较松键连接		一般键连接		较紧键连接						
			轴 H9	毂 D10	轴 N9	毂 JS9	轴和毂 P9	公称	偏差	公称	偏差	最小	最大
>22～30	8×7	8	+0.036 0	+0.098 +0.040	0 −0.036	±0.018	−0.015 −0.051	4.0		3.3		0.16	0.25
>30～38	10×8	10						5.0		3.3			
>38～44	12×8	12						5.0		3.3			
>44～50	14×9	14	+0.043 0	+0.120 +0.050	0 −0.043	±0.0215	−0.018 −0.061	5.5	+0.2 0	3.8	+0.2 0	0.25	0.40
>50～58	16×10	16						6.0		4.3			
>58～65	18×11	18						7.0		4.4			
>65～75	20×12	20						7.5		4.9			
>75～85	22×14	22	+0.052 0	+0149 +0065	0 −0.052	±0.026	−0.022 −0.074	9.0		5.4		0.40	0.60
>85～95	25×14	25						9.0		5.4			
>95～110	28×16	28						10.0		6.4			

表 7-3　　　　　　　　　　平键极限偏差（摘自 GB/T 1095—2003）　　　　　　　　　　mm

	公称尺寸	8	10	12	14	16	18	20	22	25	28
b	偏差 h9		0 −0.036			0 −0.043			0 −0.052		
	公称尺寸	7		8		9		10	11	12	14	16
h	偏差 h11			0 −0.090						0 −0.110		

2. 键与键槽的几何公差和表面粗糙度要求

键槽的位置公差主要指轴键槽的实际中心平面相对于基准轴线的对称度误差。如果超差，将会使键不能装入键槽，或者与键槽不能保证足够的接触面来传递扭矩。因此，通常规定键槽对称度公差应按照 GB/T 1184—1996《形状和位置公差　未注公差值》中的对称度 7～9 级选取。

当键长 L 与键宽 b 之比不小于 8 时，键宽侧面的平行度公差应按 GB/T 1184—1996 的规定选取。$b ≥ 40mm$ 时，按 5 级选取；$b ≥ 8～36mm$ 时，按 6 级选取；$b ≥ 6mm$ 时，按 7 级选取。

平键连接时表面粗糙度对配合性质也会有影响，通常推荐键和键槽侧面 Ra 值为 $1.6\sim$ $6.3\mu m$，非配合面 Ra 值为 $6.3\mu m$。

键槽尺寸和公差的标注如图 $7-5$ 所示。

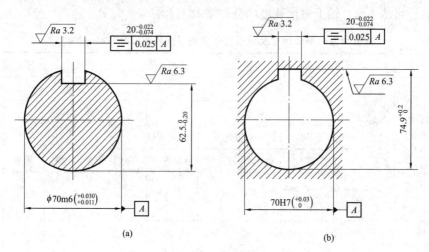

图 $7-5$　键槽尺寸和公差的标注示例

（a）轴槽；（b）毂槽

7.2.2　平键结合的检测

在单件、小批生产时，平键结合的检测一般用游标卡尺、千分尺等通用量具；在大批量生产时，平键结合的检测一般用专用量具。检测的项目主要包括键和键槽宽度、键槽深度和键槽的位置误差。常用的键槽检测量具如图 $7-6$ 所示。

图 $7-6$ （a）、（b）、（c）、（e）、（f） 所示为定性检测量具，其中图 $7-6$ （e）、（f） 是用来检测位置误差对称度的，因此，只有通规而无止规。图 $7-6$ （d） 所示为定量检测键槽对称度的量具，它用 V 形块模拟基准轴线，将与键槽宽度相等的定位块插入键槽。首先，在一径向截面内，调整定位块使之上平面为水平，记下此时指示表读数；再将轴沿轴线转动 $180°$，在同一径向截面上将定位块上平面校平，记下指示表读数，两次读数差为 a，则由几何关系得键槽对称度误差约为 $f_{径}=at/(d-t)$，其中，t 为键槽深，d 为轴的直径；然后，将轴固定不动，沿轴的轴线方向，测量键槽方向两端点，指示表在定位块上的读数差 $f_{轴}=a_{高}-a_{低}$，则 $f_{径}$ 和 $f_{轴}$ 中的最大值即可视为此键槽的对称度误差值。

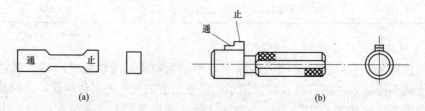

图 $7-6$　键槽检测量具（一）

（a）检验键槽宽 b 用的极限量规；（b）检验轮毂槽深 $d+t_1$ 用的极限量规；

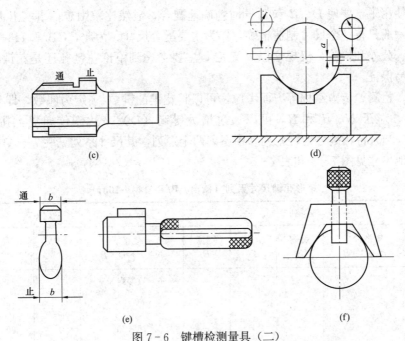

图 7-6　键槽检测量具（二）

（c）检验轮毂槽宽和深度的键槽复合量规；（d）轴槽对称度及歪斜度的测量；

（e）检验轮毂槽对称度的量规；（f）检验轴槽对称度的量规

7.3　矩形花键结合的公差与检测

　　花键可以看成是由几个键和轴组成的连接体。与单键连接相比，具有刚性好、能传递更大扭矩、定心精度高、导向性能好等优点，在机械工业中被广泛应用。

　　花键分为内花键（花键孔）和外花键（花键轴）两类。按齿形截面不同分为矩形花键、渐开线花键和三角形花键三种，如图 7-2 所示。其中，矩形花键应用最广泛，这里仅介绍矩形花键的连接与检测。

7.3.1　矩形花键连接

1. 矩形花键连接的配合尺寸

矩形花键连接的主要配合尺寸有大径 D、小径 d 和键（槽）宽 B，如图 7-7 所示。

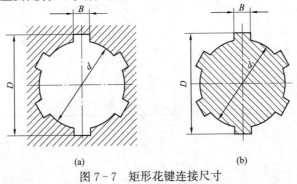

图 7-7　矩形花键连接尺寸

在实际使用中，要使 D、d 和 B 同时精确地配合，显然比较困难，事实上也没有必要。在制造中，一般只将一个尺寸制造精确，作为主要配合尺寸。为此，GB/T 1144—2001《矩形花键尺寸、公差和检验》仅规定以 d 定心，主要考虑到不论花键孔还是花键轴，其小径制造精度容易保证。

从制造、检测、传力对称等方面考虑，可以将花键的键数 N 定为偶数，即 6 键、8 键、10 键。同样，对于 N、d 和 B，可以通过增大键高（D）来达到传递更大扭矩的作用，GB/T 1144—2001 将花键分为轻系列和中系列两个系列，其尺寸系列见表 7-4。矩形花键键槽截面的其他尺寸见图 7-8 和表 7-5。

表 7-4　　　　　　矩形花键尺寸系列（摘自 GB/T 1144—2001）　　　　　　mm

小径 d	轻系列				中系列			
	规格 $N \times d \times D \times B$	键数 N	大径 D	键宽 B	规格 $N \times d \times D \times B$	键数 N	大径 D	键宽 B
11					$6 \times 11 \times 14 \times 3$		14	3
13					$6 \times 13 \times 16 \times 3.5$		16	3.5
16	—	—	—	—	$6 \times 16 \times 20 \times 4$		20	4
18					$6 \times 18 \times 22 \times 5$		22	5
21					$6 \times 21 \times 25 \times 5$	6	25	
23	$6 \times 23 \times 26 \times 6$		26		$6 \times 23 \times 28 \times 6$		28	
26	$6 \times 26 \times 30 \times 6$		30	6	$6 \times 26 \times 32 \times 6$		32	6
28	$6 \times 28 \times 32 \times 7$	6	32	7	$6 \times 28 \times 34 \times 7$		34	7
32	$8 \times 32 \times 36 \times 6$		36	6	$8 \times 32 \times 38 \times 6$		38	6
36	$8 \times 36 \times 40 \times 7$		40	7	$8 \times 36 \times 42 \times 7$		42	7
42	$8 \times 42 \times 46 \times 8$		46	8	$8 \times 42 \times 48 \times 8$		48	8
46	$8 \times 46 \times 50 \times 9$		50	9	$8 \times 46 \times 54 \times 9$	8	54	9
52	$8 \times 52 \times 58 \times 10$	8	58		$8 \times 52 \times 60 \times 10$		60	
56	$8 \times 56 \times 62 \times 10$		62	10	$8 \times 56 \times 65 \times 10$		65	10
62	$8 \times 62 \times 68 \times 12$		68		$8 \times 62 \times 72 \times 12$		72	
72	$10 \times 72 \times 78 \times 12$		78	12	$10 \times 72 \times 82 \times 12$		82	12
82	$10 \times 82 \times 88 \times 12$		88		$10 \times 82 \times 92 \times 12$		92	
92	$10 \times 92 \times 98 \times 14$	10	98	14	$10 \times 92 \times 102 \times 14$	10	102	14
102	$10 \times 102 \times 108 \times 16$		108	16	$10 \times 102 \times 112 \times 16$		112	16
112	$10 \times 112 \times 120 \times 18$		120	18	$10 \times 112 \times 125 \times 18$		125	18

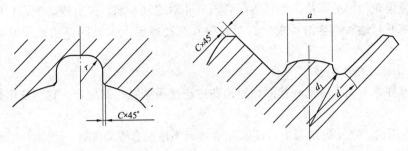

图 7-8　矩形花键键槽截面形状

表 7-5　　　　　　　　　　　　键槽的截面尺寸（摘自 GB/T 1144—2001）　　　　　　　　　　　mm

轻系列					中系列				
规格 $N \times d \times D \times B$	c	r	参考		规格 $N \times d \times D \times B$	c	r	参考	
			d_{1min}	a_{min}				d_{1min}	a_{min}
					$6 \times 11 \times 14 \times 3$	0.2	0.1		
					$6 \times 13 \times 16 \times 3.5$	0.2	0.1		
—	—	—	—	—	$6 \times 16 \times 20 \times 4$	0.3	0.2	14.4	1.0
					$6 \times 18 \times 22 \times 5$	0.3	0.2	16.6	1.0
					$6 \times 21 \times 25 \times 5$	0.3	0.2	19.5	2.0
$6 \times 23 \times 26 \times 6$	0.2	0.1	22.0	3.5	$6 \times 23 \times 28 \times 6$	0.3	0.2	21.2	1.2
$6 \times 26 \times 30 \times 6$	0.3	0.2	24.5	3.8	$6 \times 26 \times 32 \times 6$	0.4	0.3	23.6	1.2
$6 \times 28 \times 32 \times 7$	0.3	0.2	26.6	4.0	$6 \times 28 \times 34 \times 7$	0.4	0.3	25.8	1.4
$8 \times 32 \times 36 \times 6$	0.3	0.2	30.3	2.7	$8 \times 32 \times 38 \times 6$	0.4	0.3	29.4	1.0
$8 \times 36 \times 40 \times 7$	0.3	0.2	34.4	3.5	$8 \times 36 \times 42 \times 7$	0.4	0.3	33.4	1.0
$8 \times 42 \times 46 \times 8$	0.3	0.2	40.5	5.0	$8 \times 42 \times 48 \times 8$	0.4	0.3	39.4	2.5
$8 \times 46 \times 50 \times 9$	0.3	0.2	44.6	5.7	$8 \times 46 \times 54 \times 9$	0.5	0.4	42.6	1.4
$8 \times 52 \times 58 \times 10$	0.4	0.3	49.6	4.8	$8 \times 52 \times 60 \times 10$	0.5	0.4	48.6	2.5
$8 \times 56 \times 62 \times 10$	0.4	0.3	53.5	6.5	$8 \times 56 \times 65 \times 10$	0.5	0.4	52.0	2.5
$8 \times 62 \times 68 \times 10$	0.4	0.3	59.7	7.3	$8 \times 62 \times 72 \times 12$	0.6	0.5	57.7	2.4
$10 \times 72 \times 78 \times 12$	0.4	0.3	69.6	5.4	$10 \times 72 \times 82 \times 12$	0.6	0.5	67.4	1.0
$10 \times 82 \times 88 \times 12$	0.4	0.3	79.3	8.5	$10 \times 82 \times 92 \times 12$	0.6	0.5	77.0	2.9
$10 \times 92 \times 98 \times 14$	0.4	0.3	89.6	9.9	$10 \times 92 \times 102 \times 14$	0.6	0.5	87.3	4.5
$10 \times 102 \times 108 \times 16$	0.4	0.3	99.6	11.3	$10 \times 102 \times 112 \times 16$	0.6	0.5	97.7	6.2
$10 \times 112 \times 120 \times 18$	0.5	0.4	108.8	10.5	$10 \times 112 \times 125 \times 18$	0.6	0.5	106.2	4.1

注　d_1 和 a 值仅适用于展成法加工。

　　花键按装配要求的不同，可分为滑动、紧滑动和固定三种形式。滑动配合一般用于相对移动频率高且移动距离长的场合，这样可以保证运动的灵活性，便于润滑，如汽车、拖拉机变速箱中变速齿轮与轴的连接。当花键配合既有相对滑动要求，又有较高配合精度、传递较大扭矩的要求时，通常选紧滑动配合。当花键孔在花键轴上无轴向移动要求时就选用固定配合。

2. 矩形花键连接的配合

作为标准件，为便于制造和检测，矩形花键连接采用基孔制配合。它的使用分以下两种情况：

（1）一般用途。在这种情况下，国家标准规定不论配合性质如何，花键孔定心小径的公差带均取 H7。

（2）精密传动。国家标准推荐花键孔定心小径使用公差带 H5。不同的配合性质主要由花键小径 d 选取不同公差带来实现。

为实现花键连接的不同配合性质，除了要考虑花键与花键孔小径 d 的公差带选取外，还应正确选取花键与花键孔大径 D 的配合公差带及键宽 B 的配合公差带，见表 7 - 6。矩形花键配合的公差带如图 7 - 9 所示。

表 7 - 6　　　　　　　　　　矩形花键配合（摘自 GB/T 1144—2001）

类　　别	配合	基本尺寸			说　　明
		d	D	B	
一般用途	滑动	H7/f7		H9/d10 (H11/d10)	拉削后不再热处理时，内花键 B 的公差带用 H9；拉削后进行热处理的用 H11。内花键 d 的公差带 H7 允许与提高 1 级的外花键 f6、g6、h6 相配合
	紧滑动	H7/g7		H9/f9 (H11/f9)	
	固定	H7/h7	H10/a11	H9/h10 (H11/h10)	
精密传动用途	滑动	H5/f5 (H6/f6)		H7/d8 (H9/d8)	当需要控制键侧间隙时，内花键 B 的公差带可选用 H7，一般情况可用 H9。d 为 H6 的内花键，允许与提高 1 级的外花键 f5、g5、h5 相配合
	紧滑动	H5/g5 (H6/g6)		H7/f7 (H9/f7)	
	固定	H5/h5 (H6/h6)		H7/h8 (H9/h8)	

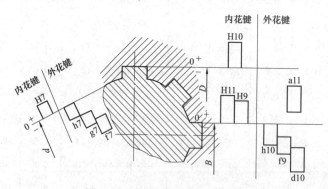

图 7 - 9　矩形花键的配合公差带

除尺寸公差对花键配合性质具有影响外，花键的几何公差对花键配合的性质也会产生影响，必须加以控制。GB/T 1144—2001 规定小径相应结合面的几何公差与尺寸公差按包容要求处理。

　　花键位置度公差的标注方法如图 7 - 10 所示，采用最大实体要求，公差值见表 7 - 7。

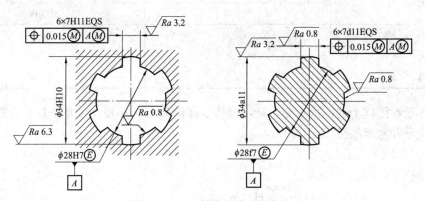

图 7 - 10　花键位置度公差标注

表 7 - 7　　　　　　矩形花键位置度公差 t_1（摘自 GB/T 1144—2001）　　　　　　mm

键槽宽或键宽 B		3	3.5~6	7~10	12~18
键槽宽		0.010	0.015	0.020	0.025
键宽	紧动、固定	0.010	0.015	0.020	0.025
	紧滑动	0.006	0.010	0.013	0.016

　　在单件、小批量生产花键时，需遵守独立原则，此时应用键（键槽）宽的对称度误差和等分度误差来代替以上位置度误差，其标注如图 7 - 11 所示，公差值见表 7 - 8。

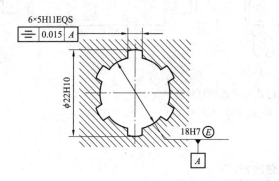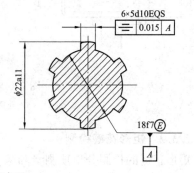

图 7 - 11　花键对称度公差标注

表 7 - 8　　　　　　　花键对称度公差 t_2（摘自 GB/T 1144—2001）　　　　　　mm

键槽宽或键宽 B	3	3.5~6	7~10	12~18
一般用途	0.010	0.012	0.015	0.018
精密传动用途	0.006	0.008	0.009	0.011

　　花键的等分度公差值与对称度值相同。

　　花键的小径、大径及键侧的表面粗糙度 Ra 值对配合的性能也具有一定影响，因此也对其提出要求，见表 7 - 9。

表 7-9	花键表面粗糙度 Ra 值		μm
项　目	加工表面		
	内花键	外花键	
小　径	≤0.8	≤0.8	
大　径	≤6.3	≤3.2	
键　侧	≤3.2	≤0.8	

矩形花键在图样上的标注主要包括：规格，即键数 N×小径 d×大径 D×键宽 B；各自的公差带代号和精度等级。

例如：

花键规格　　6×23×28×6

花键副　　$6×23\dfrac{H7}{f7}×28\dfrac{H10}{a11}×6\dfrac{H11}{d10}$

内花键　　6×23H7×28H10×6H11

外花键　　6×23f7×28a11×6d10

矩形花键参数的标注方法如图 7-12 所示。

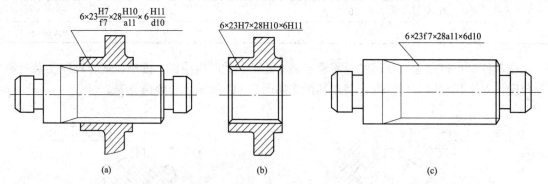

图 7-12　矩形花键参数的标注方法
(a) 花键副；(b) 内花键；(c) 外花键

7.3.2　矩形花键检测

矩形花键的检测分单项测量和综合检验两种。

在单件、小批量生产时，通常进行单项测量，所用量具有游标卡尺、千分尺、指示表等通用量具，属定量检测。在大批量生产时，对单个项目（如 d、D、B 的尺寸等）的检验常用专用量具，属定性检测，如图 7-13 所示。

对花键单个项目检测合格，并不能判定花键合格，还必须用花键综合量规进行检测，如图 7-14 所示。图 7-14 (a) 所示塞规的圆柱体部分起导向作用；图 7-14 (b) 所示塞规的两端圆柱体用作导向及检验定心直径；图 7-14 (c) 所示塞规的左端是花键部分，右端只是一个圆孔，其直径相当于花键孔外径，用来检验花键外径。

综合量规是按包容要求检测花键的小径 d，并按最大实体要求综合检测花键大径 D 及键（槽）宽 B。它们都是用来检测花键的尺寸偏差和几何误差所产生的综合效果，因此只有通规，没有止规。

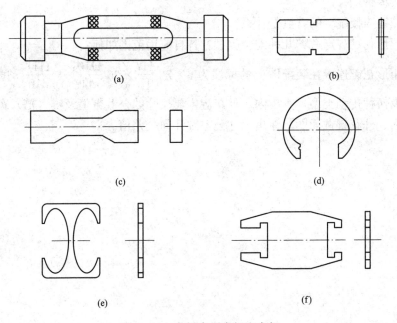

图 7 - 13 花键专用塞规和卡规

(a) 检查花键孔小径的光滑塞规；(b) 检查花键孔大径的板塞规；

(c) 检查花键槽塞规；(d) 检查花键轴大径的光滑卡规；

(e) 检查花键轴小径的卡规；(f) 检查花键轴键宽的卡规

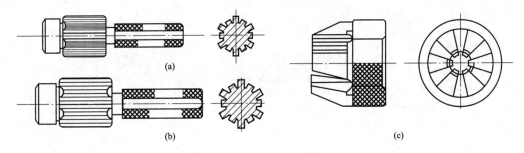

图 7 - 14 花键综合量规

(a) 用以检验大径 D 或槽宽 B 定心的综合塞规；

(b) 用以检验小径 d 定心的内花键用的综合塞规；

(c) 用以检验外花键的环规

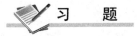 习 题

7 - 1 平键连接的配合特点是什么？

7 - 2 平键连接规定有哪几种配合？各自应用范围如何？

7 - 3 某配合 $\phi 25 H8/k7$，用一平键连接，已知键宽 $b=8\text{mm}$，$h=7\text{mm}$，$L=20\text{mm}$。试确定键及键槽各尺寸及其极限偏差、几何公差和表面粗糙度，并画出 b 的配合代号、键槽

剖面图、作公差带图。

7-4　花键连接配合的特点是什么？

7-5　矩形花键规定有哪几种配合类型？各自应用范围如何？

7-6　矩形花键连接在装配图上的标注为 $6 \times 23 \dfrac{H7}{f7} \times 26 \dfrac{H10}{a11} \times 6 \dfrac{H11}{d10}$，试确定该花键副属何系列及何种传动类型，查出内、外花键主要尺寸的公差带值及键（槽）宽的对称度公差，并画出内、外花键截面图，注出尺寸公差及几何公差值。

第8章　圆锥结合的公差与检测

8.1　概　　述

圆锥结合常用在需要自动定心、配合自锁性要求高、间隙及过盈可以自动调节等场合，所以它是机械和仪表中常用的典型结构。

圆锥结合（见图8-1）广泛用于机器结构中，具有重要的作用。与圆柱配合相比，圆锥结合具有以下特点：

(1) 对中性好，即易保证配合的同轴度要求，经多次拆装仍不降低同轴度。

(2) 密闭性好。

(3) 间隙和过盈可以调整，能补偿磨损，可以利用摩擦力自锁来传递扭矩。

(4) 结构复杂，加工和检验都比较困难，不适合于孔、轴轴向相对位置要求高的场合。

目前，圆锥结合已在机床、工具、船舶、重型机械、通用机械、机车车辆、医疗器械、纺织机械，以及液压元件、电动机、电子元件中，得到广泛的应用。

圆锥表面是指与轴线呈一定角度、一端相交于轴线的一条直线段（母线）围绕着轴线旋转形成的圆锥表面。

圆锥是由外部表面与一定尺寸（圆锥角、圆锥直径、圆锥长度、锥度等）所限定的几何体，外圆锥是外部表面为圆锥表面的几何体，内圆锥是内部表面为圆锥表面的几何体。

圆锥结合的基本参数如图8-2所示。

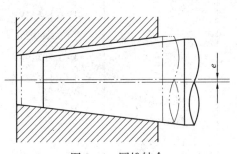

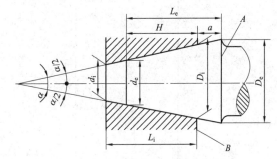

图8-1　圆锥结合　　　　　　　　图8-2　圆锥结合及配合基本参数

1. 圆锥直径

圆锥直径是指圆锥在垂直于轴线截面上的直径。常用的圆锥直径有最大圆锥直径 D（内圆锥 D_i、外圆锥 D_e）、最小圆锥直径 d（内圆锥 d_i、外圆锥 d_e）、给定截面圆锥直径 d_x。

2. 圆锥长度 L

圆锥长度是指最大圆锥直径 D 截面与最小圆锥直径 d 截面之间的轴向距离。内圆锥长度为 L_i，外圆锥长度为 L_e。

3. 圆锥结合长度 H

圆锥结合长度是指内、外圆锥配合时结合部分的轴向长度。

4. 圆锥角 α

圆锥角简称锥角，是指在通过圆锥轴线的截面内两条素线间的夹角；α/2 称为圆锥半角，也称斜角或圆锥素线角。

5. 锥度 C

锥度是指两个垂直于圆锥线截面的圆锥直径之差与该两截面的轴向距离之比。例如，最大圆锥直径 D 与最小圆锥直径 d 之差与圆锥长度 L 之比，可表示为

$$C = \frac{D-d}{L}$$

由此，锥度 C 与圆锥角 α 的关系为

$$C = 2\tan\frac{\alpha}{2} = 1 : \frac{1}{2}\cot\frac{\alpha}{2}$$

锥度关系式反映了圆锥直径、圆锥长度、圆锥角和锥度之间的相互关系，是圆锥的基本公式。锥度一般用比例或分数形式表示，例如，$C=1:20$ 或 $C=1/20$。

为了满足生产需要，GB/T 157—2001《产品几何量技术规范（GPS）　圆锥的锥度与锥角系列》规定了一般用途锥度与锥角系列，见表 8‑1。特殊用途的锥度与锥角系列见表 8‑2，它们只适用于光滑圆锥。

表 8‑1　　　　　　　　　　　　　　一般用途锥度与锥角系列

基 本 值		推 算 值		
系列 1	系列 2	圆锥角 α		锥度 C
120°	—	—	—	1：0.288 675
90°	—	—	—	1：0.500 000
	75°	—	—	1：0.651 613
60°	—	—	—	1：0.866 025
45°	—	—	—	1：1.207 107
30°	—	—	—	1：1.866 025
1：3		18°55′28.7″	18.924 644°	—
	1：4	14°15′0.1″	14.250 033°	—
1：5		11°25′16.3″	11.421 186°	—
	1：6	9°31′38.2″	9.527 283°	—
	1：7	8°10′16.4″	8.171 234°	—
	1：8	7°9′9.6″	7.152 669°	—
1：10		5°43′29.3″	5.724 810°	—
	1：12	4°46′18.8″	4.771 888°	—
	1：15	3°49′5.9″	3.818 305°	—
1：20		2°51′51.1″	2.864 192°	—
1：30		1°54′34.9″	1.909 682°	—
	1：40	1°25′56.8″	1.432 222°	—
1：50		1°8′45.2″	1.145 877°	—

续表

基　本　值		推　算　值	
系列 1	系列 2	圆锥角 α	锥度 C
1：$\overline{100}$		0°34′22.6″	0.572 953°
1：$\overline{200}$		0°17′11.3″	0.286 478°
1：$\overline{500}$		0°6′52.5″	0.114 591°

表 8 – 2　　　　　　　　　特殊用途锥度与锥角系列（摘自 GB/T 157—2001）

基本值	推算值		备　注	
	圆锥角 α	锥度 C		
18°30′	—	—	1：3.070 115	纺织机械
11°54′	—	—	1：4.797 451	纺织机械
8°40′	—	—	1：6.598 442	纺织机械
7°40′	—	—	1：7.462 208	纺织机械
1：38	1°30′27.7080″	1.507 696 67°		纺织机械
1：64	0°53′52.8220″	0.895 228 34°	—	纺织机械
7：24	16°35′39.4443″	8.171 233 56°	1：3.428 571 40	机床主轴、工具配合
6：100	3°26′12.1776″	3.436 716 00°	1：16.666 666 7	医疗设备
1：12.262	4°40′12.1514″	4.670 042 05°	—	贾各锥度　　NO.2
1：12.972	4°24′52.9039″	4.414 695 52°		No.1
1：15.748	3°38′13.4429″	3.637 067 47°		No.33
1：18.779	3°3′1.2070″	3.050 335 27°	—	No.3
1：19.264	2°58′24.8644″	2.973 573 43°		No.6
1：20.288	2°49′24.7802″	2.823 550 06°		No.0
1：19.022	3°0′52.3956″	3.014 554 34°	—	莫氏锥度　　No.5
1：19.180	2°59′11.7258″	2.986 590 50°	—	No.6
1：19.212	2°58′53.8255″	2.981 618 20°	—	No.0
1：19.254	2°58′30.4217″	2.975 177 13°	—	No.4
1：19.922	2°52′31.4463″	2.875 401 76°	—	No.3
1：20.020	2°51′40.7960″	2.861 3223°	—	No.2
1：20.047	2°51′26.9283″	2.857 480 08°	—	No.1

6. 轴向位移 E_a

轴向位移是指相互结合的内、外圆锥从实际初始位置 P_a 到终止位置 P_f 移动的轴向距离，如图 8 – 3 所示。实际初始位置 P_a 就是相互结合的内、外实际圆锥在不受力的条件下相互接触时的轴向位置；终止位置就是相互结合的内、外圆锥为了得到所要求的间隙或过盈而规定的相互轴向位置。

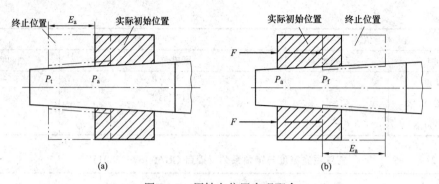

图 8-3　用轴向位置实现配合
（a）由轴向位移形成圆锥间隙配合；（b）施加装配力 F 形成圆锥过盈配合

7. 基面距 a

基面距是指相互结合的内圆锥基准平面（通常是端面）与外圆锥基面（通常是台肩端面）之间的距离，用来确定内、外圆锥的轴向相对位置。

基面距的位置取决于所选的圆锥结合的基本直径，一般选用内圆锥的最大直径或外圆锥的最小直径作为基本直径。若以内圆锥的最大直径为基本直径，则基面距的位置在大端，若以外圆锥最小直径作为基本直径，则基面距的位置在小端，如图 8-4 所示。

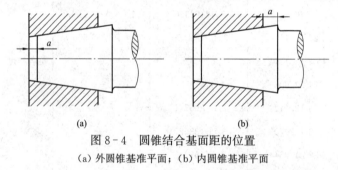

图 8-4　圆锥结合基面距的位置
（a）外圆锥基准平面；（b）内圆锥基准平面

8.2　圆锥各参数误差对互换性的影响

在圆锥结合中，除应保证内、外圆锥面的接触均匀外，还应保证基面距的变动在一定范围内。否则，基面距过大，会减小结合长度；基面距过小，会使补偿磨损的轴向调节范围减小，从而影响圆锥结合的使用性能。圆锥直径、圆锥角等参数均对基面距有一定影响。

8.2.1　圆锥直径误差对基面距的影响

以内锥大端直径 D_i 为基本直径，则基面距位于大端。设内、外圆锥均无斜角误差，仅有直径误差。内、外圆锥直径极限偏差分别为 ΔD_i、ΔD_e，当 $\Delta D_e > \Delta D_i$ 时，基面距增大，即 Δa 为正，基面距减小，如图 8-5（a）所示；反之，Δa 为负，基面距增加，如图 8-5（b）所示。

经过计算，可以得基面距增量计算公式为

$$\Delta a' = \frac{1}{C}(\Delta D_e - \Delta D_i)$$

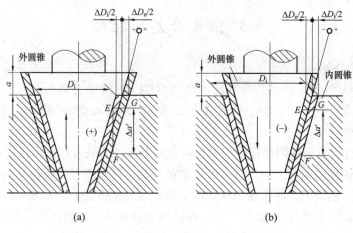

图 8-5　圆锥直径误差对基面距的影响

8.2.2　圆锥斜角误差对基面距的影响

设以内圆锥大端直径为基本直径，且内、外圆锥大端均无误差，但有斜度误差。

当内圆锥斜度大于外锥斜角，即 $\Delta\alpha_i/2 < \Delta\alpha_e/2$，则内、外圆锥将在大端接触，引起的基面距变化很小，可忽略不计，如图 8-6（a）所示。但内、外圆锥在大端接触面积小，将使磨损加剧，且可能导致内、外圆锥相对偏斜，影响使用性能。

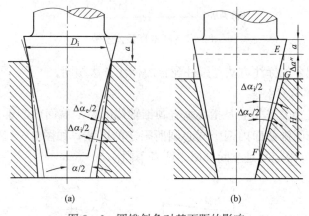

图 8-6　圆锥斜角对基面距的影响

在实际工作中，圆锥结合的直径误差和斜角误差同时存在，故在 $\Delta\alpha_i/2 > \Delta\alpha_e/2$ 时，基面距的最大可能变动量为 $\Delta a''$，内、外圆锥在小端接触，不但影响均匀性，也影响位移性圆锥配合的基面距，如图 8-6（b）所示。

8.2.3　圆锥形状误差对圆锥结合的影响

圆锥的形状误差主要是指圆锥母线直线度误差和圆锥的圆度误差，它们对基面距的影响很小，主要影响圆锥结合的接触精度。

综上所述，圆锥的直径误差、斜角误差、形状误差等都将影响其结合性能，因此，对这些参数应规定公差。

8.3　圆锥公差与配合

8.3.1　圆锥公差

GB/T 11334—2005《产品几何量技术规范（GPS）圆锥公差》规定了以下四项公差，适合于圆锥体锥度 1：3～1：500、圆锥长度 L 为 6～630mm 的光滑圆锥工作。

1. 圆锥直径公差

圆锥直径公差 T_D 是指圆锥任何一个径向截面上允许的最大和最小直径之差，如图 8-7 所示。在圆锥的任意轴向截面内，最大圆锥直径与最小圆锥直径之差都是相等的，所以在圆锥轴向截面内两个极限圆锥所限定的区域就是圆锥的公差带 Z。为了统一和简化，圆锥直径公差 T_D 以圆锥大端直径作为基本尺寸，查阅圆柱体公差 IT 值，并可用于圆锥体全部长度上。

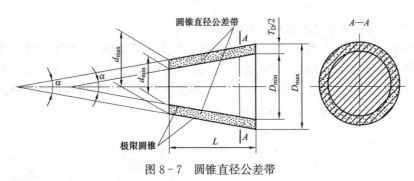

图 8-7　圆锥直径公差带

圆锥直径公差配合的标注方法与圆柱配合的标注方法相同。

2. 给定截面圆锥直径公差

给定截面圆锥直径公差 T_{DS} 是指在垂直圆锥轴线的给定截面内圆锥直径的允许变动量，其公差带为在给定的圆锥截面内两个同心圆所限定的区域，如图 8-8 所示。T_{DS} 公差带限定的是平面区域，T_D 限定的是空间区域，两者不同。

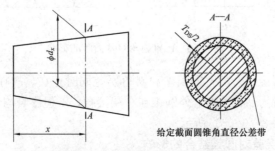

图 8-8　给定截面圆锥直径公差带

给定截面圆锥直径公差以给定截面圆锥直径 ϕd_x 为基本尺寸，可按 GB/T 1800.1～2—2009 规定的标准公差选取。一般情况下，也不规定给定截面圆锥直径公差，只有对圆锥工作有特殊需要（如阀类零件，在圆锥配合的给定截面要求接触良好，以保证良好的密封性）时，才规定此项公差。但是，还必须同时规定圆锥角公差，它们之间的关系如图 8-9 所示。由图

8-9 可知，给定截面圆锥直径公差 T_{DS} 不能控制圆锥角误差 ΔAT，两者无关，故应分别满足要求。也就是说，这种方法要求给定截面圆锥直径实际偏差分别控制在各自的极限偏差范围内。

3. 圆锥角公差

圆锥角公差 AT 是指圆锥角允许的变动量，即最大圆锥角与最小圆锥角之差，如图 8-10 所示。由图 8-10 可知，在圆锥轴向截面内，由最大和最小极限圆锥所限定的区域称圆锥角公差带。

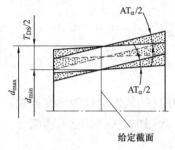

图 8-9　给定截面圆锥直径公差和
　　　　圆锥角公差的独立关系

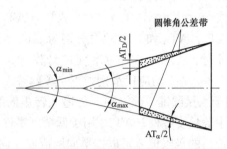

图 8-10　圆锥角公差

圆锥角 AT 共分 12 个公差等级，分别用代号 AT1、AT2、…、AT12 表示。其中，AT1 最高，等级依次降低，AT12 最低。若需要更高或更低的圆锥角公差时，则按公比 1.6 向两端延伸。更高等级用 AT0、AT01、…表示，更低等级用 AT13、AT14、…表示。圆锥角公差见表 8-3。

表 8-3　　　　　　　　　　　圆锥角公差（摘自 GB/T 11334—2005）

基本圆锥长度 L (mm)	AT5			AT6			AT7		
	AT_α		AT_D (μm)	AT_α		AT_D (μm)	AT_α		AT_D (μm)
	μrad	″		μrad	″		μrad	′ ″	
>25~40	160	33″	>4.0~6.3	250	52″	>6.3~10.0	400	1′22″	>10.0~16.0
>40~63	125	26″	>5.0~8.0	200	41″	>8.0~12.5	315	1′05″	>12.5~20.0
>63~100	100	21″	>6.3~10.0	160	33″	>10.0~16.0	250	52″	>16.0~25.0
>100~160	80	16″	>8.0~12.5	125	26″	>12.5~20.0	200	4″	>20.0~32.0
>160~250	63	13″	>10.0~16.0	100	21″	>16.0~25.0	160	33″	>25.0~40.0
>25~40	630	2′10″	>16.0~20.5	1000	3′26″	>25~40	1600	5′30″	>40~63
>40~63	500	1′43″	>20.0~32.0	800	2′45″	>32~50	1250	4′18″	>50~80
>63~100	400	1′22″	>25.0~40.0	630	2′10″	>40~63	1000	3′26″	>63~100
>100~160	315	1′05″	>32.0~50.0	500	1′43″	>50~80	800	2′45″	>80~125
>160~250	250	52″	>40.0~63.0	400	1′22″	>63~100	630	2′10″	>100~600

注　1. 1μrad 等于半径为 1m、弧长为 1μm 所对应的圆心角；5rad≈1″，300μrad≈1′。

2. 查表示例 1：L 为 63mm，选用 AT7，查表得 AT_α 为 315μrad 或 1′05″，则 AT_D 为 20μm。

查表示例 2：L 为 50mm，选用 AT7，查表得 AT_α 为 315μrad 或 1′05″，则 $AT_D = AT_\alpha \times L \times 10^{-3} = 315 \times 50$

$\times 10^{-3} = 15.75\mu m$，取 AT_D 为 $15.8\mu m$。

为便于加工和检验，圆锥角可用以下两种形式表示：

（1）AT_α，以角度单位微弧度（μrad）或分（$'$）或（$''$）表示的公差值。由于工艺上的作用，AT_α 值与圆锥直径无关，而与圆锥直径长度有关，对于同一公差等级，L 越长，则圆锥角精度越容易保证，故 AT_α 值就规定得越小。

（2）AT_D，以长度单位（μm）表示的公差值，表 8-3 中仅给出了圆锥长度 L 的尺寸分段的首、尾值相对的范围值。

AT_α 与 AT_D 的换算关系为

$$AT_\alpha = AT_D \times L \times 10^{-3}$$

其中，AT_α、AT_D 和 L 的单位分别为 μm、μrad 和 mm。当圆锥长度 L 处于尺寸分段内的某一尺寸时，相应的 AT_D 值按上式计算。

AT4～AT12 的应用举例如下：AT4～AT6 用于高精度的圆锥量规和角度样板；AT7～AT9 用于工具圆锥、圆锥锁、传递大转矩的摩擦圆锥；AT10～AT11 用于圆锥套、圆锥齿轮之类中等精度零件；AT12 用于低精度零件。

圆锥角的极限偏差可以按单向取值或双向（对称）取值，见图 8-11。为了保证内圆锥与外圆锥的均匀性，圆锥角公差带通常采用对称分布，如图 8-11（b）所示。

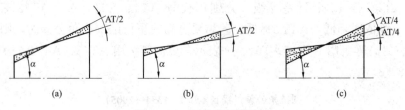

图 8-11　圆锥角极限偏差

（a）$\alpha + AT$；（b）$\alpha - AT$；（c）$\alpha \pm AT/2$

在一般情况下，不必单独规定圆锥角公差，而是将实际圆锥角控制在圆锥直径公差带以内，此时圆锥角 α_{min} 和 α_{max} 是圆锥直径公差内可能产生的极限圆锥角，如图 8-12 所示。

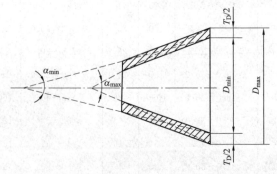

图 8-12　直径公差带内的极限圆锥角

表 8-4 列出了圆锥长度 L 为 $100mm$ 时圆锥直径公差 AT_D 所能限制的最大圆锥角误差 $\Delta\alpha_{max}$。因此，圆锥角公差有更高的要求时（如圆锥量规），除规定其直径公差 AT_D 外，还应给出圆锥角公差。

4. 圆锥的形状公差

圆锥的形状公差 T_F 包括素线直线度公差（公差带是给定截面上距离为公差值 T_F 两条平行直线间的区域）和截面圆度公差（公差带是半径差为公差值 T_F 同心圆的区域），数值可按 GB/T 1184—1996 选取。对于要求不高的圆锥工作，其形状误差一般也用直径公差加以控制。

表 8 - 4　　　　圆锥长度 100mm、有圆锥直径公差 T_D 限定的最大圆锥角偏差 $\Delta\alpha_{max}$（摘自 GB/T 11334—2005）　　　　　μrad

标准公差等级	圆锥直径（mm）												
	≤3	>3 ~5	>6 ~10	>10 ~18	>18 ~30	>30 ~50	>50 ~80	>80 ~120	>120 ~180	>180 ~250	>250 ~315	>315 ~400	>400 ~500
IT4	30	40	40	50	60	70	80	100	120	140	160	180	200
IT5	40	50	60	80	90	110	130	150	180	200	230	250	270
IT6	60	80	80	110	130	160	190	220	250	290	320	360	400
IT7	100	120	150	180	210	250	300	350	400	460	520	570	630
IT8	140	180	220	270	330	390	460	540	630	720	810	890	970
IT9	250	300	360	430	520	620	740	870	1000	1150	1300	1400	1550
IT10	400	480	580	700	840	1000	1200	1400	1600	1850	2100	2300	2500

必须指出，对于一个具体的圆锥，应根据功能要求规定需要的公差项目，不必给出上述所有 4 个公差项目。

按 GB/T 11334—2005 规定，圆锥公差的给定方法有以下两种：

（1）给出圆锥的理论正确圆锥角（或锥度）和圆锥直径公差。该方法是用圆锥直径公差确定两个极限圆锥。将圆锥角误差和圆锥的形状误差均控制在公差带内，相当于包容原则。按这种方法给定圆锥公差时，应标注圆锥直径的极限偏差，如图 8 - 13（a）所示。

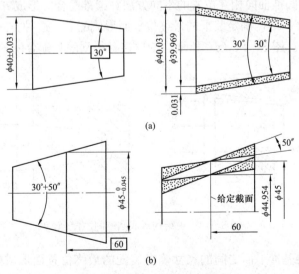

图 8 - 13　圆锥公差标注示例

　　当对圆锥角精度、圆锥的形状精度有更高的要求时，应另外给出圆锥角公差 AT 和圆锥的形状公差。此时，AT 和 T_F 只能占圆锥直径公差 T_D 的一部分。

　　（2）给出定截面圆锥直径公差和圆锥角公差。这种方法是假定圆锥素线为理想直线的情况下给出给定截面圆锥直径公差 T_{DS} 和圆锥角公差 AT，它们各自独立，应分别满足要求，和 T_{DS} 的关系见图 8 - 9。标注如图 8 - 13（b）所示。

8.3.2　圆锥配合

　　圆锥配合是指基本圆锥相同的内、外圆锥直径之间由于结合不同所形成的相互关系。对配合起作用的是垂直于圆锥表面方向上的间隙（或过盈），但前者与后者在数值上差异极小，实际应用中可忽略不计。因此，圆锥配合的配合特征可认为是由垂直于圆锥轴线的间隙或过盈来确定的。

　　1. 圆锥配合的种类

　　根据内、外圆锥直径之间结合的不同，圆锥配合分为以下三种：

　　（1）间隙配合。这种配合具有间隙，而且在装配和使用过程中其间隙非常便于调整，如车床主轴圆锥轴颈与圆锥轴承衬套的配合。

　　（2）过盈配合。这种配合具有过盈，自锁性好，用以传递力矩，如钻头或铣刀的锥柄与主轴连接衬套锥孔的配合。

　　（3）过渡配合。这是一种可能具有间隙或过盈的配合。圆锥结合一般不采用有间隙的过渡配合。要求内、外圆锥连接紧密，沿圆锥直径方向的间隙为 0 或稍有过盈的配合，称为紧密配合。紧密配合具有良好的密封性，可以防止漏水或者漏气，如内燃机中气阀座的配合。为了使配合圆锥面接触紧密，通常要将内、外圆锥面成对进行研磨，因此，这种配合的零件一般没有互换性。

　　2. GB/T 12360—2005《产品几何量技术规范（GPS）　圆锥配合》简介

　　（1）圆锥配合的形成。

　　因为圆锥配合的特征是通过相互结合的内、外圆锥规定的轴向位置来形成间隙或过盈，所以根据确定内、外圆锥轴向相互位置的不同方法，圆锥配合的形成方式可分为以下四种：

　　1）由内、外圆锥的结构确定装配的最终位置而形成配合。这种方式可以得到间隙配合、过渡配合和过盈配合。图 8 - 14（a）所示为轴肩接触得到间隙配合的示例。

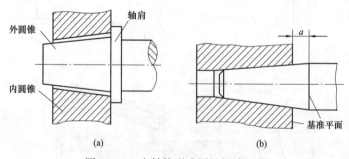

图 8 - 14　由结构形成圆锥间隙配合

　　2）由内、外圆锥基准平面之间的尺寸确定装配的最终位置而形成配合。这种方式也可以得到间隙配合、过渡配合和过盈配合。图 8 - 14（b）所示为由基面距 a 得到过盈配合的示例。

3）由内、外圆锥实际的初始位置 P_a 开始，做一定的相对轴向位移 E_a 而形成的配合。这种方式可以得到间隙配合和过盈配合。图 8-3（a）所示为形成间隙配合的示例。

4）由内、外圆锥实际的初始位置 P_a 开始，施加一定的装配力 F 产生轴向位移而形成配合。这种方式只能得到过盈配合，如图 8-3（b）所示。

（2）圆锥配合的一般规定。

1）对结构型圆锥配合，国家标准推荐优先采用基孔制，内、外圆锥公差带及配合从 GB/T 1800.2—2009 中选取符合要求的公差带和配合种类。如果 GB/T 1800.2—2009 规定的常用配合不能满足要求，还可按 GB/T 1800.1—2009 规定的基本偏差和标准公差组成所需要的配合。

2）对位移型圆锥配合，内圆锥直径公差带的基本偏差推荐选用 H 和 JS，外圆锥直径公差的基本偏差推荐选用 h 和 js。其轴向位移极限值按 GB/T 1800.2—2009 规定的配合极限间隙或极限过盈来计算。

最小轴向位移 $E_{a,min}$、最大轴向位移 $E_{a,max}$、轴向位移公差 T_E 的计算公式如下：

对于过盈配合
$$E_{a,min} = \frac{Y_{min}}{C}$$

$$T_E = E_{a,max} - E_{a,min} = \frac{Y_{max} - Y_{min}}{C}$$

对于间隙配合
$$E_{a,min} = \frac{X_{min}}{C}$$

$$E_{a,max} = \frac{X_{max}}{C}$$

$$T_E = E_{a,max} - E_{a,min} = \frac{X_{max} - X_{min}}{C}$$

式中：C 为锥度；X_{max} 为配合的最大间隙量；X_{min} 为配合的最小间隙量；Y_{max} 为配合的最大过盈量；Y_{min} 为配合的最大过盈量。

3. 圆锥结合的使用要求

圆锥结合的使用要求主要有以下三个方面：

（1）在圆锥结合长度 H 范围内，内、外圆锥面接触应均匀。影响接触均匀性的主要因素包括：内、外圆锥的锥角偏差，母线的直线度误差、圆度误差。

（2）基面距的变动应在允许范围内。基面距过大，则使结合长度 H 值减小，影响圆锥结合的使用性能；基面距过小，则使补偿磨损的轴向调节范围减小。影响基面距的主要因素包括：内、外圆锥的直径偏差和圆锥斜角偏差。

（3）圆锥配合的使用范围：锥度 C 为 1∶3～1∶500，长度 L 为 6～630mm，直径 D 为 0～500mm。

8.4　锥　度　的　检　测

对大批量生产的圆锥零件，可采用圆锥量规作检测工具。对小批量或单件生产的圆锥零件及圆锥量规，可在下弦尺或工具显微镜等仪器上进行直接检测，也可借助钢球、量块等辅助工具进行间接测量。

8.4.1 直接测量法

直接测量法测量锥度是指用万能角度尺、光学测角仪等计量器具测量实际圆锥角的量值，然后根据锥度与圆锥角的关系求解锥度。

8.4.2 间接测量法

间接测量法测量锥度是指通过测量与被测圆锥角有关的线值尺寸，计算出被测圆锥角或锥度的量值。常用计量器具有正弦尺、滚柱、钢球等。

1. 内圆锥的测量

图 8-15 所示为利用钢球测量内圆锥角的示例，将直径分别为 D_0 和 d_0 的两个钢球先后放入被测零件的内圆锥面，以被测零件的大头端面作为测量基准面，分别测出钢球顶点到该基准面的距离 H 和 h，则

$$\sin\frac{\alpha}{2} = \frac{D_0 - d_0}{2H - 2h - D_0 + d_0}$$

根据 $\sin(\alpha/2)$ 值，可计算出圆锥角及锥度的量值。

2. 外圆锥的测量

如图 8-16 所示，可用两个半径为 R 的圆柱，先在小端测出尺寸 N，然后用高度 H 的量块垫高，再测出尺寸 M，则由 $\triangle ABC$ 可得

$$\tan\frac{\alpha}{2} = \frac{M - N}{2H}$$

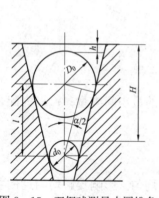

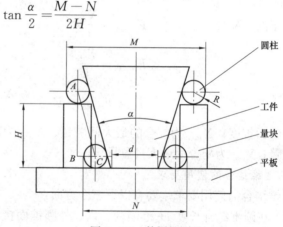

图 8-15 双钢球测量内圆锥角　　　　图 8-16 外圆锥测量

8.4.3 量规检测法

实际内、外圆锥的锥度可分别用圆锥量规检验。被测内圆锥用圆锥塞规检验如图 8-17（a）所示，被测外圆规用圆锥环规检验如图 8-17（b）所示。

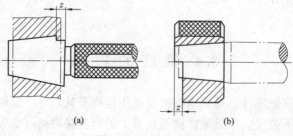

(a)　　　　　　　　　　(b)

图 8-17 圆锥量规

　　检验锥度时，先在量规圆锥面素线的全长上，涂 3 或 4 条极薄的显示剂，然后将量规与被测圆锥对研（来回旋转角应小于 180°）。根据被测圆锥上的着色或量规上擦掉的痕迹，来判断被测锥度或圆锥角合格与否。

　　此外，在量规的基准端部刻有两条刻线（或小台阶），它们之间的距离为 m，用以检验实际圆锥的直径偏差、圆锥角偏差和圆锥形状误差的综合结果。若被测圆锥的基准平面位于量规的这两条线之间，则表示合格。

习　　题

　　8-1　有一外圆锥，锥度为 1∶20，圆锥最大直径为 100mm，圆锥长度为 200mm。试确定圆锥角、圆锥最小直径。

　　8-2　有一外圆锥，最大圆锥直径 D 为 200mm，圆锥长度 L 为 400mm，圆锥直径公差 T_D 取为 IT9。求 T_D 所能限制的最大圆锥角误差 $\Delta \alpha_{max}$。

　　8-3　已知相互结合的内、外圆锥的锥度为 1∶50，基本圆锥直径为 100mm，要求装配后得到 H8/u7 的配合性质。试计算所需要的轴向位移和轴向位移公差。

　　8-4　用圆锥量规检验内、外圆锥时，如何根据接触斑点的分布情况判断圆锥角偏差的方向？

第9章　普通螺纹连接的公差与检测

9.1　概　　述

螺纹结合广泛应用于工业生产和日常生活领域。螺纹结合应具有较高的互换性。目前，我国已有一套有关螺纹的国家标准。

螺纹按其用途可分为连接螺纹、传动螺纹和紧密螺纹三种。

（1）连接螺纹。连接螺纹用于连接和紧固机械零件，以实现机器零件的装配。要求连接螺纹有较好的旋合性及较高的连接强度。所谓旋合性，是指内螺纹和外螺纹能顺利地旋合；所谓连接强度，是指在使用条件下连接可靠，不易松动，不会断裂。连接螺纹的牙型是三角形的，一般称为普通螺纹。本书主要介绍普通螺纹。

（2）传动螺纹。传动螺纹用于传递运动、位移或动力。例如，机床中的丝杠螺母可传递运动，量仪中的测微螺旋可传递位移，千斤顶的螺杆用于传递载荷。传动螺纹应具有较好的旋合性及较高的传动精度，以保证运动和位移的准确。传动螺纹的结合应具有合适的间隙，以保证润滑。传动螺纹的牙型多用梯形的，称为梯形螺纹。

（3）紧密螺纹。紧密螺纹用于要求具有气密性或水密性的情况。例如，管螺纹的连接，在管螺纹中不得漏气、漏水或漏油。紧密螺纹应具有良好的旋合性及密封性，即紧密结合。

9.2　普通螺纹的基本牙型和主要参数

9.2.1　普通螺纹

公制普通螺纹的基本牙型如图 9-1 所示。

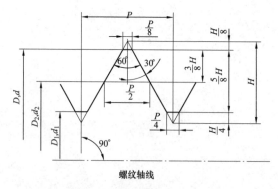

图 9-1　普通螺纹基本牙型

螺纹的基本要素：

（1）大径 d（D）。与外螺纹牙顶或内螺纹牙底相重合的假想圆柱面的直径称为大径。外螺纹大径用 d 表示，内螺纹大径用 D 表示。国家标准规定，公制普通螺纹大径的基本尺寸为螺纹公称直径。

（2）小径 d_1（D_1）。与外螺纹牙底或内螺纹牙顶相重合的假想圆柱的直径称为小径。外螺纹小径用 d_1 表示，内螺纹小径用 D_1 表示。

（3）中径 d_2（D_2）。中径是一个假想圆柱的直径，该圆柱的母线通过牙型上沟槽和凸起宽度相等之处，此假想圆柱称为中径圆柱。内、外螺纹中径分别用 D_2、d_2 表示：

$$D_2 = D - 2 \times \frac{3}{8}H$$

$$d_2 = d - 2 \times \frac{3}{8}H$$

其中，H 为原始三角形高度，$H = (\sqrt{3}/2)P$ 。

对于单线螺纹或多线螺纹来说，在螺纹轴向剖面内，螺纹的凸起（牙）与沟槽是相对的，沿垂直于轴线方向上测得的任意两相对牙侧间的距离即为螺纹的中径。

（4）单一中径。单一中径是指一个假想圆柱的直径，该圆柱的母线通过牙型上沟槽宽度等于螺距基本尺寸一半的位置（见图 9-2）。当螺距有误差时，单一中径与中径不相等，如图 9-2 所示。图 9-2 中，P 为基本螺距，ΔP 为螺距公差。

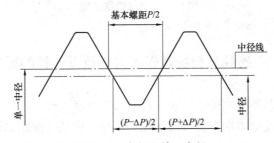

图 9-2　中径和单一中径

（5）螺距 P 与导程 Ph。螺距是指相邻两牙在中径线上对应两点间的轴向距离。对于多线螺纹，应分清螺距与导程的区别。导程是指在同一条螺旋线上，相邻两牙在中径线上对应两点间的轴向距离，即当螺母不动时，螺栓转一整面，螺栓沿轴线方向移动的距离。因此，对于多线螺纹，导程等于螺距和螺纹线数的乘积；而对于单线螺纹，导程就等于螺距。

（6）牙型角 α 和牙型半角 $\alpha/2$。牙型角是指在通过螺纹轴线剖面内的螺纹牙型上相邻两牙侧间的夹角。对于公制普通螺纹，其牙型角 $\alpha = 60°$（见图 9-1）。牙型半角是指在螺纹牙型上牙侧与螺纹轴线的垂线间的夹角 $\alpha/2$。

（7）螺纹升角 φ。在中径圆柱上螺旋切线与垂直于螺纹轴线的平面的夹角称为螺纹升角 φ。它与螺距 P 和中径 d_2 之间的关系如下：

$$\tan\varphi = \frac{nP}{\pi d_2} \quad （n \text{ 为螺纹线数}）$$

（8）原始三角形高度 H、牙型高度和螺纹接触高度。原始三角形高度 H 指原始三角形的顶点到底边的垂直距离；牙型高度是指在螺纹牙型上，牙顶与牙底之间垂直于螺纹轴线的距离，紧固螺纹的螺纹牙型高度等于 $5H/8$；螺纹接触高度是指两相配合螺纹在螺纹牙型上相互重合部分，在垂直于螺纹轴线方向的高度。

（9）螺纹旋合长度。螺纹旋合长度是指两相配合螺纹沿螺纹轴线方向相互旋合部分的长度。

9.2.2　梯形螺纹

梯形螺纹牙型如图 9-3 所示。梯形螺纹的基本参数应按 GB/T 5796.1—2005《梯形螺纹　第 1 部分：牙型》规定。梯形螺纹的原始三角形是等腰三角形，顶角即牙型角的公称值是 30°。内、外螺纹结合后在大径、中径和小径上都留有间隙。

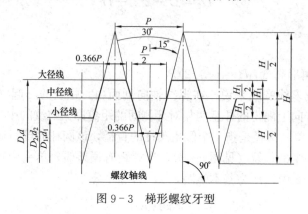

图 9-3　梯形螺纹牙型

9.3　螺纹几何参数误差对螺纹互换性的影响

普通螺纹互换性的基本要求是指可旋合性和连接强度。

影响螺纹互换性的几何参数有螺纹的大径、小径、中径、螺距和牙型半角。如果大径或小径处间隙过小，则影响自由旋合；如果间隙过大，则使螺牙接触高度减小，连接强度降低，但是螺纹旋合后，大径之间及小径之间均不接触，因此影响较小。由于螺纹旋合主要靠螺牙侧面工作，所以直接影响螺纹互换性的几何参数有螺距偏差、半角偏差和中径偏差。

9.3.1　螺距偏差对互换性的影响

螺距偏差分单个螺距偏差和螺距累积偏差两种。单个螺距偏差是指单个螺距的实际值对公称值的代数差，它与旋合长度无关。螺距累积偏差是指在指定的螺纹长度内，包括若干个螺距的任意两牙，在中径线上对应两点之间的实际轴向距离对公称轴向距离（即两牙间所有螺距的公称值之和）的代数差，它与旋合长度有关。螺距偏差对可旋合性和连接强度都有影响。

在分析多参数结合对螺纹互换性的影响时，通常仅变化其中某一参数，而假设其他参数不变。如图 9-4 所示，假设内螺纹具有理论牙型，内、外螺纹的中径和牙型半角各自相等，在 n 个螺牙旋合长度内，内螺纹的轴向距离 $L_{内}=nP$，而外螺纹的轴向距离 $L_{内}>nP$，即外螺纹存在螺距累积偏差 ΔP_{Σ}，这时发生干涉，不能旋合。为保证可旋合性，必须将外螺纹中径减小一个数值 f_P。同理，在 n 个螺牙旋合长度内，内螺纹存在螺距累积偏差时，为保证可旋合性，必须将内螺纹中径增大一个数值 f_P。f_P 称为螺距偏差的中径当量。由 $\triangle abc$ 可得

$$f_P = 1.732 \left| \Delta P_{\Sigma} \right|$$

其中，f_P 和 ΔP_{Σ} 的单位为 μm。

9.3.2　牙型半角偏差对互换性的影响

牙型半角偏差指牙型半角的实际值 $\alpha_a/2$ 与公差值的差值，即 $\Delta(\alpha/2)=\alpha_a/2-30°$，它是螺纹牙型的形状误差，主要由加工刀具的制造误差和安装误差所造成。

如图 9-5 所示，假设内螺纹 1 具有理想牙型，外螺纹 2 仅存在牙型半角偏差，且外螺纹左侧牙型半角偏差 $\Delta(\alpha_1/2)$ 为负值，右侧牙型半角偏差 $\Delta(\alpha_2/2)$ 为正值，则在螺纹中径上方的左侧和中径下方的右侧产生干涉，不能旋合。要使内、外螺纹能顺利旋合，可将外螺纹的中径减小至图 9-4 所示粗实线处（或将内螺纹中径增大），其减小量（或内螺纹中径的增大量）用 $f_{\alpha/2}$，称为牙型半角偏差的中径当量。图 9-5 中，3 为中径减小后的外螺纹。

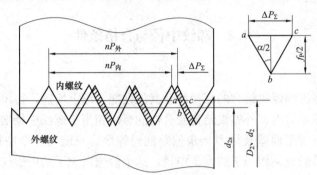

图 9-4　螺距偏差对互换性的影响

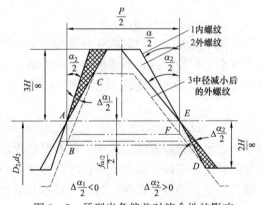

图 9-5　牙型半角偏差对旋合性的影响

由图 9-5 中的 $\triangle ABC$ 和 $\triangle DEF$ 可以看出，由于左、右侧牙型半角分别小于和大于牙型半角公称值，即左、右侧牙型半角偏差分别为负值和正值，则两侧干涉部位的位置不同，左侧干涉部位在牙顶处，右侧干涉部位在牙根处。通常中径当量取平均值，即

$$\frac{f_{\alpha/2}}{2}=\frac{BC+EF}{2}$$

根据任意三角形正弦定理，考虑到左、右牙型半角可能同时出现的各种情况以及必要的单位换算，可推得通用公式：

$$f_{\alpha/2}=0.073P[K_1|\Delta(\alpha_1/2)|+K_2|\Delta(\alpha_2/2)|]\quad(\mu m)$$

式中，P 为螺距（mm），$\Delta(\alpha_1/2)$ 和 $\Delta(\alpha_2/2)$ 分别为左、右牙型半角偏差（′）；K_1、K_2 为系数。

对于外螺纹，当牙型半角偏差 $\Delta(\alpha_1/2)$ 为正、$\Delta(\alpha_2/2)$ 为负时，$K_1=2$，$K_2=3$；当

牙型半角偏差 $\Delta(\alpha_1/2)$ 为负、$\Delta(\alpha_2/2)$ 为正时，$K_1=3$，$K_2=2$。对于内螺纹，K_1 和 K_2 取值与外螺纹相反，即当牙型半角偏差 $\Delta(\alpha_1/2)$ 为正、$\Delta(\alpha_2/2)$ 为负时，$K_1=3$，$K_2=2$；当牙型半角偏差 $\Delta(\alpha_1/2)$ 为负、$\Delta(\alpha_2/2)$ 为正时，$K_1=2$，$K_2=3$。

有关螺距偏差中径当量和牙型半角偏差中径当量的推导过程可参考有关书籍。

9.3.3　中径偏差对互换性的影响

中径偏差是指中径实际值对中径基本尺寸的代数差。如果仅考虑中径这一参数的影响，那么，只要外螺纹中径小于内螺纹中径，就能保证内、外螺纹的可旋合性。但是，若外螺纹中径过小，内螺纹中径过大，将影响连接强度。因此，对螺纹中径偏差也必须加以限制。

9.4　螺纹中径与合格条件

9.4.1　作用中径

基本参数误差将影响螺纹结合的互换性及其他性能。综上所述，得出重要结论：螺距偏差和螺纹牙型半角偏差对内、外螺纹结合旋合性的影响相当于螺纹中径增加了一个相应当量的影响。例如，具有螺距偏差及牙型半角偏差的外螺纹，只能与一个中径较大的内螺纹旋合。螺距及半角偏差的效果相当于加大了中径，这个假想增大了的内螺纹中径被定义为外螺纹的作用中径 d_{2m}。它等于外螺纹实际中径 d_{2s} 与螺距偏差的中径当量 f_P、牙型半角偏差的中径当量 $f_{\alpha/2}$ 之和，即

$$d_{2m}=d_{2s}+f_P+f_{\alpha/2}$$

同理，具有螺距偏差及牙型半角偏差的内螺纹，只能与一个中径较小的外螺纹旋合。螺距及半角偏差的效果相当于减小了中径。这个假想减小了的外螺纹中径被定义为内螺纹的作用中径 D_{2m}。它等于内螺纹实际中径 D_{2s} 与螺距误差的中径当量 f_P、牙型半角偏差的中径当量 $f_{\alpha/2}$ 之和，即

$$D_{2m}=D_{2s}-f_P-f_{\alpha/2}$$

考虑到作用中径的存在，由于在普通螺纹公差中，没有单独规定螺距及螺纹牙型半角的公差，所以用中径公差综合限制实际中径、螺距及螺纹牙型半角三个参数的偏差。因此，普通螺纹的中径公差是一个综合公差。中径公差包括螺纹中径本身的加工误差、螺距偏差的中径当量及螺纹半角偏差的中径当量三部分。由于作用中径的存在以及螺纹中径公差的综合性，螺纹中径公差应该是判断螺纹互换性的主要依据。对于普通螺纹，不必单独检验螺距偏差和牙型半角偏差。

9.4.2　中径合格条件

对于外螺纹，中径的合格条件是：作用中径 d_{2m} 不得大于中径的最大极限尺寸 d_{2max}，实际中径 d_{2s} 不得小于中径的最小极限尺寸 d_{2min}，即

$$d_{2m}\leqslant d_{2max}, \quad d_{2s}\geqslant d_{2min}$$

对于内螺纹，中径的合格条件是：作用中径 D_{2m} 不得小于中径的最小极限尺寸 D_{2max}，实际中径 D_{2s} 不得大于中径的最大极限尺寸 d_{2max}，即

$$D_{2m}\geqslant D_{2min}, \quad D_{2s}\geqslant D_{2max}$$

【例 9-1】　外螺纹 M24-6h（$P=3$），测得实际中径为 21.90mm，螺距偏差为 $-60\mu m$，半角偏差左为 $\Delta(\alpha/2)_左=-60'$，右为 $\Delta(\alpha/2)_右=+80'$。判断该螺纹的中径是否合格。

解　M24−6h($P=3$) 外螺纹的中径最大极限尺寸为 22.051mm，最小极限尺寸为 21.851mm，则

$$f_P = 1.732\Delta P = 1.732 \times |-60| = 103.93 \approx 104 \ (\mu m)$$

$$f_{\alpha/2} = 0.073P[K_1|\Delta(\alpha/2)_左| + K_2|\Delta(\alpha/2)_右|]$$
$$= 0.073 \times 3 \times (3 \times |-60| + 2 \times |80|) \approx 75 \ (\mu m)$$

$$d_{2m} = d_{2s} + f_P + f_{\alpha/2} = 21.90 + 0.104 + 0.075 = 22.079 \ (mm)$$

由于该螺纹的实际中径 d_{2s} 和作用中径 d_{2m} 分别为

$$d_{2s} = 21.90mm > d_{min} = 21.851mm$$

$$d_{2m} = 22.079mm > d_{max} = 22.051mm$$

所以按中径合格条件判断，该螺纹中径不合格。

9.5　普通螺纹的公差与配合

GB/T 197—2018《普通螺纹　公差》规定了螺纹配合最小间隙为 0 和具有保证间隙的螺纹公差、三组旋合长度和三种精度等级。

9.5.1　螺纹公差带

螺纹大、中、小径的公差带都以基本牙型为零线，由公差带的位置（基本偏差）和大小（公差等级）确定，并沿牙型的牙顶、牙侧和牙底分布，在垂直于螺纹轴线的方向上计量。

螺纹公差带的位置由基本偏差确定。

如图 9-6 所示，内螺纹公差带位于基本牙型上方，中径、小径的基本偏差都为下偏差（EI），共有两种，分别用代号 G 和 H 表示。大径的最大极限尺寸未规定。

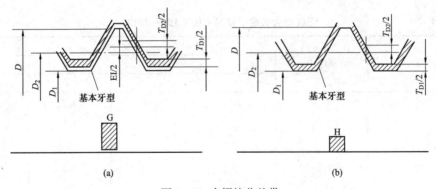

图 9-6　内螺纹公差带

如图 9-7 所示，外螺纹公差带位于基本牙型下方，中径和大径的基本偏差都为上偏差（es），共有八种，分别用 a、b、c、d、e、f、g、h 表示。对小径只规定了最大的极限尺寸。

螺纹公差带的大小由公差等级确定。内、外螺纹各直径的公差等级如下：

内螺纹小径 D_1 公差等级：4、5、6、7、8。

内螺纹中径 D_2 公差等级：4、5、6、7、8。

外螺纹中径 d_2 公差等级：3、4、5、6、7、8、9。

外螺纹大径 d 公差等级：4、6、8。

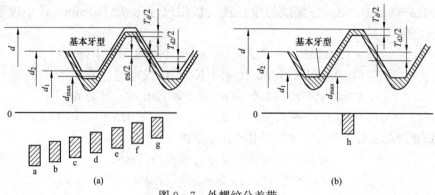

图 9-7　外螺纹公差带

各公差等级中 3 级最高，等级依次递降，9 级最低。

内、外螺纹公差带代号由公差等级代号和基本偏差代号组成。螺纹公差带既要标出中径代号，又要标出顶径（内螺纹小径或外螺纹大径）代号。例如，4H5H 表示内螺纹中径公差带代号为 4H，小径公差带代号为 5H；6g 表示外螺纹中径和大径的公差带相同，均为 6g。

螺纹副的公差带代号由内、外螺纹公差带代号组成，用斜线分开，左边表示内螺纹公差带，右边表示外螺纹公差带，如 6H/6h、5H/5g6g 等。

9.5.2　螺纹精度等级与旋合长度

螺纹精度与公差等级密切相关，并随公差等级的提高而提高。但是，公差等级相同的螺纹，旋合长度不同时，螺距偏差对配合性质的影响也不同。要满足相同的配合性质，随着旋合长度的增加，就要相应降低公差等级。因此，螺纹精度不仅与公差等级有关，而且与旋合长度（见表 9-1）有关，见表 9-2。

表 9-1　　　　　　　　　　螺纹旋合长度（摘自 GB/T 197—2018）　　　　　　　　　　mm

公称直径 D、d	螺距 P	旋合长度			
		S		N	L
		≤	>	≤	>
>5.6~11.2	0.5	1.6	1.6	4.7	4.7
	0.75	2.4	2.4	7.1	7.1
	1	3	3	9	9
	1.25	4	4	12	12
	1.5	5	5	15	15
>11.2~22.4	0.5	1.8	1.8	5.4	5.4
	0.75	2.7	2.7	8.1	8.1
	1	3.8	3.8	11	11
	1.25	4.5	4.5	13	13
	1.5	5.6	5.6	16	16
	1.75	6	6	18	18
	2	8	8	24	24
	2.5	10	10	30	30

公称直径 D、d	螺距 P	旋合长度				
		S		N		L
		$\leqslant$	$>$	$\leqslant$		$>$
>22.4~45	0.75	3.1	3.1	9.4		9.4
	1	4	4	12		12
	1.5	6.3	6.3	19		19
	2	8.5	8.5	25		25
	3	12	12	36		36
	3.5	15	15	45		45
	4	18	18	53		53
	4.5	21	21	63		63

表 9-2　　　　　　普通螺纹的选用公差带（摘自 GB/T 197—2018）

精度等级	内螺纹公差带			外螺纹公差带		
	S	N	L	S	N	L
精度级	4H	4H5H	5H6H	(3h4h)	4h*	(5h4h)
中等级	5H* (5G)	6H (6G)	7H* (7G)	(5h6h) (5g6g)	6e* 6f* 6g 6h*	(7h6h) (7g6g)
粗糙度	—	7H (7G)	—	—	(8h) 8g	—

注　1. 大量生产的精制紧固螺纹，推荐采用带 ＿ 的公差带。

　　2. 带 * 的公差带应优先选用，不带 * 的公差带其次选用，加括号的公差带尽量不用。

　　按同一直径的螺纹所对应的旋合长度，可将螺纹的旋合长度分为 3 组，分别称为短旋合长度、中等旋合长度和长旋合长度，分别用代号 S、N 和 L 表示。根据螺纹的公差带和短、中、长三组旋合长度，螺纹精度等级分为精密级、中等级和粗糙级三种。一般采用中等级。当螺纹配合性质要求稳定时采用精密级，当精度要求不高或制造比较困难时采用粗糙级。

　　普通螺纹的基本偏差、顶径公差和中径公差分别见表 9-3 和表 9-4。

表9-3　　　　　普通螺纹的基本偏差和顶径公差（摘自 GB/T 97—2018）　　　　　μm

螺距 P（mm）	内螺纹基本偏差（EI）		外螺纹基本偏差（es）								内螺纹小径公差 T_{D_1} 公差等级					外螺纹大径公差 T_{d1} 公差等级		
	G	H	a	b	c	d	e	f	g	h	4	5	6	7	8	4	6	8
1	26		−290	−200	−130	−85	−60	−40	−26		150	190	236	300	375	112	180	280
1.25	28		−295	−205	−135	−90	−63	−42	−28		170	212	265	335	425	132	212	335
1.5	32		−300	−212	−140	−95	−67	−45	−32		190	236	300	375	475	150	236	375
1.75	34		−310	−220	−145	−100	−71	−48	−34		212	265	335	425	530	170	265	425
2	38	0	−315	−225	−150	−105	−71	−52	−38	0	236	300	375	475	600	180	280	450
2.5	42		−325	−235	−160	−110	−80	−58	−42		280	355	450	560	710	212	335	530
3	48		−335	−245	−170	−115	−85	−63	−48		315	450	560	710	900	265	425	670
3.5	53		−345	−255	−180	−125	−90	−70	−53		355	450	560	710	900	265	425	670
4	60		−355	−265	−190	−130	−95	−75	−60		375	475	600	750	950	300	475	750

表9-4　　　　　　　　普通螺纹中径公差（摘自 GB/T 97—2018）　　　　　μm

公称直径 D（mm）	螺距 P（mm）	内螺纹中径公差 T_{D_2} 公差等级					外螺纹中径公差 T_{d_2} 公差等级					
		4	5	6	7	8	3	4	5	6	7	8
>5.6~11.2	0.75	85	106	132	170	—	50	63	80	110	125	—
	1	95	118	150	190	236	56	71	90	112	140	180
	1.25	100	125	160	200	250	60	75	95	118	150	190
	1.5	112	140	180	224	280	67	85	106	132	170	212
>11.2~22.4	1	100	125	160	200	250	60	75	95	118	150	190
	1.25	112	140	180	224	280	67	85	106	132	170	212
	1.5	118	150	190	236	300	71	90	112	140	180	224
	1.75	125	160	200	250	315	75	95	118	150	190	236
	2	132	170	212	265	335	80	100	125	160	200	250
	2.5	140	180	224	280	355	85	106	132	170	212	265
>22.4~45	1	106	132	170	212	—	63	80	100	125	160	200
	1.5	125	160	200	250	315	75	95	118	150	190	236
	2	140	180	224	280	355	85	106	132	170	212	265
	3	170	212	265	335	425	100	125	160	200	250	315
	3.5	180	224	280	355	450	106	132	170	212	265	335
	4	190	236	300	375	415	112	140	180	224	280	355
	4.5	200	250	315	400	500	118	150	190	236	300	375

9.5.3　螺纹公差带与配合的选用

根据螺纹配合的要求，将不同的公差等级和基本偏差组合，可得到各种公差带。在生产中，为减少螺纹刀具、量具的规格数量，公差带可按表 9 - 2 选用。

由于螺纹精度与旋合长度有关，因此在同一精度等级中，不同的旋合长度对中径采用不同的公差等级。从表 9 - 2 可看出，通常 S 组比 N 组高一级，N 组比 L 组高一级。

选用公差带时，一般情况下应采用中等旋合长度（N 组）的 6 级公差等级，生产中广泛应用 6H、6h，大批量生产时应用 6H、6g。

内、外螺纹的公差带可按表 9 - 2 所列的公差带任意组合。为了保证连接强度、具有足够螺纹接触高度及装拆方便，完工后的螺纹最好采用 H/g、H/h、G/h 配合为宜。对需要涂镀的螺纹，涂镀后以满足 H/h 和 H/g 配合为宜。大量生产的精制紧固螺纹推荐采用 6H/6g 配合。

9.5.4 螺纹的标记

螺纹的完整标记由螺纹代号、螺纹公差带代号和螺纹旋合长度代号组成，这三者之间用号 "—" 分开。

例如 M10—5g6g—s，M10 表示普通粗牙外螺纹，5g 表示中径公差带，6g 表示顶径公差带，s 表示短旋合长度。又如 M10×1—6H，M10×1 表示普通细牙内螺纹，螺距 1mm；6H 表示中径和顶径公差带（相同），中等旋合长度不标注。

内、外螺纹装配在一起，按如下示例标记：M20×2—6H/5g6g。

特殊需要时，可注明旋合长度的数值。例如：M20×2—7g6g—40。

标注举例如下：

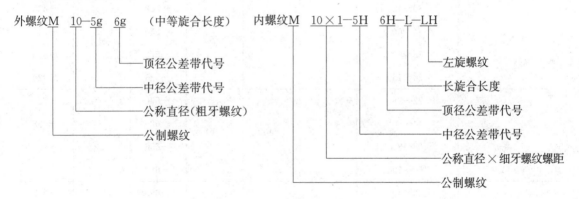

【例 9 - 2】 查出 M10—5g6g 螺纹的上、下偏差。

解 M10 螺纹代号未标明螺距，表示该螺纹为粗牙螺纹，螺距为 1.5mm。由表 9 - 3，g 的基本偏差（es）＝−32μm。由表 9 - 4，公差等级为 5 时，中径公差 T_{d2}＝106μm。由表 9 - 3，公差等级为 6 时，大径公差 T_d＝236μm。故

中径上偏差（es）＝−32μm

中径下偏差（ei）＝es−T_{d2}＝−138μm

大径上偏差（es）＝−32μm

大径下偏差（ei）＝es−T_d＝−268μm

9.6 梯形螺纹公差

机床制造业中的传动丝杠螺母副常用牙型角 α＝30°的梯形螺纹，它的基本牙型如图

9-3所示。其特点是：丝杠与螺母在大径和小径上的公称直径不相同，两者结合后，在大径、中径及小径上均有间隙。机床制造业多采用 JB/T 2886—2008《机床梯形螺纹丝杠、螺母　技术条件》。

9.6.1　丝杠和螺母的精度等级

丝杠和螺母的精度等级各分为7级，即3、4、5、6、7、8、9。其中，3级最高，精度依次递降，9级最低。

各级精度的应用如下：3、4级用于特别精密的机床和机构，5、6级用于螺纹磨床、坐标镗床、齿轮磨床、计量器具及没有校正装置的分度机构，7级用于铲床、精密螺纹车床及精密齿轮机床，8级用于普通车床及普通铣床，9级用于没有分度盘的进给机构。

9.6.2　丝杠公差

标准对丝杠规定了以下5项公差和极限偏差要求。

1. 大径、中径、小径的极限偏差

大径、中径、小径的极限偏差不分精度等级，每种螺距的公差值和基本偏差各只有一种，见表9-5。

表9-5　　　　丝杠螺纹大、中、小径极限偏差（摘自 JB/T 2886—2008）　　　　　μm

螺距 P (mm)	公称直径 D (mm)	螺纹大径		螺纹中径		螺纹小径	
		上偏差	下偏差	上偏差	下偏差	上偏差	下偏差
6	30～42	0	−300	−56	−522	0	−635
	44～60				−550		−646
	65～80				−572		−665
	120～150				−585		−720
8	22～28	0	−400	−67	−590	0	−720
	44～60				−620		−758
	65～80				−656		−765
	160～190				−682		−830
10	30～40	0	−550	−75	−680	0	−820
	44～60				−696		−854
	65～80				−710		−865
	200～220				−738		−900
12	30～42	0	−600	−82	−754	0	−892
	40～80				−772		−948
	65～80				−789		−955
	85～120				−800		−978

2. 中径尺寸的一致性公差

在公差带范围内，若丝杠螺纹的中径实际尺寸相差太大，将会影响丝杠和螺母配合间隙的均匀性和丝杠两侧螺旋面的一致性，因此，规定了丝杠螺纹有效长度范围内的中径尺寸一致性公差，见表 9-6。

表 9-6　丝杠螺纹中径尺寸的一致性公差（摘自 JB/T 2886—2008）　μm

精度等级	螺纹有效长度（mm）					
	≤1000	≤1000～2000	≤2000～3000	≤3000～4000	≤4000～5000	≤5000～6000
3	5	—	—	—	—	—
4	6	11	17	—	—	—
5	8	15	22	30	38	—
6	10	20	30	40	50	5
7	12	26	40	53	65	10
8	16	36	53	70	90	20
9	21	48	70	90	116	30

3. 大径表面对螺纹轴线的径向圆跳动公差

当丝杠全长与螺纹公称直径之比较大时，丝杠容易变形，使轴线弯曲，从而影响丝杠螺纹螺旋线的精度。规定大径表面对螺纹轴线的径向圆跳动公差（见表 9-7），可以保证丝杠与螺母配合间隙的均匀性和丝杠位移的准确性。

表 9-7　大径表面对螺纹轴线的径向圆跳动公差（摘自 JB/T 2886—2008）　μm

长径比	精 度 等 级						
	3	4	5	6	7	8	9
>25～30	5	8	12	20	50	80	160
>30～35	6	10	16	25	60	100	200
>35～40	—	12	20	32	80	125	250
>40～45	—	16	25	40	100	160	315
>45～50	—	20	32	50	120	200	400
>50～60	—	—	—	63	150	250	500

4. 螺旋线轴向公差和螺距公差

在丝杠螺纹加工中，常常会出现螺旋线轴向误差，其值见表 9-8。

表 9-8　丝杠螺旋线轴向公差（摘自 JB/T 2886—2008）　μm

精度等级	δl_{2n}	在下列长度（mm）内的螺旋线轴向公差			在下列螺纹有效长度（mm）内的螺旋线轴向公差				
		25	100	300	≤1000	>1000～2000	>2000～3000	>3000～4000	>4000～5000
3	0.9	1.2	1.8	2.5	4	—	—	—	—
4	1.5	2	3	4	6	8	12	—	—
5	2.5	3.5	4.5	6.5	10	14	19	—	—
6	4	7	8	11	16	21	27	33	39

注　7、8、9 级精度丝杠不规定螺旋线轴向公差。δl_{2n} 为任意一个螺距长度内的螺旋线轴向公差。

螺旋线轴向误差是指实际螺旋线相对于理论螺旋线在轴向上偏离的最大代数差值，该值全面反映了丝杠的位移精度。螺旋线轴向公差是指螺旋线轴向实际测量值相当于理论值的允许变动量，按任意 $2\pi rad$ 和 25、100、300mm 螺纹长度内及螺纹有效长度内分别规定公差值（见表 9-8），适用于 3～6 级丝杠。对于 7～9 级丝杠，则测量螺距偏差，并用螺距公差来限制丝杠的位移误差。螺距公差值见表 9-9。

表 9-9　　　丝杠螺纹螺距公差和螺距累积公差（摘自 JB/T 2886—2008）　　　　　μm

精度等级	螺距公差	在下列长度（mm）内螺纹距累积公差		在下列螺纹有效长度（mm）内螺纹累积公差						
		6	300	1000	>1000~2000	>2000~3000	>3000~4000	>4000~5000	>5000 每增加 1000 应增加
7	6	10	18	28	36	44	52	60	8
8	12	20	35	55	65	75	85	95	10
9	25	40	70	110	130	150	170	190	20

5．牙型半角极限偏差

牙型半角偏差是指丝杠螺纹牙型半角实际值对公称值的代数差。由于牙型半角偏差的存在，丝杠与螺母牙侧间的接触便会不均匀，影响丝杠的耐磨性和传动精度。牙型半角偏差由牙型半角极限偏差来限制。3～8 级丝杠的牙型半角极限偏差数值见表 9-10。9 级丝杠的牙型半角极限偏差由中径公差综合控制。

表 9-10　　　丝杠螺纹的牙型半角极限偏差（摘自 JB/T 2886—2008）　　　　　μm

螺距 P（mm）	精　度　等　级					
	3	4	5	6	7	8
2～5	±8	±10	±12	±15	±20	±30
6～10	±6	±8	±10	±12	±18	±25
12～20	±5	±6	±8	±10	±15	±20

注　9 级精度丝杠不规定牙型半角极限偏差。

9.6.3　螺母公差

同普通螺纹一样，螺母的螺距偏差和牙型半角偏差不易测量，并且难以消除。为了保证螺母的精度，对螺母规定了中径和大、小径的极限偏差（见表 9-11 和表 9-12），并用中径公差综合控制螺距偏差和牙型半角偏差。螺母螺纹大径和小径的基本偏差各有一种精度等级。

表 9-11　　　螺母螺纹的中径极限偏差（摘自 JB/T 2886—2008）　　　　　μm

螺距 P（mm）	精　度　等　级			
	6	7	8	9
2～5	+55 0	+65 0	+85 0	+100 0
6～10	+65 0	+75 0	+100 0	+120 0

续表

螺距 P（mm）	精 度 等 级			
	6	7	8	9
12～20	+75 0	+85 0	+120 0	+150 0

表 9 - 12　　　　螺母螺纹大径和小径的极限偏差（摘自 JB/T 2886—2008）　　　　μm

螺距 P（mm）	公称直径 D（mm）	螺纹大径		螺纹小径	
		上偏差	下偏差	上偏差	下偏差
6	30～42	+578	0	+300	0
	44～60	+590			
	65～80	+610			
	120～150	+660			
8	22～28	+650	0	+400	0
	44～60	+690			
	65～80	+700			
	160～190	+765			
10	30～42	+745	0	+500	0
	44～60	+778			
	65～80	+790			
	200～220	+825			
12	30～42	+813	0	+600	0
	44～60	+865			
	65～80	+872			
	85～110	+895			

注　螺纹大径或小径表面作工艺基准时，其尺寸公差及形状公差由工艺提出。

9.6.4　丝杠和螺母螺纹的表面粗糙度

螺纹牙型各表面的表面粗糙度直接影响到丝杠、螺母连接的均匀性、耐磨性、传动精度，必须加以限制。

表 9 - 13 给出了丝杠、螺母螺纹牙型侧面、大径和小径的表面粗糙度 Ra 推荐值，供设计时参考。

表 9 - 13　　　丝杠、螺母的螺纹表面粗糙度 Ra 推荐值（摘自 JB/T 2886—2008）　　　μm

精度等级	螺纹大径表面		牙型侧面		螺纹小径表面	
	丝杠	螺母	丝杠	螺母	丝杠	螺母
3	0.2	3.2	0.2	0.4	0.8	0.8
4	0.4	3.2	0.4	0.8	0.8	0.8
5	0.4	3.2	0.4	0.8	0.8	0.8
6	0.4	3.2	0.4	0.8	1.6	0.8

续表

精度等级	螺纹大径表面		牙型侧面		螺纹小径表面	
	丝杠	螺母	丝杠	螺母	丝杠	螺母
7	0.8	6.3	0.8	1.6	3.2	1.6
8	0.8	6.3	1.6	1.6	6.3	1.6
9	1.6	6.3	1.6	1.6	6.3	1.6

注　丝杠和螺母的牙型侧面不应有明显的波纹。

9.6.5　丝杠和螺母螺纹的标记

丝杠和螺母的标记由特征代号、尺寸规格、旋向和精度等级组成。特征代号用 Tr 表示，尺寸规格用公称直径×螺距（单位 mm）表示，螺纹为左旋时，需在尺寸规格后标注"LH"，右旋不标注；旋向与精度等级代号之间用连接号"－"分隔。例如，Tr55×12LH－6，表示公称直径为 55mm、螺距为 12mm、6 级精度的左旋螺纹；Tr55×12－6，表示公称直径为 55mm、螺距为 12mm、6 级精度的右旋螺纹。标注举例如下：

梯形内螺纹标注

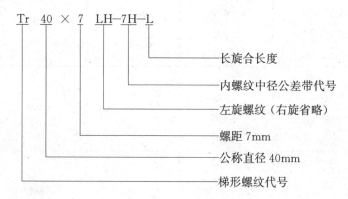

长旋合长度
内螺纹中径公差带代号
左旋螺纹（右旋省略）
螺距 7mm
公称直径 40mm
梯形螺纹代号

梯形螺纹副标注

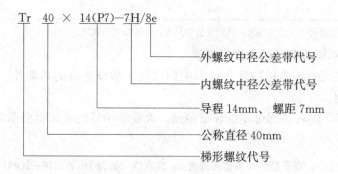

外螺纹中径公差带代号
内螺纹中径公差带代号
导程 14mm、螺距 7mm
公称直径 40mm
梯形螺纹代号

9.7　螺纹的测量

螺纹的测量方法可分为综合测量和单项测量两类。

9.7.1　综合测量

用螺纹量规检验螺纹属于综合测量。在成批生产中，普通螺纹均采用综合测量方法。

螺纹极限量规分为通规和止规。检验时，通规能顺利与工件旋合，止规不能旋合或不完全旋合，则螺纹为合格。反之，通规不能旋合，则说明螺母过小，螺栓过大，螺纹应予退修；当止规与工件能旋合，则表示螺母过大，螺栓过小，则螺纹为废品。

图 9-8 所示为用量规检验螺栓的情况。光滑极限卡规用来检验螺栓大径的极限尺寸，与用卡规检验光滑圆柱体直径一样。通端螺纹环规用来控制螺栓的作用中径，其中包括中径自身的偏差、螺距偏差和牙型半角偏差的中径当量，以及控制小径最大尺寸；止端螺纹环规用来控制螺栓的实际中径。

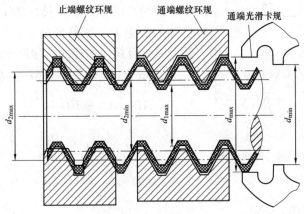

图 9-8　外螺纹量规

图 9-9 所示为用量规检验螺母的情况。光滑极限塞规用来检验螺母小径的极限尺寸，与用塞规检验光滑圆柱孔内径一样。通端螺纹塞规用来控制螺母的作用中径及大径最小尺寸，止端螺纹塞规用来控制螺母的实际中径。因为通端螺纹量规是用来控制螺纹作用中径的，所以该量规采用完整牙型，并且量规长度与被测螺纹旋合长度相同，而止端螺纹量规则采用截短牙型，其螺纹圈数也有所减少，这是为了减小螺距偏差及牙型半角偏差对检验结果的影响。

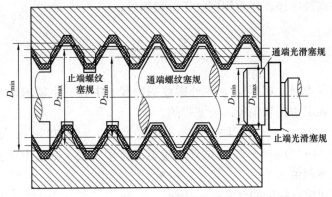

图 9-9　内螺纹量规

9.7.2　单项测量

在单件、小批量生产中，特别是在精密螺纹生产中一般都采用单项测量方法。

单项测量螺纹的方法很多，典型的是用万能工具显微镜测量中径、螺距和牙型半角。工具显微镜是一种应用很广泛的光学计量仪器，测量螺纹是其主要用途之一。具体测量方法可见实验指导书及仪器说明书。

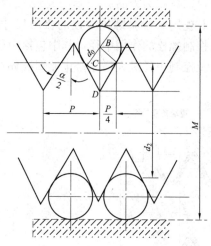

图 9-10　三针量法测量外螺纹中径

生产中常用三针量法测量外螺纹中径，如图 9-10 所示。

三针量法主要用于测量精密螺纹（如丝杠、螺纹塞规）的中径 d_2。它是用 3 根直径相等的精密量针放在螺纹槽中，并用光学机械量仪（机械测微仪、光学计、测长仪等）量出尺寸 M；然后根据被测螺纹已知的螺距 P、牙型半角 $\alpha/2$ 及量针直径 d_0，按下述公式计算螺纹中径的实际尺寸。由图 9-10 知

$$d_2 = M - 2AC = M - 2(AD - CD)$$

$$AD = AB + BD = \frac{d_0}{2} + \frac{d_0}{2\sin(\alpha/2)}$$

$$= \frac{d_0}{2}\left[1 + \frac{1}{\sin(\alpha/2)}\right]$$

$$CD = \frac{P\cot(\alpha/2)}{4}$$

将 AD 及 CD 值代入，得

$$d_2 = M - d_0\left[1 + \frac{1}{\sin(\alpha/2)}\right] + \frac{P\cot(\alpha/2)}{2}$$

对于梯形螺纹（$\alpha = 30°$），有

$$d_2 = M - 4.8637d_0 + 1.866P$$

对于公制螺纹（$\alpha = 60°$），有

$$d_2 = M - 3d_0 + 0.866P$$

式中：d_0 为量针直径；d_2、P、$\alpha/2$ 分别为被测螺纹的中径、螺距和牙型半角。

对于低精度外螺纹中径，还常用螺纹千分尺测量。

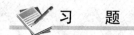　习　　题

9-1　查表确定 M20-6H/5g6g 内外螺纹的大径、中径、小径的基本尺寸，以及极限偏差和极限尺寸，画出中径和顶径的公差带图。

9-2　一螺母 M24×2-6H，加工后测得中径为 $D_{2a} = 22.785\text{mm}$，$\Delta P_\Sigma = 0.030\text{mm}$，$\Delta(\alpha/2)_{左} = +35'$，$\Delta(\alpha/2)_{右} = +25'$，试计算螺母的作用中径，给出中径公差带图，判断中径是否合格，并说明理由。

9-3　解释下列螺纹标记的含义：

（1）M24-6H；

（2）M8×1-LH；

（3）M36×2-5g6g-s；

（4）M20×Ph3P1.5（two starts）-7H-L-LH；

（5）M30×2-6H/5g6g-s。

第 10 章　圆柱齿轮传动公差与检测

10.1　概　　述

在机械产品中，齿轮传动的应用极为广泛，种类也很多。本章主要介绍渐开线圆柱齿轮传动的精度设计及检测方法。

目前，我国新修订的圆柱齿轮标准主要包括：

GB/T 10095.1—2008《圆柱齿轮　精度制　第 1 部分：轮齿同侧齿面偏差的定义和允许值》

GB/T 10095.2—2008《圆柱齿轮　精度制　第 2 部分：径向综合偏差与径向跳动的定义和允许值》

GB/T 13924—2008《渐开线圆柱齿轮精度　检验细则》

GB/Z 18620.1—2008《圆柱齿轮　检验实施规范　第 1 部分：轮齿同侧齿面的检验》

GB/Z 18620.2—2008《圆柱齿轮　检验实施规范　第 2 部分：径向综合偏差、径向跳动、齿厚和侧隙的检验》

GB/Z 18620.3—2008《圆柱齿轮　检验实施规范　第 3 部分：齿轮坯、轴中心距和轴线平行度的检验》

GB/Z 18620.4—2008《圆柱齿轮　检验实施规范　第 4 部分：表面结构和轮齿接触斑点的检验》

10.1.1　对齿轮传动的使用要求

对齿轮传动的使用要求一般有以下四个方面：

(1) 传递运动的准确性。传递运动的准确性是指齿轮在 1 转范围内，最大转角误差不超过一定的限度，即要求从动轮与主动轮运动协调，限制齿轮在 1 转范围内平均传动比的变化幅度。齿轮转 1 转的过程中产生的最大转角误差用 $\Delta\varphi_{\Sigma}$ 来表示。如图 10-1 所示的一对齿轮，若主动轮的齿距没有误差，而从动齿轮存在齿距不均匀时，则从动齿轮转 1 转的过程中将形成最大转角误差 $\Delta\varphi_{\Sigma}=7°$，从而使速比相应产生最大变动量，传递运动不准确。

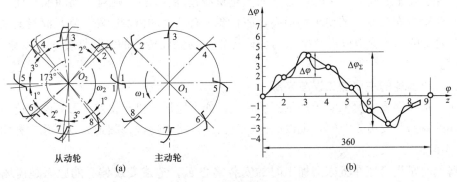

图 10-1　转角误差示意

（2）传动的平稳性。传动的平稳性就是要求齿轮在 1 齿转角内的最大转角误差不超过一定的限度，即要求齿轮传动的瞬时传动比变化不超过一定的范围。因为这一变动将会引起冲击、振动和噪声。它可以用转 1 齿过程中的最大转角误差 $\Delta\varphi$ 表示。如图 10-1（b）所示，与运动精度相比，它等于转角误差曲线上多次重复的小波纹的最大幅度值。

（3）载荷分布均匀性。载荷分布均匀性要求在传动时工作齿面接触良好，在全齿宽承载均匀，避免载荷集中于局部区域而引起局部磨损，提高齿轮的使用寿命。这项要求可用沿齿长和齿高方向上保证一定的接触区域来表示，如图 10-2 所示。对齿轮的此项精度要求又称为接触精度。

（4）合理的齿侧间隙。合理的齿侧间隙要求在齿轮副的非工作齿面有一定的侧隙，用以补偿齿轮的加工误差、安装误差和热变形，从而防止齿轮传动发生卡死现象。图 10-3 所示的法向测隙 j_{bn} 还用于储藏润滑油，以保持良好的润滑。但对工作时有正反转的齿轮传动，侧隙会引起回程误差和冲击。

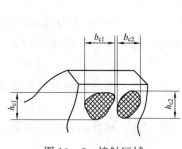

图 10-2　接触区域

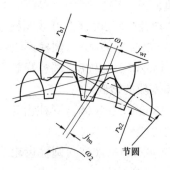

图 10-3　传动侧隙

上述前 3 项要求是对齿轮本身的精度要求，而第 4 项则是对齿轮副的要求。不同用途和不同工作条件下的齿轮，对上述各项要求的侧重点也不同。

（1）读数装置和分度机构的齿轮，主要要求是传递运动的准确性，而对接触均匀性的要求往往是次要的，如果需要正反转，应要求较小的侧隙。

（2）对于低速重载齿轮传动（如起重机、重型机械），载荷分布均匀性要求较高，而对传递运动的准确性则要求不高。

（3）对于高速重载下工作的齿轮（如汽轮机减速器齿轮），则对运动的准确性、传动的平稳性和载荷分布均匀性的要求都很高，而且要求有较大的齿侧间隙，满足润滑要求。

（4）通常的汽车、拖拉机及机床的变速齿轮主要保证传动的平稳性要求，以减小振动，降低噪声。

10.1.2　齿轮的主要加工误差来源

齿轮的加工误差主要来源于加工工艺系统，如齿轮加工机床误差、刀具的制造与安装误差、齿坯的制造与安装误差等。现以滚齿加工为例，将上述误差归纳为以下几个方面：

1. 几何偏心

几何偏心是指齿坯在机床上加工时的安装偏心 e_1，造成安装偏心的原因是齿坯定位孔与机床心轴之间有间隙，是由于齿坯定位孔中心 $O'-O'$ 与机床工作台的回转中心 $O-O$ 不重合而产生的，见图 10-4。具有几何偏心的齿轮如图 10-5 所示，其一边的齿高增大，另一边的齿高减小。齿轮在以 O 为圆心的圆周上均匀分布，但在以 O' 为圆心的圆周上的分布是不均匀的。存在几何偏心的齿轮工作时不能保证其回转中心与 O 重合，所以齿距呈周期性变化。

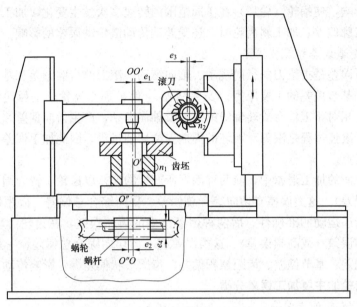

图 10 - 4　用滚齿机加工齿轮

几何偏心时齿面位置相对于齿轮基准中心在径向发生变化，引起径向偏差，影响运动的准确性。

2. 运动偏心

运动偏心是指机床分度蜗轮中心与工作台回转中心不重合所引起的偏心 e_2。加工齿轮时，由于分度蜗轮的中心 $O'' - O''$（见图 10 - 4）与工作台回转中心 $O - O$ 不重合，使分度蜗轮与蜗杆的啮合半径发生变化，导致工作台连同固定在其上的齿坯以 1 转为周期时快时慢的旋转。这种由分度蜗轮旋转速度变化引起的偏心称为运动偏心。具有运动偏心的齿轮如图 10 - 6 所示，齿坯相对于滚刀无径向位移，但有沿分度圆切线方向的位移，使分度圆上齿距大小呈周期性变化。

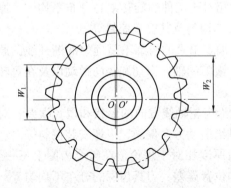

图 10 - 5　具有几何偏心的齿轮

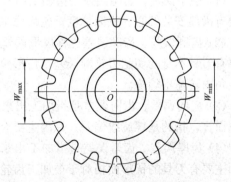

图 10 - 6　具有运动偏心的齿轮

运动偏心时齿轮产生切向偏差，影响运动的准确性。

3. 机床传动链的高频误差

机床传动链的高频误差主要是指加工直齿轮时，受分度传动链（分度蜗杆的径向跳动和轴向窜动）的影响，使蜗轮（轮坯）在 1 周范围内转速多次发生变化，加工出来的齿轮会产生齿距偏差和齿廓偏差。加工斜齿轮时，还受差动传动链传动误差的影响。

4. 滚刀的制造误差和安装误差

滚刀的制造误差是指滚刀的径向跳动、轴向窜动、滚刀的齿廓偏差和基节偏差等。这是造成齿廓偏差和基节偏差的主要原因。安装偏心 e_3 使被加工齿轮产生径向偏差。滚刀刀架导轨或齿坯轴线相对于工作台旋转轴线的倾斜及轴向窜动，产生齿向偏差。

另外，由于滚齿过程是滚刀对齿坯的周期连续切削过程，因此加工误差具有周期性，这是齿轮误差的特点。

在上述四方面的加工误差中，前两种因素所产生的误差以齿轮 1 转为周期，称为长周期误差（或低频误差）。这类误差有切向综合总偏差、径向综合总偏差、齿距累积总偏差和径向跳动，影响传递运动的准确性。后两种因素产生的齿轮误差，在齿轮 1 转中多次重复出现，称为短周期误差（或高频误差）。这类误差有一齿切向综合总偏差、一齿径向综合总偏差、单个齿距偏差、基节偏差、齿距累积偏差、齿廓形状偏差等，影响传动的平稳性。

10.1.3 齿轮的主要加工误差分类

1. 按相对于齿轮的方向分

齿轮误差按相对于齿轮的方向，可分为径向误差、切向误差和轴向误差。

（1）径向误差。沿被加工齿轮直径方向（齿高方向）的误差称为径向误差，是由几何偏心、刀具径向跳动等原因引起的刀具与被切齿轮之间径向距离的变化所产生的加工误差。

（2）切向误差。沿被加工齿轮圆周方向（齿厚方向）的误差称为切向误差，是由运动偏心、刀具轴向窜动等原因引起的刀具与工件的展成运动遭到破坏或分度不准确而产生的加工误差。

（3）轴向误差。沿被加工齿轮轴线方向（齿向方向）的误差称为轴向误差，是由于滚刀架导轨的倾斜和齿坯端面对定位孔心线不重合等原因所引起的加工误差。

2. 按表现特征分

齿轮误差按其表现特征，可分为齿距误差、齿廓误差、齿向误差和齿厚误差。

（1）齿距误差。齿距误差是指加工出来的齿廓相对于工件的旋转中心分布不均匀。原因主要有齿坯安装偏心、机床分度蜗轮齿廓本身分布不均匀及其安装偏斜等。

（2）齿廓误差。齿廓误差也称齿形误差，是指加工出来的齿廓不是理想的渐开线。原因主要有刀具本身的切削刃轮廓误差及齿形角偏差、滚刀的轴向窜动和径向跳动以及在每转一齿距角内转速不均等。

（3）齿向误差。齿向误差是指加工出来的齿面沿齿轮轴线方向的形状和位置误差，对斜齿轮而言，指的是螺旋线偏差。原因主要有刀具进给运动方向偏斜、齿坯安装偏斜等。

（4）齿厚误差。齿厚误差是指加工出来的轮齿厚度相对于理论值在整个齿圈上不一致。原因主要有刀具的铲背面相对于被加工齿轮中心的位置误差、刀具齿廓的分布不均匀等。

10.1.4 渐开线圆柱齿轮精度的评定与检测规定

图样上设计的齿轮都是理想的齿轮，但由于齿轮加工误差，使制造的齿轮齿形和几何参数都存在误差，因此必须了解和掌握控制这些误差的评定项目。在齿轮新标准中，齿轮误差、偏差统称为齿轮偏差，将偏差与偏差允许值共用一个符号表示。例如，F_α 既表示齿廓总偏差，又表示齿廓总偏差允许值。单项要素测量所用的偏差符号用小写字母（如 f）加上相应的下标组成；而表示若干单项要素偏差组成的"累积"或"总"偏差所用的符号，采用大写字母（如 F）加上相应的下标表示。

10.2　单个齿轮的误差项目与检测

影响齿轮精度的因素可以分为轮齿同侧齿面偏差（切向偏差、齿距偏差、齿廓偏差和螺旋线偏差）、径向偏差和径向跳动，共 14 项。各种偏差由于各自的特点不同，对齿轮传动的影响也不同。

10.2.1　主要影响运动准确性的误差项目及其检测

根据齿轮啮合原理可知，齿距分布不均是影响一转内平均传动比变动的重要因素。造成这类偏差的主要原因是运动偏心和几何偏心。运动偏心使被加工齿轮产生切向偏差，几何偏心使被加工齿轮产生径向偏差。无论是运动偏心还是几何偏心，都会使加工出来的齿廓相对于未来的旋转中心分布不均，产生齿距偏差，从而影响传递运动的准确性。

影响传递运动的准确性的误差一般是长周期误差（或低频误差），该类误差包括切向综合总偏差、径向综合总偏差、齿距累积总偏差和径向跳动等 6 项。

10.2.1.1　切向综合总偏差 F_i'

切向综合总偏差 F_i'，是指被测齿轮与理想、精确的测量齿轮单面啮合时，在被测齿轮 1 转内，实际转角与公称转角之差的总幅度值，如图 10 - 7 所示。该偏差以分度圆弧长计值。切向综合总偏差 F_i' 是几何偏心、运动偏心及各项短周期误差综合影响的结果。在单面啮合状态下测量，被测齿轮近似于工作状态，测得结果反映了各种偏差（包括径向偏差和切向偏差）的综合作用，因此切向综合总偏差 F_i' 是评定齿轮传递运动准确性较为完善的指标。

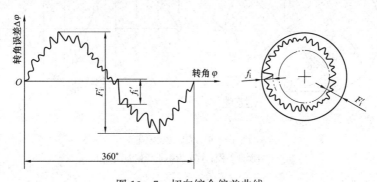

图 10 - 7　切向综合偏差曲线

切向综合总偏差 F_i' 在单啮仪上测量，有机械式、光栅式、磁度式等多种形式，应用较多的是光栅式。由于单啮仪价格较贵，目前生产中尚未广泛使用。

图 10 - 8 所示为光栅式单啮仪工作原理。由电动机通过传动系统带动标准蜗杆（也可以用标准齿轮）和圆光栅盘 1 转动，而标准蜗杆又带动被测齿轮及同轴的圆光栅盘 2 转动，圆光栅盘 I 和 II 分别通过信号发生器 I 和 II 将标准蜗杆和被测齿轮的角位移变成电信号 f_1 和

f_2，并根据标准蜗杆头数 k 及被测齿轮的齿数 Z，通过分频器进行分频，使两个圆光栅盘发出的脉冲信号变成同频信号。将这两列同频信号输入比相计进行比较，当被测齿轮有误差时，通过记录器将此误差记录在与被测齿轮同步旋转的圆形记录纸上，或记录在与被测分度圆切线方向同步移动的长记录纸上，如图 10-8 所示。

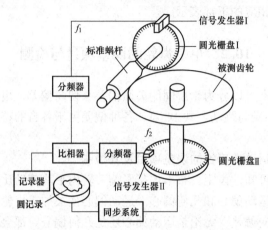

图 10-8　光栅式单啮仪工作原理

10.2.1.2　齿距累积总偏差 F_p 和 k 个齿距累积偏差 F_{pk}

1. 齿距累积总偏差 F_p

齿距累积总偏差 F_p 是分度圆上任意两个同侧齿面间的实际弧长与公称弧长之差的最大绝对值，如图 10-9 所示。

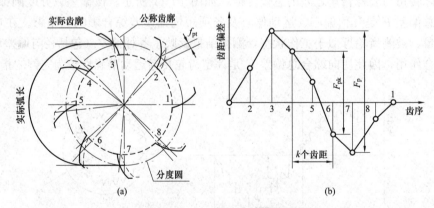

图 10-9　齿距累积偏差

（a）截面误差图；（b）齿距累积偏差曲线图

2. k 个齿距累积偏差 F_{pk}

k 个齿距累积偏差 F_{pk} 是在分度圆上 k 个齿距的实际弧长与公称弧长之差的最大绝对值，k 为 2 到小于 $z/2$ 的整数。规定 k 个齿距累积偏差 F_{pk} 主要是为了限制齿距累积偏差集中在局部圆周上。

k 个齿距累积偏差 F_{pk} 主要是由几何偏心和运动偏心所造成的，它能较好地综合反映运动准确性偏差，可以用来代替切向综合偏差。但是，由于测得的只是有限各点的误差，不含高频误差，所以用它来评定齿轮传递运动的准确性不如切向综合总偏差 F_i' 充分和确切。

齿距累积总偏差 F_p 和 k 个齿距累积偏差 F_{pk} 的测量方法主要有相对法和绝对法两种。

（1）相对法。相对法是以齿轮上任意一齿距作为基准，把仪器的指示表调整为 0，然后沿整个齿圈测出其余各齿距相对于基准齿距的相对齿距偏差 $\Delta f_{pt,r}$，数据处理后求出结果。

根据定位基准的不同，相对法又可分为齿根定位、齿顶定位和内孔定位三种，如图 10 - 10 所示。定位方式不同，测量仪器也不同。

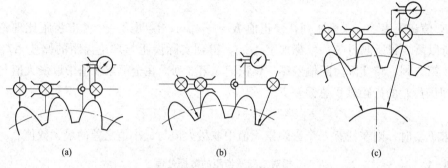

(a)　　　　　　(b)　　　　　　(c)

图 10 - 10　三种定位方式

目前，用齿根和齿顶定位的测量仪器主要是齿距仪，用齿轮孔定位的仪器主要是万能测齿仪。由于齿距仪是手提式的，容易产生人为的测量误差，所以适于测量 7 级及以下精度的大模数大直径的齿轮。万能测齿仪可用于测量 4～7 级精度的齿轮。

下面以用万能测齿仪为例，简要介绍齿距的测量方法及数据处理过程。

万能测齿仪的工作原理如图 10 - 11 所示。活动测头 1 与指示表相连，被测齿轮 3 装于心轴上，在重锤 4 的作用下靠在固定测头 2 上，测量时先按任意一齿距调整测头 1、2 的距离，使测头 1、2 在分度圆附近与相邻同侧各齿廓接触，将指示表 5 的数值调零，然后沿其圆周依次测出各齿的相对齿距偏差 $\Delta f_{pt,r}$。

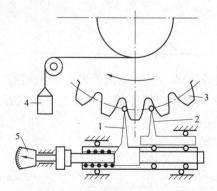

图 10 - 11　万能测齿仪测量齿距

1—活动测头；2—固定测头；3—被测齿轮；4—重锤；5—指示表

测得的数据可用计算法或图解法处理。

1）计算法。若对一个齿数为 12 的齿轮测量，得到相对齿距偏差 $\Delta f_{pt,r}$，见表 10 - 1 第 2 列，对 $\Delta f_{pt,r}$ 值进行累加，记入表 10 - 1 第 3 列。由于齿轮齿距偏差在整个分度圆上符合封闭原则，即测量 1 周后，齿距的累积偏差应为 0，但现在为 $-48\mu m$，不符合封闭原则，应该进行修正。因为第一个基准齿距是任选的，它与理论齿距有一差值，设这一差值为 K，则以后每测一齿的齿距均引入一偏差 K，直到测完最后一齿时则有

$$\sum_{1}^{Z} \Delta f_{\text{pt, r}} = ZK$$

则

$$K = \frac{\sum_{1}^{Z} \Delta f_{\text{pt, r}}}{Z} = \frac{-48}{12} = -4$$

将 K 值记入表 10-1 第 4 列，修正值 $K = -4\mu m$，说明第一个基准齿距比理论齿距大 $4\mu m$，所以需要将所测得 $\Delta f_{\text{pt,r}}$ 都加上 $4\mu m$，得到实际齿距与理论齿距的偏差 Δf_{pt}，计入表 10-1 第 5 列，将实际齿距偏差逐一累积记入第 6 列。在全部累积值中取最大值与最小值之差，即该齿轮的齿距累积总偏差 F_p，则

$$F_p = +36 - (-28) = 64 \ (\mu m)$$

需求 F_{pk} 时，则在任意 k 个齿距累积值中取最大值与最小值之差的最大数值。

表 10-1　　　　　　　　　　相对法测量齿距的数据处理　　　　　　　　　　μm

齿序	齿距相对偏差 $\Delta f_{\text{pt,r}}$	相对齿距累积偏差 $\sum \Delta f_{\text{pt,r}}$	修正量 K	k 齿距累积偏差 F_{pk}	齿距累积总偏差 F_p'
1	0	0		+4	+4
2	+5	+5		+9	+13
3	+5	+10		+9	+22
4	+10	+20		+14	+36
5	-20	0		-16	+20
6	-10	-10	4	-6	+14
7	-20	-30		-16	-2
8	-18	-48		-14	-16
9	-10	-58		-6	-22
10	-10	-68		-6	-28
11	+15	-53		+19	-9
12	+5	-48		+9	0

2）图解法。以横坐标代表齿序，纵坐标代表齿距累积偏差，将沿齿圈逐次测得的数值 $\Delta f_{\text{pt,r}}$ 以前一齿为零点，依次绘在相应齿序的纵坐标上，连接各点即得如图 10-12 所示的

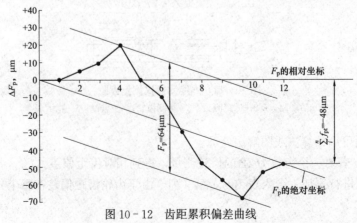

图 10-12　齿距累积偏差曲线

曲线。从原点到最后一点连一条直线，此线即为 F_p 的绝对坐标。取距该线上下最远两点的正负值之差即为齿距累积偏差 F_p，图 10 - 12 中 $F_p = 64\mu m$，则在 k 个齿距中找最大差即可。

作图法与计算法结果相同，但作图法简单直观，所以经常采用。

（2）绝对法。绝对法是用精密分度、定位装置准确控制被测齿轮每次转过 1 个或 k 个齿距，测取实际转角与理论转角之差（以弧长计），即可测得齿距累积总偏差 F_p 和 k 个齿距累积偏差 F_{pk}。绝对法测量比较精确可靠，但需要精密的分度装置和定位装置。

10.2.1.3　径向跳动 F_r

径向跳动 F_r，是指在齿轮 1 转范围内，测头在齿槽内与齿高中部双面接触，测头相对于齿轮轴线的最大变动量，如图 10 - 13 所示。

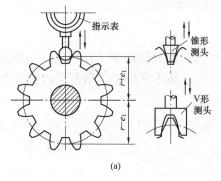
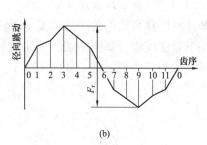

图 10 - 13　径向跳动

径向跳动 F_r 主要是由于几何偏心引起的，它可以揭示齿距累积总偏差中的径向偏差，但并不能反映由运动偏心引起的切向偏差，即不能全面评价传递运动的准确性，只能作为单项指标。

径向跳动可在径向跳动检查仪、万能测齿仪或普通偏摆检查仪上用指示表测量。测量时，可以使用圆锥角为 $40°$ 的圆锥测头或球形测头，对于标准齿轮，球形测头的直径 $d = 1.68m$，m 为齿轮的模数。测头与齿槽双面接触，以齿轮孔心线为测量基准，依次逐齿测量。在齿轮 1 转中，指示表的最大示值与最小示值之差即为被测齿轮的径向跳动 F_r。

10.2.1.4　径向综合总偏差 F_i''

径向综合总偏差 F_i''，是指被测齿轮与理想、精确的测量齿轮双面啮合时，在被测齿轮 1 转内的双啮中心距的最大变动量。径向综合总偏差 F_i'' 也是主要由几何偏心引起的，它反映径向偏差，同时还反映了部分高频偏差。F_i'' 也是一个单项指标。径向综合总偏差 F_i'' 可替代径向跳动 F_r，并且可反映齿形、齿厚均匀性等偏差在径向上的影响。

径向综合总偏差 F_i'' 用双啮仪测量，如图 10 - 14（a）所示。被测齿轮 2 装在浮动拖板的心轴上，理想、精确的测量齿轮 1（其精度比被测齿轮高 2 或 3 级）安装在固定拖板的心轴上，在弹簧 4 的作用下，与被测齿轮 2 做紧密无侧隙的双面啮合。令被测齿轮 2 回转 1 周，双啮中心距 a'' 的变动将使装有被测齿轮的浮动拖板沿箭头方向移动，a'' 的变化情况可由指示表或记录装置 3 读出或由记录的误差曲线求出。被测齿轮 1 转中指示表的最大读数差值或误差曲线上的最大幅值就是径向综合总偏差 F_i''，如图 10 - 14（b）所示。

用双啮仪测量径向综合偏差，操作比较方便，测量效率较高，在成批和大量生产中应用非常普遍。

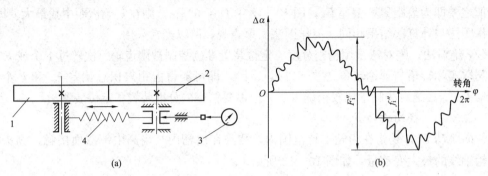

图 10 - 14　径向综合偏差测量原理

10.2.1.5　公法线长度变动 ΔF_w

渐开线圆柱齿轮的公法线长度 w 是指跨越 k 个齿的两异侧齿廓平行切线间的距离，理想状态下公法线应与基圆相切。公法线长度变动 ΔF_w，是指在齿轮 1 周范围内实际公法线长度最大值与最小值之差，如图 10 - 15 （a） 所示，即

$$\Delta F_w = W_{max} - W_{min} \tag{10-1}$$

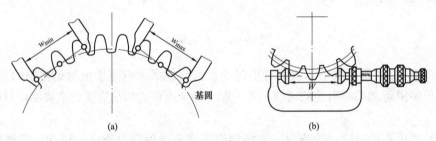

图 10 - 15　公法线长度变动

ΔF_w 主要是由于运动偏心导致轮齿在分度圆上分布不均匀而引起的，它反映的是切向偏差，也是一个单项指标。实际公法线长度一般采用公法线千分尺 ［见图 10 - 17 （b）］或公法线长度指示卡规测量，也可在万能测齿仪上测量。由于测量方法比较简单，所以在生产中将长度变动作为齿轮运动精度的评定指标之一。

值得注意的是，公法线长度变动 ΔF_w 是旧国家标准 GB/T 10095—1988 中定义的评定指标，GB/T 10095.1—2008 和 GB/T 10095.2—2008 中均无此定义，但考虑到该指标的实际意义，仍有必要对其评定理论和测量方法加以研究。

10.2.2　主要影响传动平稳性的误差项目及其检测

当齿轮只有长周期误差时，其误差曲线如图 10 - 16 （a） 所示。虽然运动不准确，但在低速情况下其传动还是比较平稳的。

当齿轮只有短周期误差时，其误差曲线如图 10 - 16 （b） 所示。这种齿轮 1 转中多次重复出现的高频误差将引起齿轮瞬间传动比的变化，使齿轮传动不平稳，在高速运转中将发生冲击、振动和噪声，所以这类误差必须加以控制。这类误差是由机床传动链和刀具的高频误差所引起的。

实际上，齿轮运动误差是一条复杂的周期变化曲线，如图 10-16（c）所示。它既包含长周期误差，又包含短周期误差。

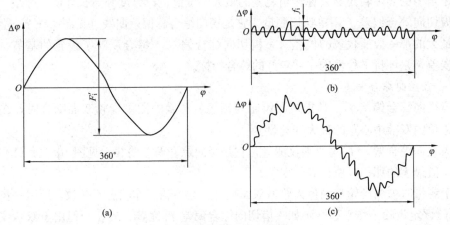

图 10-16　齿轮误差曲线

影响传动平稳性的主要因素，是齿距偏差与齿廓偏差等短周期误差（高频误差）。

（1）齿廓总偏差的影响。理论上，理想的渐开线齿廓可以保持传动比不变。但由于刀具成形面的近似造型、制造、刃磨误差或机床传动链分度蜗杆有安装误差时，会使被加工齿轮齿面产生波纹，造成齿廓总偏差，使实际齿廓与理想齿廓不吻合。如图 10-17 所示，理论上主动轮齿与从动轮齿应在 a 点接触，实际却在 a' 点接触，导致瞬时传动比变化，使传动不平稳。

（2）基圆齿距（基节）偏差的影响。当主动轮齿距大于从动轮齿距时，前对齿轮啮合完成而后对齿轮尚未进入，发生瞬间脱离，引起换齿撞击，如图 10-18（a）所

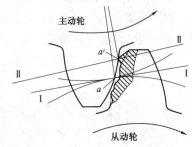

图 10-17　齿廓总偏差对传动平稳性的影响图

示；主动轮齿距小于从动轮齿距时，前对齿轮啮合尚未完成，后对齿轮啮合已经开始，从动轮转速加快，同样也引起换齿撞击、振动和噪声，影响传动平稳性，如图 10-18（b）所示。GB/T 10095—2018 没有给出基圆节距偏差，因该偏差与单个齿距偏差有函数换算关系，可用单个齿距偏差来代替评定传动的平稳性。

主要影响工作平稳性的误差项目有以下 6 项。

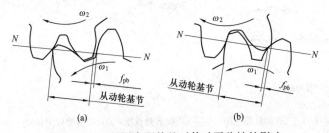

图 10-18　基圆齿距偏差对传动平稳性的影响

1. 一齿切向综合偏差 f_i'

一齿切向综合偏差 f_i'，是指被测齿轮与理想、精确的测量齿轮单面啮合时，在被测齿轮1齿距角内的实际转角与公称转角之差的最大幅度值，以分度圆弧长计值。

一齿切向综合偏差 f_i' 用单啮仪测量，它是切向综合总偏差曲线（见图 10-7）上小波纹中幅值最大的那一段所代表的偏差。一齿切向综合偏差 f_i' 综合反映了齿轮的基节、齿形等方面的误差，是评价平稳性的一项较好的综合指标。

2. 一齿径向综合偏差 f_i''

一齿径向综合偏差 f_i''，是指被测齿轮与理想、精确的测量齿轮双面啮合时，在被测齿轮1齿距角内双啮中心距的最大变动量。

一齿径向综合偏差 f_i'' 用双啮仪测量，它是径向综合偏差曲线 [见图 10-14（b）] 上小波纹中幅值最大的那一段所代表的误差。

由于测量时被测齿轮与测量齿轮做双面啮合，与齿轮工作状态不一致，所以一齿径向综合偏差 f_i'' 评定齿轮工作平稳性不如一齿切向综合偏差 f_i' 完善、确切。但由于双啮仪结构简单，操作方便，成批生产齿轮的工厂用 f_i'' 代替 f_i' 作为评价平稳性的综合指标。

3. 齿廓偏差

实际齿廓偏离设计齿廓的量，在端平面内且垂直于渐开线齿廓的方向计值。

（1）齿廓总偏差（F_α）：在计值范围内，包容实际齿廓迹线的两条设计齿廓迹线间的距离，如图 10-19（a）所示。齿廓总偏差 F_α 主要影响齿轮平稳性精度。

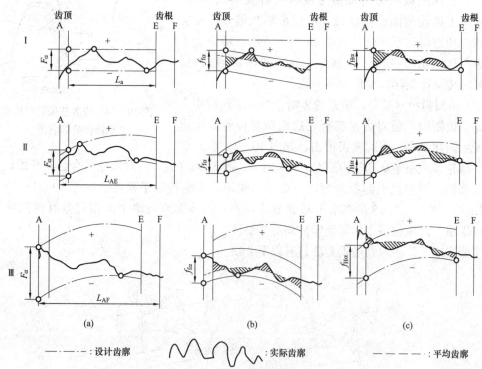

L_a—齿廓计值范围；L_{AE}—齿廓有效长度；L_{AF}—齿廓可用长度

图 10-19 齿廓偏差

（a）齿廓总偏差；（b）齿廓形状偏差；（c）齿廓倾斜偏差

图 10-19 中，Ⅰ设计齿廓为未修形的渐开线，实际齿廓在减薄区内偏向体内；Ⅱ设计齿廓为修形的渐开线，实际齿廓在减薄区偏向体内；Ⅲ设计齿廓为修形的渐开线，实际齿廓在减薄区偏向体外。

（2）齿廓形状偏差（$f_{f\alpha}$）：在计值范围内，包容实际齿廓迹线的两条与平均齿廓迹线完全相同的曲线间的距离，且两条曲线与平均齿廓迹线的距离为常数，如图 10-19（b）所示。

（3）齿廓倾斜偏差（$f_{H\alpha}$）：在计值范围内的两端与平均齿廓迹线相交的两条设计齿廓迹线间的距离，如图 10-19（c）所示。

在近代齿轮设计中，对于高速传动齿轮，为减少基圆齿距偏差和轮齿弹性变形引起的冲击、振动和噪声，常采用以理论渐开线齿形为基础的修正齿形，如修缘齿形、凸齿形等，如图 10-19 所示。所以设计齿形可以是渐开线齿形，也可以是这种修正齿形。

齿廓偏差的检验也称齿形检验，通常是在渐开线检查仪上进行的。图 10-20 所示为单盘式渐开线检查仪原理图。该仪器是用比较法进行齿形偏差测量的，即将产品齿轮的齿形与理论渐开线比较，从而得出齿廓偏差。产品齿轮 2 与可更换的摩擦基圆盘 11 装在同一轴上，基圆盘直径要精确等于被测齿轮的理论基圆直径，并与装在滑板 7 上的直尺 3 以一定的压力相接触。当转动丝杠 5 使滑板 7 移动时，直尺 3 便与基圆盘 1 做纯滚动，此时齿轮也同步转动。在滑板 7 上装有测量杠杆 4，它的一端为测量头，与产品齿面接触，其接触点刚好在直尺 3 与基圆盘 1 相切的平面上，它走出的轨迹应为理论渐开线，但由于齿面存在齿形偏差，因此在测量过程中测头就产生了偏移并通过指示表 8 指示出来，或由记录器（图中未画出）画出齿廓偏差曲线，按 F_α 定义可以从记录曲线上求

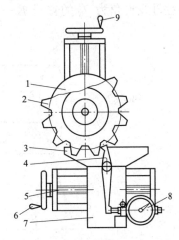

图 10-20　单盘式渐开线检查仪原理图
1—基圆盘；2—齿轮；3—直尺；4—杠杆；5—丝杠；7—滑板；8—指示表；6、9—手轮

出 F_α 数值，然后再与给定的允许值进行比较。有时为了进行工艺分析或应用户要求，也可以从曲线上进一步分析出 $f_{f\alpha}$ 和 $f_{H\alpha}$ 数值。

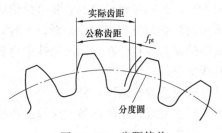

图 10-21　齿距偏差

4. 单个齿距偏差 f_{pt}

单个齿距偏差 f_{pt}，是在分度圆上实际齿距与公称齿距之差，如图 10-21 所示。用相对法测量时，公称齿距是指所有实际齿距的平均值。

由齿轮啮合原理可知，理论上的齿距 P_t 与基节 P_b 有下列关系：

$$P_b = P_t \cos\alpha \qquad (10-2)$$

式中：α 为分度圆齿形角。

微分式（10-2），可得

$$\Delta P_b = \Delta P_t \cos\alpha - P_t \sin\alpha \Delta\alpha \qquad (10-3)$$

$$\Delta P_{\mathrm{t}} = \frac{\Delta P_{\mathrm{b}} + \Delta \alpha P_{\mathrm{t}} \sin\alpha}{\cos\alpha} \tag{10-4}$$

可见，齿距偏差 ΔP_{t}（体现 f_{pt}）和基节偏差 ΔP_{b}（体现 f_{pb}）及齿形角偏差 $\Delta \alpha$ 有一定的函数关系。因此，偏差在一定程度上反映了基节偏差和齿形误差的综合影响，故可以用 f_{pt} 来评价齿轮工作的平稳性。

f_{pt} 是在测量齿距累积总偏差 F_{p} 时同时测得的。如前所述，在表 10-1 的第 5 列中可见 $f_{\mathrm{pt}} = 19\mu\mathrm{m}$。

10.2.3　主要影响载荷分布均匀性的误差项目及其检测

在理论上，一对齿轮的啮合过程，若不需要考虑弹性变形的影响，其啮合是由齿顶到齿根每一瞬间都沿着全齿宽呈一条直线接触的。对于直齿轮，这条接触线是平行于轴线的直线 $K—K$，如图 10-22（a）所示。对于斜齿轮，某瞬间的接触是一根在基圆柱的切平面上与基圆柱母线夹角为 β_{b} 的直线 $K—K$，如图 10-22（b）所示。这是轮齿均匀受载的理想情况。

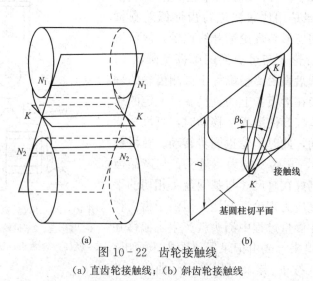

图 10-22　齿轮接触线
(a) 直齿轮接触线；(b) 斜齿轮接触线

实际上，由于齿轮的制造和安装误差，啮合齿在齿长方向并不是沿全齿宽接触的，在啮合过程中也并不是沿全高接触的。就单个齿轮的制造误差而言，对于直齿轮，影响接触长度的是齿向误差，影响接触高度的是齿廓误差；对于宽斜齿轮，影响接触长度的主要是螺旋线的误差，影响接触高度的是齿廓误差和基节误差。从评定齿轮载荷分布均匀性来看，一般对接触长度的要求高于对接触高度的要求，且影响接触高度的误差项目已在传动平稳性中得到控制，所以这里主要考虑影响长度的误差项目，即螺旋线偏差。

在端面基圆切线方向上测得的实际螺旋线偏离设计螺旋线的量有以下三种：

（1）螺旋线总偏差（F_{β}）：在计值范围 L_{β} 内，包容实际螺旋线迹线的两条设计螺旋线迹线间的距离 [见图 10-23（a）]。该项偏差主要影响齿面接触精度。

（2）螺旋线形状偏差（$f_{f\beta}$）：在计值范围 L_{β} 内，包容实际螺旋线迹线，与平均螺旋线迹线完全相同的两条曲线间的距离，且两条曲线与平均螺旋线迹线的距离为常数。平均螺旋线迹线是在计值范围内，按最小二乘法确定的 [见图 10-23（b）]。

（3）螺旋线倾斜偏差（$f_{H\beta}$）：在计值范围 L_{β} 的两端与平均螺旋线迹线相交的两条设计

螺旋线迹线间的距离 [图 10-23 (c)]。

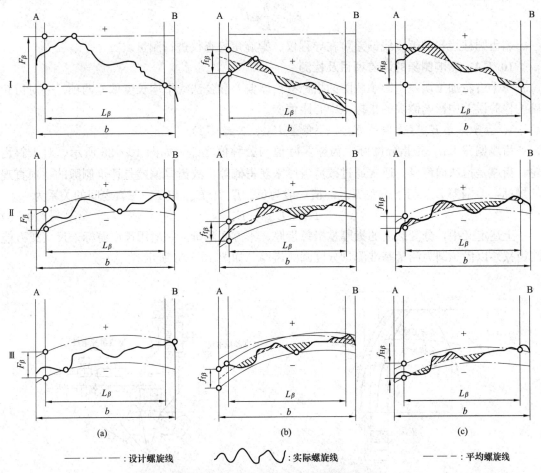

——·——·——:设计螺旋线　　〰〰〰〰:实际螺旋线　　————:平均螺旋线

Ⅰ 设计螺旋线为未修形的螺旋线; 实际螺旋线为在减薄区偏向体内。
Ⅱ 设计螺旋线为修形的螺旋线(举例); 实际螺旋线为在减薄区偏向体内。
Ⅲ 设计螺旋线为修形的螺旋线(举例); 实际螺旋线为在减薄区偏向体外。

图 10-23　螺旋线偏差

(a) 螺旋总偏差; (b) 螺旋线形状偏差; (c) 螺旋线倾斜偏差

注意,对直齿圆柱齿轮,螺旋角 $\beta=0$,此时 F_β 称为齿向偏差。

螺旋线偏差用于评定轴向重合度 $\varepsilon_\beta > 1.25$ 的宽斜齿轮及人字齿轮,它适用于评定传递功率大、速度高的高精度宽斜齿轮。

直齿圆柱齿轮的齿向偏差 F_β 可用如图 10-24 所示的方法测量。产品齿轮连同测量心轴安装在具有前、后顶尖的仪器上,将直径大致等于 $1.68m_n$ 的测量棒分别放入齿轮相隔 90°的 a、c 位置的齿槽间,在测量棒两端打表,测得的两次读数的差就可近似作为齿向偏差 F_β。以检验平板为基准,用指示表测量小圆柱两端处的高度差 Δh(见图 10-24)。如

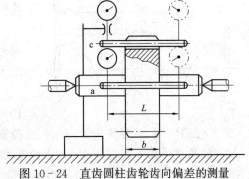

图 10-24　直齿圆柱齿轮齿向偏差的测量

被测齿轮宽为 b，两端之间的距离为 L，则齿向偏差为

$$F_\beta = \frac{b}{L}\Delta h \qquad (10-5)$$

斜齿圆柱齿轮的螺旋线偏差可在导程仪、螺旋角检查仪进行测量。

10.2.4　影响侧隙的误差项目及检测

单个齿轮加工误差中影响侧隙的指标有齿厚偏差和公法线平均长度偏差两项。一对齿轮副的检验误差中影响侧隙的指标是中心距偏差。

1. 齿厚偏差 E_{sn}（上偏差 E_{sns}、下偏差 E_{sni}、公差 T_{sn}）

齿厚偏差 E_{sn}，是指分度圆上齿厚实际值与公称值之差，如图 10-25 所示。对于斜齿轮，齿厚是指法向齿厚。通常通过减薄齿厚来获得侧隙，故齿厚偏差是评价侧隙的一项直观的指标，上偏差 E_{sns} 与下偏差 E_{sni} 的值一般为负。E_{sns}、E_{sni} 和 T_{sn} 三者之间的关系为

$$T_{sn} = E_{sns} - E_{sni} \qquad (10-6)$$

上述定义中，分度圆上的齿厚是指弧齿厚，不方便测量。一般用齿厚游标卡尺（或万能测齿仪）以齿顶圆为测量基准测量分度圆弧齿厚，如图 10-26 所示。

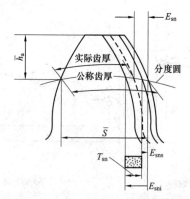

图 10-25　齿厚偏差与极限偏差

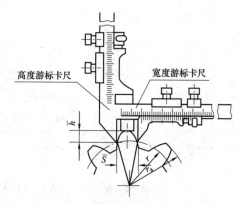

图 10-26　用齿厚游标卡尺测齿厚

对于非变位齿轮，分度圆公称弦齿高 $\bar{h}_a$ 和公称弦齿厚 $\bar{S}$ 分别为

$$\bar{h}_a = m + \frac{mz}{2} \times \left(1 - \cos\frac{\pi}{2z}\right) \qquad (10-7)$$

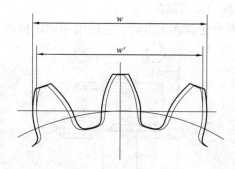

图 10-27　公法线长度

$$\bar{S} = mz\sin\frac{\pi}{2z} \qquad (10-8)$$

式中：m 为被测齿轮模数；z 为被测齿轮齿数。

由于测量齿厚以齿顶圆为基准，齿顶圆的直径偏差和径向跳动会影响测量结果，故这项指标一般用于精度较低、模数较大的齿轮。

由于齿轮齿厚减薄会使公法线长度变短（见图 10-27），因此，也可以公法线平均长度偏差来间接控制齿厚偏差。

2. 公法线平均长度偏差 E_{bn}（上偏差 E_{bns}、下偏差 E_{bni}）

公法线平均长度偏差 E_{bn}，是指在齿轮 1 周内公法线长度的平均值与公称值之差。

齿轮公法线平均长度公称值 w 为

$$w = m\cos\alpha[\pi(k - 0.5) + z\,\mathrm{inv}\alpha] + 2Xm\sin\alpha \qquad (10-9)$$

式中：α 为变位系数；k 为测量公法线时的跨齿数；$\mathrm{inv}\alpha$ 为角 α 的渐开线函数。

当 $\alpha = 20°$ 时，有

$$w = m \times [1.476 \times (2k - 1) + 0.014z] \qquad (10-10)$$

为了使量具的两测量面与不同齿廓在齿高中部（分度圆附近）接触，k 按式（10-11）确定：

$$k \approx \frac{z}{9} + 0.5（修约为整数） \qquad (10-11)$$

如前所述，公法线的实际长度可用公法线千分尺测量，如图 10-17（b）所示，也可以用公法线长度指示卡规、万能测齿仪等仪器测量。测量公法线不必考虑齿顶圆误差的影响，而且可以同时测量公法线长度变动值 ΔF_{w}，方法简便，应用广泛。

值得注意的是，公法线平均长度偏差 E_{bn} 与公法线长度变动值 ΔF_{w} 是不同的。ΔF_{w} 是同一齿轮上在各方位测得的公法线长度中最大值和最小值之差，表明由运动偏心引起的切向偏差，影响传递运动的准确性；而公法线长度偏差是同一齿轮上在各方位测得的公法线长度的平均值与公称值之差，反映齿厚减薄的情况，一般为负偏差，影响侧隙大小。

10.3　齿轮副的误差项目与检测

由两个相啮合的齿轮组成的基本机构称为齿轮副。齿轮副的误差通常可分为传动误差和安装误差两大类。

10.3.1　齿轮副的传动误差

1. 齿轮副的接触斑点

齿轮副的接触斑点是指装配好的齿轮副在轻微的制动下，运转后齿面分布的接触擦亮痕迹。接触斑点综合反映齿轮的加工误差和安装误差，接触面积越大，载荷分布越均匀。接触痕迹的大小在齿面展开图上用百分比计算，如图 10-28 所示。该指标由 GB/Z 18620.4—2008 推荐，分为沿齿长和齿高两个方向。

沿齿长方向的接触斑点，是接触痕迹的长度 b''（扣除超过模数值的断开部分 c）与工作长度 b' 之比的百分数，即 $(b'' - c)/b' \times 100\%$。

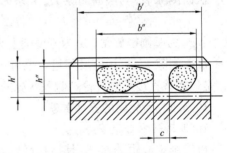

图 10-28　接触斑点

沿齿高方向的接触斑点，是接触痕迹的平均高度 h'' 与工作高度 h' 之比的百分数，即为 $h''/h' \times 100\%$。

沿齿长方向的接触斑点主要影响齿轮副的载荷分布均匀性，沿齿高方向的接触斑点主要影响工作的平稳性。

齿轮的接触斑点可用于装配后的齿轮螺旋线和齿廓精度的评估，还可用来规定和控制齿长方向的配合精度，如图 10-29 所示。图 10-29（a）所示的典型的规范接触近似为齿宽 b 的 80%，有效齿面高度 h 的 70%，齿端修薄；图 10-29（b）所示齿廓正确，有螺旋线偏

差，有齿端修薄；图 10 - 29（c）所示齿长方向配合正确，有齿廓偏差。

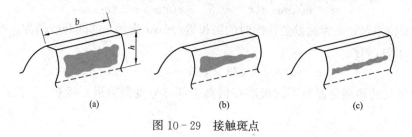

图 10 - 29　接触斑点

2. 齿轮副的侧隙

齿轮副的侧隙分为圆周侧隙和法向侧隙两种。

圆周侧隙 j_{wt} 是指装配好的齿轮副，当一个齿轮固定时另一个齿轮的圆周晃动量，如图 10 - 30（a）所示，以分度圆弧长计值。

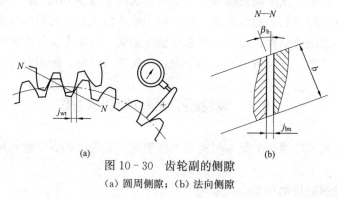

图 10 - 30　齿轮副的侧隙
(a) 圆周侧隙；(b) 法向侧隙

法向侧隙 j_{bn} 是指装配好的齿轮副，当工作面接触时非工作齿面之间的最小距离，如图 10 - 30（b）所示。

法向侧隙 j_{bn} 与圆周侧隙 j_{wt} 关系为

$$j_{bn} = j_{wt} \cos\beta_b \cos\alpha \tag{10-12}$$

式中：β_b 为基圆螺旋角；α 为分度圆上齿形角。

法向侧隙 j_{bn} 可用塞尺测量，也可用式（10 - 12）换算而得。法向侧隙 j_{bn} 与圆周侧隙 j_{wt} 是最能够直接反映齿轮副侧隙状况的指标。

10.3.2　齿轮副的安装误差

1. 齿轮副中心距偏差 f_a

齿轮副中心距偏差 f_a 是指在齿轮副的传动中间平面内实际中心距与公称中心距之差，如图 10 - 31 所示。中心距偏差 f_a 影响齿轮副齿侧间隙。该指标由 GB/Z 18620.3—2008 推荐，但未提供中心距偏差 f_a 的允许值，可参照经验公式计算确定。

中心距偏差 f_a 是确定安装齿轮副的箱体轴承孔中心距极限偏差 f_a' 的依据。通常，当箱体孔中心距合格时，可不检验齿轮副的中心距偏差。

在齿轮只是单向承载运转而不经常反转的情况下，中心距允许偏差主要考虑重合度的影响。对传递运动的齿轮，其侧隙需控制，此时中心距允许偏差应较小；当轮齿上的负载常常反转时，要考虑以下因素：轴、箱体和轴承的偏斜，安装误差，轴承跳动，温度的影响。

一般 5、6 级精度齿轮 f_a＝IT7/2，7、8 级精度齿轮 f_a＝IT9/2（推荐值）。

2. 齿轮副轴线的平行度偏差 $f_{\Sigma\beta}$ 和 $f_{\Sigma\delta}$

齿轮副轴线的平行度偏差 $f_{\Sigma\beta}$ 和 $f_{\Sigma\delta}$，是在两个互相垂直的平面内测量得到的指标。

$f_{\Sigma\beta}$ 是一对齿轮轴线在垂直平面内的平行度偏差，$f_{\Sigma\delta}$ 是一对齿轮的轴线在其轴线平面内的平行度偏差，如图 10-31 所示。轴线平面是包含基本轴线并通过另一根轴线与齿宽中间平面的交点所形成的平面。两轴线中任意一根都可作为基准轴线。

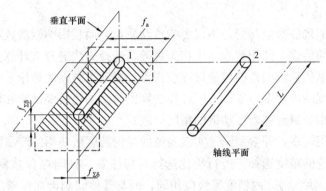

图 10-31　齿轮副中心距偏差

$f_{\Sigma\beta}$ 和 $f_{\Sigma\delta}$ 均在等于齿宽的长度上测量，它们主要影响载荷分布和侧隙的均匀性，在指导性文件中推荐的最大值为

$$f_{\Sigma\beta}＝0.5(L/b)F_{\beta} \tag{10-13}$$

$$f_{\Sigma\delta}＝2f_{\Sigma\beta} \tag{10-14}$$

式中：L 为轴承跨度；b 为齿宽。

齿轮副装配好后，$f_{\Sigma\beta}$ 和 $f_{\Sigma\delta}$ 不便测量，加之它们随接触精度和侧隙的影响已由接触斑点和侧隙指标控制且检测较方便，故很少采用这两项指标来验收齿轮副。当箱体孔心线平行度合格时，可不检验齿轮副轴线的平行度偏差。

轴线平行度偏差的影响与向量的方向有关，GB/Z 18620.3—2008 规定了轴线水平面和垂直平面内的平行度偏差，并推荐了最大允许值。齿轮副的轴线平行度偏差影响齿面的正常接触，使载荷分布不均匀，同时使侧隙在全齿宽上大小不等。

10.4　渐开线圆柱齿轮的精度标准及其应用

10.4.1　标准的主要内容及适用范围

GB/T 10095.1～2—2008《圆柱齿轮　精度制》是我国机械行业的一项重要基础标准，该标准给出了渐开线圆柱齿轮与齿轮副的误差定义、代号、精度等级、公差组与误差检验组、侧隙代号、齿坯及齿轮精度的图样标注等。

GB/T 10095.1～2—2008 适用于平行轴传动的渐开线圆柱齿轮及其齿轮副，其法向模数 $m_n \geqslant 1mm$，基准齿形按 GB/T 1356—2001《通用机械和重型机械用圆柱齿轮　标准基本齿条齿廓》的规定。

10.4.2　精度等级及其选用

1. 精度等级

国家标准对齿轮及齿轮副规定了 13 个精度等级，从 0 级至 12 级精度依次递减（对 F_i'' 和 f_i'' 规定了 4～12 共 9 个精度等级）。其中，6 级是制订标准的基础级。3～5 级为高精度级，6～8 级为中等精度级，9～12 为低精度级；而 0～2 级齿轮，以目前的机械加工工艺还难以达到，是考虑到发展前景而规定的。

2. 精度等级的选择

齿轮精度等级的选择恰当与否，不仅影响传动质量，而且影响制造成本。精度等级选用的主要依据是齿轮的用途、使用要求、工作条件等，选择方法通常有计算法和类比法。

计算法主要根据传动链误差的传递规律或强度、振动等方面的理论来确定精度等级。由于影响齿轮传动精度的因素多而复杂，用计算法算出的结果仍需要试验和修正，所以计算法应用不普遍，主要用于确定精密传动链的精度等级。

类比法目前采用较多，即参照经过实践验证的齿轮精度所使用的产品性能、工作条件等经验资料，进行齿轮的精度选择。进行类比选择时应注意，径向综合总偏差 F_i''、一齿径向综合总偏差 f_i''、径向跳动 F_r 的精度等级应相同，但与其他同侧齿面偏差的精度等级可以相同或不同。表 10-2 和表 10-3 分别列出了一些机械采用的齿轮精度等级范围和圆柱齿轮精度等级的适用范围。

表 10-2　　　　　　　　　　一些机械采用的齿轮精度等级范围

应用范围	精度等级	应用范围	精度等级
单啮仪、双啮仪	2～5	载重汽车	6～9
轮减速器	3～5	通用减速器	6～9
金属切削机床	3～8	轧钢机	5～10
航空发动机	4～7	矿用绞车	6～10
内燃机	5～8	起重机	6～9
轻型汽车	5～8	拖拉机	6～10

表 10-3　　　　　　　　　　圆柱齿轮精度等级的适用范围

精度等级	圆周速度（m/s）		工作条件及应用范围	切齿方法
	直齿	斜齿		
3	>40	>75	用于特别精密的分度机构或在最平稳且无噪声的极高速下工作的齿轮传动中的齿轮，特别是精密机构中的齿轮、高速传动的齿轮（透平传动），检测 5、6 级的测量齿轮	在周期误差特小的精密机床上用展成法加工
4	>35	>70	用于特别精密的分度机构或在最平稳且无噪声的极高速下工作的齿轮传动中的齿轮，特别是精密机构中的齿轮、高速透平传动的齿轮，检测 7 级的测量齿轮	在周期误差极小的精密机床上用展成法加工
5	>20	>40	用于精密的分度机构或在极平稳且无噪声的高速下工作的齿轮传动中的齿轮，特别是精密机构中的齿轮、透平传动的齿轮，检测 8、9 级的测量齿轮	在周期误差小的精密机床上用展成法加工

续表

精度等级	圆周速度（m/s）		工作条件及应用范围	切齿方法
	直齿	斜齿		
6	＜15	＜30	用于要求最高效率且无噪声的高速下工作的齿轮传动中的齿轮或分度机构的齿轮传动中的齿轮，特别重要的航空、汽车用齿轮，读数装置中的特别精密的齿轮	在精密机床上用展成法加工
7	＜10	＜15	在高速和适度功率或大功率和适度速度下工作的齿轮；金属切削机床中需要协调性的进给齿轮，高速减速器齿轮，航空、汽车及读数装置用齿轮	在精密机床上用展成法加工
8	＜6	＜10	无需特别精密的一般机械制造用齿轮，不包括在分度链中的机床齿轮，飞机、汽车制造业中不重要的齿轮，起重机构用齿轮，农业机械中的重要齿轮，通用减速器齿轮	用展成法加工或分度法加工
9	＜2	＜4	用于粗糙工作的，不提正常精度要求的齿轮，因结构上考虑受载低于计算载荷的传动齿轮	任何方法

3. 各偏差的允许值

齿轮副的精度等级确定后，各级精度的各项指标的公差（或极限偏差）值，即 F_r、F_i''、F_p、ΔF_w、f_i''、f_{pt}、F_α、F_β 和接触斑点，可查表 10-4～表 10-13。这些数据摘自 GB/T 10095.1～2—2008 的公差表（F_i'、f_i'、F_{pk} 等没有直接可用的表格，必要时可查公式计算）。

表 10-4　　　　径向跳动 F_r 值（摘自 GB/T 10095.2—2008）　　　　　　　　μm

分度圆直径 d（mm）	法向模数 m_n（mm）	精度等级				
		5	6	7	8	9
		F_r				
20＜d≤50	2＜m_n≤3.5	12.0	17.0	24.0	34.0	47.0
	3.5＜m_n≤6	12.0	17.0	25.0	35.0	49.0
50＜d≤125	2＜m_n≤3.5	15.0	21.0	30.0	43.0	61.0
	3.5＜m_n≤6	16.0	22.0	31.0	44.0	62.0
	6＜m_n≤10	16.0	23.0	33.0	46.0	65.0
125＜d≤280	2＜m_n≤3.5	20.0	28.0	40.0	56.0	80.0
	3.5＜m_n≤6	20.0	29.0	41.0	58.0	82.0
	6＜m_n≤10	21.0	30.0	42.0	60.0	85.0
280＜d≤560	2＜m_n≤3.5	26.0	37.0	52.0	74.0	105.0
	3.5＜m_n≤6	27.0	38.0	53.0	75.0	106.0
	6＜m_n≤10	27.0	39.0	55.0	77.0	109.0

表 10-5　　　　　　　径向综合总偏差 F_i'' 值（摘自 GB/T 10095.2—2008）　　　　　　μm

分度圆直径 d (mm)	法向模数 m_n (mm)	精度等级				
		5	6	7	8	9
		F_i''				
20<d≤50	1.0<m_n≤1.5	16.0	23.0	32.0	45.0	64.0
	1.5<m_n≤2.5	18.0	26.0	37.0	52.0	73.0
50<d≤125	1.0<m_n≤1.5	19.0	27.0	39.0	55.0	77.0
	1.5<m_n≤2.5	22.0	31.0	43.0	61.0	86.0
	2.5<m_n≤4.0	25.0	36.0	51.0	72.0	102.0
125<d≤280	1.0<m_n≤1.5	24.0	34.0	48.0	68.0	97.0
	1.5<m_n≤2.5	26.0	37.0	53.0	75.0	106.0
	2.5<m_n≤4.0	30.0	43.0	61.0	86.0	121.0
	4.0<m_n≤6.0	36.0	51.0	72.0	102.0	144.0
280<d≤560	1.0<m_n≤1.5	30.0	43.0	61.0	86.0	122.0
	1.5<m_n≤2.5	33.0	46.0	65.0	92.0	131.0
	2.5<m_n≤4.0	37.0	52.0	73.0	104.0	146.0
	4.0<m_n≤6.0	42.0	60.0	84.0	119.0	169.0

表 10-6　　　　　　　一齿径向综合偏差 f_i'' 值（摘自 GB/T 10095.2—2008）　　　　　　μm

分度圆直径 d (mm)	法向模数 m_n (mm)	精度等级				
		5	6	7	8	9
		f_i''				
20<d≤50	1.0<m_n≤1.5	4.5	6.5	9.0	13.0	18.0
	1.5<m_n≤2.5	6.5	9.5	13.0	19.0	26.0
50<d≤125	1.0<m_n≤1.5	4.5	6.5	9.0	13.0	18.0
	1.5<m_n≤2.5	6.5	9.5	13.0	19.0	26.0
	2.5<m_n≤4.0	10.0	14.0	20.0	29.0	41.0
125<d≤280	1.0<m_n≤1.5	4.5	6.5	9.0	13.0	18.0
	1.5<m_n≤2.5	6.5	9.5	13.0	19.0	27.0
	2.5<m_n≤4.0	10.0	15.0	21.0	29.0	41.0
	4.0<m_n≤6.0	15.0	22.0	31.0	44.0	62.0
280<d≤560	1.0<m_n≤1.5	4.5	6.5	9.0	13.0	18.0
	1.5<m_n≤2.5	6.5	9.5	13.0	19.0	27.0
	2.5<m_n≤4.0	10.0	15.0	21.0	29.0	41.0
	4.0<m_n≤6.0	15.0	22.0	31.0	44.0	62.0

表 10 - 7　　　　　齿距累积总偏差 F_p（摘自 GB/T 10095.1—2008）　　　　μm

分度圆直径 d (mm)	法向模数 m_n (mm)	精度等级				
		5	6	7	8	9
		F_p				
20＜d≤50	2＜m_n≤3.5	15.0	21.0	30.0	42.0	59.0
	3.5＜m_n≤6	15.0	22.0	31.0	44.0	62.0
50＜d≤125	2＜m_n≤3.5	19.0	27.0	38.0	53.0	76.0
	3.5＜m_n≤6	19.0	28.0	39.0	55.0	78.0
	6＜m_n≤10	20.0	29.0	41.0	58.0	82.0
125＜d≤280	2＜m_n≤3.5	25.0	35.0	50.0	70.0	100.0
	3.5＜m_n≤6	25.0	36.0	51.0	72.0	102.0
	6＜m_n≤10	26.0	37.0	53.0	75.0	106.0
280＜d≤560	2＜m_n≤3.5	33.0	46.0	65.0	92.0	131.0
	3.5＜m_n≤6	33.0	47.0	66.0	94.0	133.0
	6＜m_n≤10	34.0	48.0	68.0	97.0	137.0

表 10 - 8　　　　　公法线长度变动 ΔF_w 值（摘自 GB/T 10095.1—2008）　　　　μm

分度圆直径（mm）	精度等级				
	5	6	7	8	9
≤125	12	20	28	40	50
＞125～400	16	25	36	50	71
＞400～800	20	32	45	63	90

表 10 - 9　　　　　齿廓总偏差 F_a 值（摘自 GB/T 10095.1—2008）　　　　μm

分度圆直径 d (mm)	法向模数 m_n (mm)	精度等级				
		5	6	7	8	9
		F_a				
20＜d≤50	2＜m_n≤3.5	7.0	10.0	14.0	20.0	29.0
	3.5＜m_n≤6	9.0	12.0	18.0	25.0	35.0
50＜d≤125	2＜m_s≤3.5	8.0	11.0	16.0	22.0	31.0
	3.5＜m_n≤6	9.5	13.0	19.0	27.0	38.0
	6＜m_n≤10	12.0	16.0	23.0	33.0	46.0
125＜d≤280	2＜m_n≤3.5	9.0	13.0	18.0	25.0	36.0
	3.5＜m_n≤6	11.0	15.0	21.0	30.0	42.0
	6＜m_n≤10	13.0	18.0	25.0	36.0	50.0
280＜d≤560	2＜m_n≤3.5	10.0	15.0	21.0	29.0	41.0
	3.5＜m_n≤6	12.0	17.0	24.0	34.0	48.0
	6＜m_n≤10	14.0	20.0	28.0	40.0	56.0

表 10‐10 单个齿距极限偏差 f_{pt} 值（摘自 GB/T 10095.1—2008） μm

分度圆直径 d（mm）	法向模数 m_n（mm）	精度等级				
		5	6	7	8	9
		$\pm f_{pt}$				
20<d≤50	2<m_n≤3.5	5.5	7.5	11.0	15.0	22.0
	3.5<m_n≤6	6.0	8.5	12.0	17.0	24.0
50<d≤125	2<m_n≤3.5	6.0	8.5	12.0	17.0	23.0
	3.5<m_n≤6	6.5	9.0	13.0	18.0	26.0
	6<m_n≤10	7.5	10.0	15.0	21.0	30.0
125<d≤280	2<m_n≤3.5	6.5	9.0	13.0	18.0	26.0
	3.5<m_n≤6	7.0	10.0	14.0	20.0	28.0
	6<m_n≤10	8.0	11.0	16.0	23.0	32.0
280<d≤560	2<m_n≤3.5	7.0	10.0	14.0	20.0	29.0
	3.5<m_n≤6	8.0	11.0	16.0	22.0	31.0
	6<m_n≤10	8.5	12.0	17.0	25.0	35.0

表 10‐11 螺旋线总偏差 F_β 值（摘自 GB/T 10095.1—2008） μm

分度圆直径 d（mm）	齿宽 b（mm）	精度等级				
		5	6	7	8	9
		F_β				
20<d≤50	10<d≤20	7.0	10.0	14.0	20.0	29.0
	20<b≤40	8.0	11.0	16.0	23.0	32.0
50<d≤125	10<b≤20	7.5	11.0	15.0	21.0	30.0
	20<b≤40	8.5	12.0	17.0	24.0	34.0
	40<b≤80	10.0	14.0	20.0	28.0	39.0
125<d≤280	10<b≤20	8.0	11.0	16.0	22.0	32.0
	20<b≤40	9.0	13.0	18.0	25.0	36.0
	40<b≤80	10.0	15.0	21.0	29.0	41.0
280<d≤560	20<b≤40	9.5	13.0	19.0	27.0	38.0
	40<b≤80	11.0	15.0	22.0	31.0	44.0
	80<b≤160	13.0	18.0	26.0	36.0	52.0

表 10‐12 接触斑点（摘自 GB/Z 18620.4—2008） （%）

齿轮 参数 精度等级	$b_{c1}/b \times 100\%$		$h_{c1}/h \times 100\%$		$b_{c2}/b \times 100\%$		$h_{c2}/h \times 100\%$	
	直齿轮	斜齿轮	直齿轮	斜齿轮	直齿轮	斜齿轮	直齿轮	斜齿轮
4 级及更高	50	50	70	50	40	40	50	30
5 和 6	45	45	50	40	35	35	30	20
7 和 8	35	35	50	40	35	35	30	20
9 至 12	25	25	50	40	25	25	30	20

表 10 - 13　　　　　　　　　　　中心距极限偏差 f_a 值

第Ⅱ公差组精度等级	5～6	7～8	9～10
f_a	$\dfrac{1}{2}$IT7	$\dfrac{1}{2}$IT8	$\dfrac{1}{2}$IT9

10.4.3　检验项目的选择

齿轮的误差项目很多，在检查和验收齿轮精度时，没有必要对所有的项目进行检验。齿轮精度标准 GB/T 10095.1～2、GB/Z 18620.2 等文件中给出了很多偏差项目，见表 10 - 14。但作为划分齿轮质量等级标准的必检项目只有表 10 - 15 所列出的几项。

表 10 - 14　　　　　　　　　　　单个齿轮偏差的主要偏差项目

项目名称			代号	对传动的主要影响	是必检项目	常用检测方法
轮齿同侧齿面偏差	齿距偏差	单个齿距偏差	f_{pt}	平稳性	是	在齿距仪或万能测齿仪上用相对法测量
		齿距累积偏差	F_{pk}	准确性	不是	
		齿距累积总偏差	F_p	准确性	是	
	齿廓偏差	齿廓总偏差	F_α	平稳性	是	在渐开线检查仪上用展成法检测
		齿廓形状偏差	$f_{f\alpha}$	平稳性	不是	
		齿廓倾斜偏差	$f_{H\alpha}$	平稳性	不是	
	螺旋线偏差	螺旋线总偏差	F_β	载荷分布均匀性	是	直齿轮可用径向跳动检查仪等检测，斜齿轮在螺旋线检查仪上用展成法检测
		螺旋线形状偏差	$f_{f\beta}$	载荷分布均匀性	不是	
		螺旋线倾斜偏差	$f_{H\beta}$	载荷分布均匀性	不是	
	切向综合偏差	切向综合总偏差	F_i'	准确性	不是	在单面啮合仪上检测
		一齿切向综合偏差	f_i'	平稳性	不是	
径向综合偏差与径向跳动	径向综合偏差	径向综合总偏差	F_i''	准确性	不是	在双面啮合仪上检测
		一齿径向综合偏差	f_i''	平稳性	不是	
	径向跳动		F_r	准确性	不是	在径向跳动检查仪或万能测齿仪上检测
齿厚偏差			E_{sn}	侧隙	是	用万能测齿仪或齿厚游标卡尺检测

从表 10 - 14 中看出，有 5 个必检项目，它们能全面评价齿轮传动四方面的基本要求。其中，齿距累计总偏差 F_p 能反映切向和径向的长周期误差，是评价运动准确性的综合指标；齿廓总偏差 F_α 和单个齿距偏差 $\pm f_{pt}$ 分别反映一对轮齿在啮合过程中及交替啮合时瞬时传动比的变化，能较全面地反映平稳性；螺旋线总偏差 F_β 直接影响轮齿在齿宽方向的接触好坏，是评价载荷分布均匀性的指标。对于齿轮副的侧隙，在中心距一定的情况下，齿厚减薄越多，侧隙越大，所以一般是用单个齿轮的齿厚偏差 E_{sn} 来评价侧隙（也可用单个齿轮公法线长度偏差代替齿厚偏差，公法线的检测比齿厚的检测更为方便准确）。

表 10 - 15　　　　　　　　　　　　　齿轮检验的必检项目

检验项目	对齿轮精度的影响	检验项目	对齿轮精度的影响
齿距累积总偏差（F_p）	运动的准确性	螺旋线总偏差（F_β）	载荷的均匀性
单个齿距偏差（$\pm f_{pt}$）	运动的平稳性	齿厚偏差（E_{sn}）或公法线平均长度偏差 E_{bn}	侧隙的合理性
齿廓总偏差（F_α）	运动的平稳性		

齿轮非必检（见表 10 - 14）的项目主要用于以下情况：

（1）切向综合总偏差 F_i' 能很好地反映切向、径向的长周期误差，是评价运动准确性的综合指标，可以代替齿距累计总偏差 F_p；一齿切向综合偏差 f_i' 能全面反映一对轮齿在啮合过程中以及交替啮合时瞬时传动比的变化，是评价传动平稳性的综合指标，可以代替齿廓总偏差 F_α 和单个齿距偏差 $\pm f_{pt}$。切向综合总偏差 F_i' 和一齿切向综合偏差 f_i' 都是在单面啮合仪上测量的，检测效率高，但由于单面啮合仪价格较贵，未能普及。

（2）规定齿距累积偏差 F_{pk} 是为了限制在较小的齿距数上的齿距累积偏差过大，从而避免产生很大的加速度，影响平稳性，主要应用于高速齿轮传动。

（3）齿廓形状偏差 $f_{f\alpha}$、齿廓倾斜偏差 $f_{H\alpha}$、螺旋线形状偏差 $f_{f\beta}$ 和螺旋线倾斜偏差 $f_{H\beta}$ 四项，主要用于工艺分析或其他目的，一般较少使用。

（4）径向综合偏差 F_i''（一齿径向综合偏差 f_i''）只反映径向的误差，不如切向综合偏差 F_i'（一齿切向综合偏差 f_i'）全面，但由于使用的检测仪器（双面啮合仪）简单、检测效率高，常作为辅助检测项目。即在批量生产中，用必检项目对首批生产的齿轮进行检验，若符合要求，对后面接着生产的齿轮，就可以只检查径向综合偏差，以揭示由于齿轮加工时安装偏心等原因造成的径向误差。

（5）径向跳动 F_r 与径向综合总偏差 F_i'' 的性质相同，可以相互替代。

按照我国的生产实践及现有生产和检测水平，特推荐五个检验组（见表 10 - 16），以便设计人员按照使用要求、生产批量和检验设备选取其中一个检验组来评定齿轮的精度等级。

检验组的组合方案的选择主要考虑齿轮精度、生产规模和仪器状况。

（1）精度高的齿轮宜采用能较好反映误差情况的综合指标（如 F_i'、f_i'），精度较低的齿轮可采用单项指标。

（2）成批、大量生产的齿轮宜采用检测效率较高的指标（如 F_i'、F_i''）。

（3）选择公差项目时，应尽量使仪器的数量少些。例如，若已选择了 F_i' 或 F_p，则应尽量再选 f_i' 或 f_{pt}，因为 F_i' 和 f_i'，F_p 和 f_{pt} 是由同一台仪器上测出的数据经不同的处理而得到的，这样可以减少仪器的种类，省略测量时间。

表 10 - 16　　　　　　　　　　　　　五个推荐的齿轮公差检验组

检验组	检验项目	精度等级	测量仪器	备注
1	F_p、F_α、F_β、F_r、E_{sn} 或 E_{bn}	3～9	齿距仪、齿形仪、齿向仪、摆差测定仪、齿厚卡尺或公法线千分尺	单件小批量
2	f_{pt}、F_p、F_{pk}、F_α、F_β、F_r、E_{sn} 或 E_{bn}	3～9	齿距仪、齿形仪、齿向仪、摆差测定仪、齿厚卡尺或公法线千分尺	单件小批量

续表

检验组	检验项目	精度等级	测量仪器	备注
3	F_i''、f_i''、E_{sn} 或 E_{bn}	6～9	双面啮合测量仪、齿厚卡尺或公法线千分尺	大批量
4	f_{pt}、F_r、E_{sn} 或 E_{bn}	10～12	齿距仪、摆差测定仪、齿厚卡尺或公法线千分尺	
5	F_i'、f_i'、F_β、E_{sn} 或 E_{bn}	3～6	单啮仪、齿向仪、齿厚卡尺或公法线千分尺	大批量

10.4.4　齿轮精度的标注

1. 齿轮精度等级的标注

国家标准规定，在齿轮工作图上应标注齿轮的精度等级和标准代号。

(1) 若齿轮检验项目若同为 7 级，标注：

$$7GB/T\ 10095.1—2008\ \text{或}\ 7GB/T\ 10095.2—2008$$

(2) 若齿轮检验项目的精度等级不同，如齿廓总偏差 F_α 为 6 级，而齿距累计总偏差 F_p 和螺旋线总偏差 F_β 均为 7 级时，标注：

$$6\ (F_\alpha)\ 7\ (F_p,\ F_\beta)\ GB/T\ 10095.1—2008$$

除此之外，在齿轮工作图上，还应标注以下几项内容：

(1) 在视图上标注齿坯公差和各表面粗糙度。

(2) 在视图右上角的表格中标出各检验项目的公差值。

2. 齿厚偏差标注

齿厚偏差标注时，在齿轮工作图右上角参数表中标出公称值及极限偏差。

10.4.5　齿轮副侧隙及其确定

为保证齿轮润滑、补偿齿轮的制造误差、安装误差、热变形等造成的误差，必须在非工作面留有侧隙。单个齿轮没有侧隙，只有齿厚。相互啮合的轮齿的侧隙是由一对齿轮运行时的中心距及每个齿轮的实际齿厚所控制。国家标准规定采用基准中心距制，即在中心距一定的情况下，用控制轮齿齿厚的方法获得必要的侧隙。

1. 齿侧间隙的表示法

齿侧间隙通常有法向侧隙 j_{bn} 和圆周侧隙 j_{wt} 两种表示法。法向侧隙 j_{bn} 是当两个齿轮的工作齿面相互接触时，非工作面之间的最短距离，如图 10-32 所示。测量 j_{bn} 需在基圆切线方向，也就是在啮合线方向上测量，一般可以通过压铅丝方法测量，即齿轮啮合过程中在齿间放入一块铅丝，啮合后取出压扁了的铅丝测量其厚度。也可以用塞尺直接测量 j_{bn}。圆周侧隙 j_{wt} 是当固定两啮合齿轮中的一个，另一个齿轮所能转过的节圆弧长的最大值。理论上 j_{bn} 与 j_{wt} 存在以下关系：

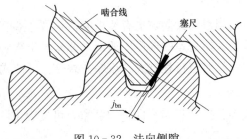

图 10-32　法向侧隙

$$j_{bn} = j_{wt}\cos\alpha_{wt}\cos\beta_b \qquad (10-15)$$

式中：α_{wt} 为端面工作压力角；β_b 为基圆螺旋角。

2. 最小侧隙（j_{bnmin}）的确定

在设计齿轮传动时，必须保证有足够的最小侧隙 j_{bnmin} 以确保齿轮机构正常工作。对于黑色金属材料齿轮和黑色金属材料箱体，工作时齿轮节圆线速度小于 15m/s，其箱体、轴和轴承都采用常用商业制造公差的齿轮传动，j_{bnmin} 可按式（10-16）计算：

$$j_{bnmin} = \frac{2}{3} \times (0.06 + 0.0005a + 0.03m_n) \quad (mm) \quad (10-16)$$

按式（10-16）计算可以得出如表 10-17 所示的推荐数据。

表 10-17　　对于大中模数齿轮最小侧隙 j_{bnmin} 的推荐数据（摘自 GB/Z 18620.2—2008）　　mm

模数 m_n	最小中心距 a					
	50	100	200	400	800	1600
1.5	0.09	0.11	—	—	—	—
2	0.10	0.12	0.15	—	—	—
3	0.12	0.14	0.17	0.24	—	—
5	—	0.18	0.21	0.28	—	—
8	—	0.24	0.27	0.34	0.47	—
12	—	—	0.35	0.42	0.55	—
18	—	—	—	0.54	0.67	0.94

3. 齿侧间隙的获得和检验项目

齿轮轮齿的配合是采用基中心距制，在此前提下，齿侧间隙必须通过减薄齿厚来获得，其检测可采用控制齿厚、公法线长度等方法来保证侧隙。

（1）用齿厚极限偏差控制齿厚。为了获得最小侧隙 j_{bnmin}，齿厚应保证有最小减薄量，它是由分度圆齿厚上偏差 E_{sns} 形成的，如图 10-25 所示。

对于 E_{sns} 的确定，可类比选取，也可参考下述方法计算选取。

当主动轮与被动轮齿厚都做成最大值即做成上偏差时，可获得最小侧隙 j_{bnmin}。通常取两齿轮的齿厚上偏差相等，此时可有

$$j_{bnmin} = 2|E_{sns}|\cos\alpha_n \quad (10-17)$$

因此

$$E_{sns} = -\frac{j_{bnmin}}{2\cos\alpha_n} \quad (10-18)$$

当对最大侧隙也有要求时，齿厚下偏差 E_{sni} 也需要控制，此时需进行齿厚公差 T_{sn} 计算。齿厚公差的选择要适当，公差过小势必增加齿轮制造成本；公差过大会加大侧隙，使齿轮反转时空行程过大。齿厚公差 T_{sn} 可按式（10-18）求得

$$T_{sn} = \sqrt{F_r^2 + b_r^2}\,2\tan\alpha_n \quad (10-19)$$

式中：b_r 为切齿径向进刀公差，可按表 10-18 选取。

表 10-18　　　　　　　　切齿径向进刀公差 b_r 值

齿轮精度等级	4	5	6	7	8	9
b_r 值	1.26IT7	IT8	1.26IT8	IT9	1.26IT9	IT10

注　查 IT 值的主参数为分度圆直径尺寸。

这样 E_{sni} 可按式（10-19）求出

$$E_{sni} = E_{sns} - T_{sn} \qquad (10-20)$$

式中：T_{sn} 为齿厚公差。

显然若齿厚偏差合格，实际齿厚偏差 E_{sn} 应处于齿厚公差带内，从而保证齿轮副侧隙满足要求。

（2）用公法线长度极限偏差控制齿厚。齿厚偏差的变化必然引起公法线长度的变化。测量公法线平均长度同样可以控制齿侧间隙。公法线长度的上偏差 E_{bns} 和下偏差 E_{bni} 与齿厚偏差有如下关系：

$$E_{bns} = E_{sns}\cos\alpha_n - 0.72F_r\sin\alpha_n \qquad (10-21)$$

$$E_{bni} = E_{sni}\cos\alpha_n + 0.72F_r\sin\alpha_n \qquad (10-22)$$

10.4.6　齿坯精度的确定

齿轮坯和齿轮箱体的尺寸误差、几何误差及表面质量对齿轮的加工、检验及齿轮副的转动情况有极大的影响，加工齿轮坯和齿轮箱体时保持较高的加工精度可使加工的轮齿精度较易保证，从而保证齿轮的传动性能。

1. 基准轴线的确定

有关齿轮轮齿精度（如齿廓偏差、相邻齿距偏差等）参数的数值，只有明确其特定的旋转轴线时才有意义。测量时齿轮围绕旋转的轴线如有改变，则这些参数测量值也将改变。因此，在齿轮的图纸上必须把规定轮齿公差的基准轴线明确表示出来，事实上整个齿轮的几何形状均以其为基准。

基准轴线的确定有以下三种方式：

（1）用两个"短的"圆柱或圆锥形基准面上设定的两个圆的圆心来确定轴线上的两点，如图 10-33（a）所示。

（2）用一个"长的"圆柱或圆锥形基准面来同时确定轴线的位置和方向。孔的轴线可以用与之相匹配正确地装配的工作心轴的轴线来代表，如图 10-33（b）所示。

（3）轴线位置用一个"短的"圆柱形基准面上一个圆的圆心来确定，其方向则用垂直于此轴线的一个基准端面来确定，如图 10-33（c）所示。

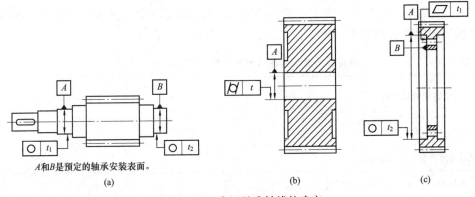

图 10-33　齿坯基准轴线的确定

用来确定基准轴线的面称为基准面，应与安装面重合。但事实上，基准面和安装面不会绝对重合，必须规定两者之间的尺寸和形状公差。

2. 齿坯精度的确定

齿坯精度包括四方面内容。

（1）基准面与安装面的尺寸公差。齿轮内孔或齿轮轴的轴承安装面是工作安装面，也常作基准面和制造安装面，其尺寸公差见表 10-19。

表 10-19　　　　　基准面与安装面的尺寸公差（摘自 GB/Z 18620.3—2008）

齿轮精度等级[①]	6	7	8	9
孔	IT6	IT7	IT7	IT8
轴颈	IT5	IT6	IT6	IT7
顶圆柱面[②]	IT8	IT8	IT7	IT9

[①] 当齿轮个参数精度等级不同时，按最高等级确定公差值。

[②] 齿顶圆柱面如果不作为测量齿厚的基准，其尺寸公差按 IT11 给定，但不大于 $0.1m_n$。

（2）基准面与安装面的形状公差（见表 10-20）。

表 10-20　　　　　基准面与安装面的形状公差（摘自 GB/Z 18620.3—2008）

确定轴线的基准面	公差项目		
	圆度	圆柱度	平面度
两个"短的"圆柱或圆锥形基准面	$0.04(L/b)F_\beta$ 或 $0.1F_p$ 取两者中小值		
一个"长的"圆柱或圆锥形基准面		$0.04(L/b)F_\beta$ 或 $0.1F_p$，取两者中小值	
一个"短的"圆柱面和一个端面	$0.06F_p$		$0.06(D_d/b)F_\beta$

注　1. 齿轮坯的公差应减至能经济地制造的最小值；

　　2. L 为较大的轴承跨距；D_d 为基准面直径；b 为齿宽。

（3）安装面的跳动公差。当工作安装面的轴线与基准面的轴线不重合时，工作安装面对于基准轴线的跳动公差数值一般不大于表 10-21 中规定的数值。

表 10-21　　　　　安装面的跳动公差（摘自 GB/Z 18620.3—2008）

确定轴线的基准面	跳动量（总的指示幅度）	
	径向	轴向
仅圆柱或圆锥形基准面	$0.15(L/b)F_\beta$ 或 $0.3F_p$，取两者中大值	
一个圆柱基准面和一个端面基准面	$0.3F_p$	$0.2(D_d/b)F_\beta$

注　齿坯的公差应减至能经济地制造的最小值。

（4）各表面的表面粗糙度。轮齿表面粗糙度影响齿轮的传动精度（噪声和振动）、表面承载能力（如点蚀、胶合和磨损）和弯曲强度（齿根过渡曲面状况）。齿面和齿坯其他表面的粗糙度见表 10-22 和表 10-23。

表 10-22　　　　齿面 Ra 推荐值（摘自 GB/Z 18620.4—2008）

模数（mm）	精度等级											
	1	2	3	4	5	6	7	8	9	10	11	12
$m<6$					0.5	0.8	1.25	2.0	3.2	5.0	10	20
$6\leqslant m\leqslant 25$	0.04	0.08	0.16	0.32	0.63	1.00	1.6	2.5	4	6.3	12.5	2.5
$m>25$					0.8	1.25	2.0	3.2	5.0	8.0	16	32

表 10-23　　　　齿坯其他表面 Ra 推荐值

齿轮精度等级	6	7	8	9
基准孔	1.25	1.25~2.5		5
基准轴领	0.63	1.25	2.5	
基准端面	2.5~5		5	
顶圆柱面	5			

10.4.7　齿轮精度设计举例

齿轮精度设计主要包括以下六个方面的内容：

（1）齿轮精度等级的确定。选择精度等级的主要依据是齿轮的用途、使用要求和工作条件，一般有计算法和类比法。类比法是参考同类产品的齿轮精度，结合所设计齿轮的具体要求来确定精度等级。表 10-2 为多年来在生产实践中搜集的齿轮精度等级使用情况，可供参考。中等速度和中等载荷的一般齿轮精度等级通常按分度圆处的圆周速度来确定精度等级，具体选择参考表 10-3 来确定。

（2）最小侧隙和齿厚偏差的确定。按 10.4.5 中所述方法合理确定。

（3）检验组的确定。确定检验组就是确定检验项目，一般根据以下几方面内容来选择：①齿轮的精度等级，齿轮的切齿工艺；②齿轮的生产批量；③齿轮的尺寸大小和结构；④齿轮的检测设备情况。综合以上情况，从表 10-16 选取。

（4）齿坯精度的确定。根据齿轮的具体结构和使用要求，按 10.4.6 所述内容确定。

（5）确定各表面粗糙度。

（6）将各项要求标注在齿轮零件工作图上。

【**例 10-1**】　某通用减速器齿轮中有一对直齿齿轮副，模数 $m=3$mm，齿形角 $\alpha=20°$，齿数 $Z_1=32$，$Z_2=96$，齿宽 $b=20$mm，轴承跨度为 85mm，传递最大功率为 5kW，转速 $n_1=1280$r/min，齿轮箱用喷油润滑，小批量生产。试设计小齿轮精度，并画出小齿轮零件图。

解　（1）确定齿轮精度等级。从给定条件知该齿轮为通用减速器齿轮，由表 10-2 可以大致得出齿轮精度等级为 6~9 级，而且该齿轮为既传递运动又传递动力，可按线速度来确定精度等级。

$$v=\frac{\pi dn_1}{1000\times 60}=\frac{3.14\times 3\times 32\times 1280}{1000\times 60}=6.43\ (\text{m/s})$$

由表 10-3 选出该齿轮精度等级为 7 级，表示为 7GB/T 10095.1—2008。

（2）最小侧隙和齿厚偏差的确定。中心距

$$a=m(z_1+z_2)/2=3\times(32+96)/2=192\ (\text{mm})$$

按式（10-15）计算，有

$$j_{bnmin}=\frac{2}{3}\times(0.06+0.005a+0.03m)=\frac{2}{3}\times(0.06+0.0005\times192+0.03\times3)=0.164\ (\text{mm})$$

由式（10-17）得　　$E_{sns}=-j_{bnmin}/(2\cos\alpha)=0.164/(2\cos20°)=-0.087\ (\text{mm})$

分度圆直径　　　　　　　　　$d=mz=3\times32=96(\text{mm})$

由表 10-4 查得　　　　　　　　$F_r=30\mu m=0.03\text{mm}$

由表 10-18 查得　　　　　　　$b_r=\text{IT9}=0.087\text{mm}$

有　$T_{sn}=\sqrt{F_r^2+b_r^2}\times2\tan20°=\sqrt{0.03^2+0.087^2}\times2\times\tan20°=0.067\ (\text{mm})$

$$E_{sni}=E_{sns}-T_{sn}=-0.087-0.067=-0.154\ (\text{mm})$$

而公称齿厚　　　　　　　　　$\bar{S}=zm\sin\dfrac{90°}{z}=4.71\text{mm}$

因此，公称齿厚及偏差为 $4.71^{-0.087}_{-0.154}$。

也可以用公法线长度极限偏差来代替齿厚偏差：

上偏差 $E_{bns}=E_{sns}\cos\alpha_n-0.72F_r\sin\alpha_n$

$$=-0.087\times\cos20°-0.72\times0.03\sin20°=-0.089\ (\text{mm})$$

下偏差 $E_{bni}=E_{sni}\cos\alpha_n+0.72F_r\sin\alpha_n$

$$=-0.154\times\cos20°+0.72\times0.03\sin20°=-0.137\ (\text{mm})$$

跨齿数　　　　　　　　　$n=z/9+0.5=32/9+0.5\approx4$

公法线公称长度$\times w_n=m\times[2.9521\times(k-0.5)+0.014z]$

$$=3\times[2.9521\times(4-0.5)+0.014\times32]=32.341\ (\text{mm})$$

因此 $w_n=32.341^{-0089}_{-0137}$。

（3）确定检验项目。参考表 10-16，该齿轮属于小批生产，中等精度，无特殊要求，可选第一组，即 F_p、F_α、F_β、F_r。由表 10-4～表 10-13 查得

$$F_p=0.038\text{mm}，\quad F_\alpha=0.016\text{mm}，\quad F_r=0.030\text{mm}，\quad F_\beta=0.015\text{mm}$$

（4）确定齿轮副精度。

1）中心距极限偏差。

$$\pm f_a=\pm\text{IT9}/2=\pm115/2\approx\pm57\ (\mu m)=\pm0.057\ (\text{mm})$$

因此　　　　　　　　　　　$a=(192\pm0.057)\text{mm}$

2）轴线平行度偏差 $f_{\Sigma\beta}$ 和 $f_{\Sigma\delta}$。

由式（10-13）得　　　$f_{\Sigma\beta}=0.5(L/b)F_\beta=0.5\times(85/20)\times0.015=0.032\ (\text{mm})$

由式（10-14）得　　　$f_{\Sigma\delta}=2f_{\Sigma\beta}=2\times0.032=0.064\ (\text{mm})$

（5）齿轮坯精度。

1）内孔尺寸偏差：由表 10-19 查出公差为 IT7，其尺寸偏差为 $\phi40\text{H7}\ (^{+0.025}_{0})$ Ⓔ。

2）齿顶圆直径偏差。

齿顶圆直径　　　　　$d_a=m(z+2)=3\times(32+2)=102\ (\text{mm})$

齿顶圆直径偏差　　　$\pm0.05m=\pm0.05\times3=\pm0.15\ (\text{mm})$

$$d_a=(102\pm0.15)\ \text{mm}$$

3）基准面的几何公差：内孔圆柱度公差 t_1。

$$0.04(L/b)F_\beta = 0.04 \times (85/20) \times 0.015 \approx 0.0026\ (\text{mm})$$

$$0.1F_p = 0.1 \times 0.038 = 0.0038\ (\text{mm})$$

取最小值 0.0026，即　　　　　　　　　$t_1 = 0.0026 \approx 0.003$（mm）

查表 $10-21$，端面圆跳动公差　　　　　　$t_2 = 0.018\text{mm}$

顶圆径向圆跳动公差　　　　　　　　　　$t_3 = t_2 = 0.018\text{mm}$

4）齿面表面粗糙度。查表 $10-22$ 得，Ra 的上限值为 $1.25\mu\text{m}$。

图 $10-34$ 所示为小齿轮零件图。

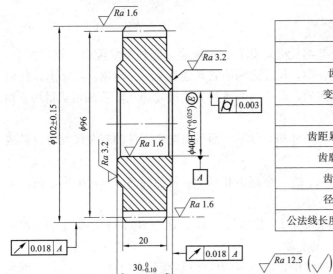

模数	m	3
齿数	z	32
齿形角	α	20°
变位系数	x	0
精度	7GB/T 10095—2008	
齿距累积总偏差	F_p	0.038
齿廓总偏差	F_α	0.016
齿向偏差	F_β	0.015
径向跳动	F_r	0.030
公法线长度及其极限偏差	$W_n = 32.341_{-0.137}^{-0.089}$	

图 $10-34$　小齿轮零件图

习　题

$10-1$　对齿轮传动有哪些使用要求？对不同用途的齿轮传动，这些使用要求有何侧重？

$10-2$　齿轮传动的 4 项基本要求是什么？

$10-3$　规定齿侧间隙的目的是什么？对单个齿轮来讲可用哪两项指标控制齿侧间隙？

$10-4$　齿轮精度等级分几级？如何表示？

$10-5$　齿轮副的传动误差和安装误差有哪些项目？

$10-6$　影响齿轮副载荷分布均匀性的因素有哪些？

$10-7$　齿坯公差包括哪些项目？齿坯误差对齿轮加工有什么影响？

$10-8$　某通用减速器中相互啮合的两个直齿圆柱齿轮的模数 $m=4\text{mm}$，齿形角 $\alpha=20°$，齿宽 $b=50\text{mm}$，传递功率为 7.5kW，齿数分别为 $Z_1=45$ 和 $Z_2=102$，孔径分别为 $D_1=40\text{mm}$ 和 $D_2=70\text{mm}$，小齿轮的最大轴承跨距为 250mm，小齿轮的转速为 1440r/min。生产类型为小批量生产。试设计该小齿轮所需的各项精度，并画出小齿轮的图样，将各精度要求标注在齿轮图样上。

第 11 章 尺 寸 链

11.1 概 述

在设计机器及零件时，除了需要进行运动分析及强度、刚度计算以外，还需要进行几何精度设计。这就要运用尺寸链理论，根据产品的技术要求，合理地规定各零件的尺寸公差与几何公差。

11.1.1 尺寸链的特征

前几章讨论了常用典型零件的公差与配合，如孔、轴配合，圆柱螺纹配合，键的配合，齿轮的结合等。在这些典型零件的配合中，尺寸之间的联系较为单纯、简单。实际上，任何零件的任何尺寸都不是单一、孤立存在的，总是与一系列其他尺寸相互联系、相互制约、相互存在。

零件的某一尺寸不但与自身的有关尺寸相互联系，而且与配合零件的有关尺寸有直接或间接的联系。

在图 11-1 所示的尺寸中，间隙 A_0 的大小是由孔径 A_1 和轴径 A_2 的大小决定的。显然，A_1 或 A_2 的变动都将引起 A_0 的变动。

在图 11-2 所示的阶梯轴中，未注尺寸 B_0 是由尺寸 B_1、B_2、B_3 的大小决定的，尺寸 B_1、B_2、B_3 的变动都将引起尺寸 B_0 的变动。

又如图 11-3 所示的零件在加工过程中，以 A 面为定位基准获得尺寸 C_1、C_2，B 面到 C 面的距离 C_0 也随之确定，尺寸 C_2、C_1 和 C_0 构成一个封闭尺寸组。

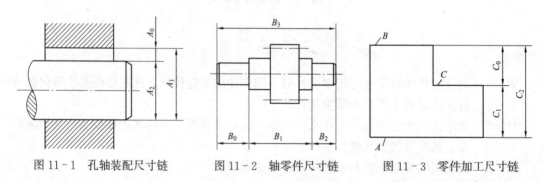

图 11-1 孔轴装配尺寸链   图 11-2 轴零件尺寸链   图 11-3 零件加工尺寸链

为了讨论问题方便，将图 11-1～图 11-3 简化为尺寸联系图。这种在机器装配或零件加工过程中由相互连接的尺寸形成的封闭尺寸组称为尺寸链。

尺寸链具有以下两个显著特征：

（1）封闭性。全部尺寸依次连接构成封闭图形，这是尺寸链的外部形式。

（2）相关性。其中某一尺寸随其余所有独立尺寸的变动而变动，这是尺寸链的内在实质。

11.1.2 尺寸链的组成

构成尺寸链的各个尺寸称为环。尺寸链的环分为封闭环和组成环。

加工或装配过程中最后形成的那个尺寸称为封闭环，常用下标"0"表示，如图11-1所示的 A_0、图11-2（b）所示的 B_0、图11-3（c）所示的 C_0。

尺寸链中除封闭环以外的其他环称为组成环。属于同一尺寸链的组成环常以同一字母表示，如 A_1、A_2、A_3、…，B_1、B_2、B_3、…，C_1、C_2、C_3、…。同一尺寸链的任一组成环的变动必然会引起封闭环的变动。

组成环按其对封闭环影响的不同又可分为增环和减环。

尺寸链中其他组成环不变，当某一组成环增大时，封闭环随之而增大；该组成环减小时，封闭环随之而减小，则此组成环为增环。例如，图11-1中的 A_1、图11-2中的 B_3、图11-3中的 C_2 即为增环。

尺寸链中其他组成环不变，当某一组成环增大时，封闭环随之而减小；该组成环减小时，封闭环随之而增大，则此组成环为减环。例如，图11-1中的 A_2、图11-2中的 B_2、图11-3中的 C_1 即为减环。

11.1.3　尺寸链的类型

尺寸链有各种不同的形式，可以按不同的方法分类。

1. 按各环的几何特征分

（1）长度尺寸链。长度尺寸链是指全部组成环为长度尺寸的尺寸链，如图11-1所示。

（2）角度尺寸链。角度尺寸链是指全部组成环为角度尺寸的尺寸链，如图11-4所示。

2. 按各环所在空间位置分

（1）直线尺寸链。直线尺寸链是指全部组成环平行于封闭环的尺寸链，如图11-2所示。

（2）平面尺寸链。平面尺寸链是指全部组成环位于一个或几个平面内，但某些组成环不平行于封闭环的尺寸链，如图11-5所示。

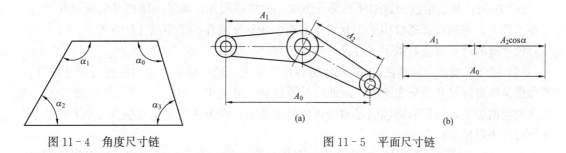

图11-4　角度尺寸链　　　　　　　　　　图11-5　平面尺寸链

（3）空间尺寸链。空间尺寸链是指各组成环位于几个不平行的平面内的尺寸链。

尺寸链中常见的是直线尺寸链，平面尺寸链、空间尺寸链可以用坐标投影法转换为直线尺寸链。

3. 按尺寸链的应用场合分

（1）设计尺寸链。设计尺寸链包括装配尺寸链和零件尺寸链。装配尺寸链是指全部组成环为不同零件设计尺寸所形成的尺寸链，如图11-1所示；零件尺寸链是指全部组成环为同一零件的设计尺寸所形成的尺寸链，如图11-2所示。

（2）工艺尺寸链。工艺尺寸链是指全部组成环为同一零件工艺尺寸所形成的尺寸链，如图11-3所示。

本章重点讨论直线尺寸链及设计尺寸链。

11.2　尺寸链的确定与计算

11.2.1　尺寸链的确立

在研究尺寸链的计算方法之前，首先应找出封闭环，查明全部组成环，画出尺寸链图。

对装配尺寸链而言，就是要从机器各零件之间关系复杂的尺寸联系中，根据产品设计要求或装配技术条件找出封闭环；查明对其有直接影响的全部尺寸，即组成环，并按尺寸链的封闭特性绘制出尺寸链图。例如，对于图 11-1，装配后的间隙 A_0 是保证孔、轴正常工作的条件，因此，A_0 是封闭环，A_1、A_2 对 A_0 有直接影响，是组成环；按尺寸链封闭特性绘成尺寸链图，如图 11-1 所示。

对于零件尺寸链，其封闭环应为公差等级最低的环，在图纸上一般不标注，如图 11-2 所示。

对于工艺尺寸链，首先研究工艺过程，确定最后形成的尺寸，即封闭环；然后按加工的先后次序将各工序尺寸依次排列，使它与最后获得的尺寸形成封闭环，并绘制成尺寸链图，如图 11-3 所示。

11.2.2　尺寸链的计算

尺寸链的计算有正计算、反计算和中间计算三种类型。

（1）正计算是指已知各组成环的极限尺寸，求封闭环的极限尺寸。这类计算主要用来验算设计的正确性，所以又称为校核计算。

（2）反计算是指已知封闭环的极限尺寸和各组成环的基本尺寸，求各组成环的极限偏差。这类计算主要用在设计计算上，即根据机器的使用要求来分配各零件的公差。

（3）中间计算是指已知封闭环和部分组成环的极限尺寸，求某一组成环的极限尺寸，常用在工艺上。中间计算通常用于工业设计方面，如基准换算、工序尺寸计算等。

尺寸链的计算方法有以下三种：

（1）完全互换法（极值法）。从尺寸链各环的最大与最小极限尺寸出发进行尺寸链计算，不考虑各环实际尺寸的分布情况。按此法计算出的尺寸加工各组成环，装配时各组成环不需挑选或辅助加工，装配后即能满足封闭环的公差要求，即可实现完全互换。完全互换法是尺寸链计算中最基本的方法。

（2）大数互换法（概率法）。这种方法是以保证大数互换为出发点的。用极限法解尺寸链，虽然能实现完全互换，但往往经济性差。生产实践和大量统计资料表明，在大量生产且工艺过程稳定的情况下，各组成环的实际尺寸趋近公差带中间的概率大，出现在极限值的概率小，增环和减环以相反极限值形成封闭环的概率就更小。在绝大多数产品中（而不是全部产品中），采用大数互换法装配时不需挑选或修配，就能满足封闭环的公差要求，即保证大数互换。按大数互换法，在相同封闭环公差的条件下，可使组成环的公差扩大，从而获得良好的技术和经济效益，也比较科学合理，常用于大批量生产，但装配后可能有极少数产品不能满足封闭环规定的公差要求。

（3）其他方法。在某些场合，为了获得更高的装配精度，而生产条件又不允许提高组成环的制造精度时，可采用分组互换法、修配法、调整法等方法。

11.3 用完全互换法（极值法）解尺寸链

极值法解尺寸链的基本出发点是由组成环的极值导出封闭环的极值，而不考虑各环实际尺寸的分布特性，即由所有增环的最大极限尺寸、所有减环的最小极限尺寸，获得封闭环的最大极限尺寸；反之亦然。

11.3.1 基本公式

设尺寸链的组成环数为 m，其中 n 个增环，$m-n$ 个减环，A_0 为封闭环的基本尺寸，A_i 为组成环的基本尺寸，则对于直线尺寸链，有如下公式：

封闭环的基本尺寸 A_0 为

$$A_0 = \sum_{i=1}^{n} A_{i(+)} - \sum_{i=n+1}^{m} A_{i(-)} \tag{11-1}$$

即封闭环的基本尺寸等于所有增环的基本尺寸之和减去所有减环的基本尺寸之和。其中，A_i 为第 i 个组成环的基本尺寸；下标（＋）为增环，下标（－）为减环。

封闭环的极限偏差（上偏差 ES_0 和下偏差 EI_0）为

$$ES_0 = \sum_{i=1}^{n} ES_{i(+)} - \sum_{i=n+1}^{m} EI_{i(-)} \tag{11-2}$$

$$EI_0 = \sum_{i=1}^{n} EI_{i(+)} - \sum_{i=n+1}^{m} ES_{i(-)} \tag{11-3}$$

即封闭环的上偏差等于所有增环的上偏差之和减去所有减环的下偏差之和；封闭环的下偏差等于所有增环的下偏差之和减去所有减环的上偏差之和。

封闭环公差 T_0 为

$$T_0 = \sum_{i=1}^{m} T_i \tag{11-4}$$

即封闭环的公差等于所有组成环的公差之和。

11.3.2 用完全互换法解工艺尺寸链

这类问题属于中间计算问题，多用于工艺中的工序尺寸计算或基准转换计算。

【例 11 - 1】 加工某一齿轮孔，如图 11 - 6（a）所示。加工工序：先镗孔至

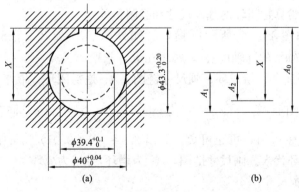

图 11 - 6 孔键槽加工尺寸链

$\phi 39.4^{+0.1}_{0}$ mm，然后插键槽保证尺寸 X，再镗孔至 $\phi 40^{+0.04}_{0}$ mm。加工后保证尺寸 $\phi 43.3^{+0.20}_{0}$ mm 的要求。求工序尺寸 X 及其极限偏差。

解　（1）确定封闭环。在工艺尺寸链中，封闭环随加工顺序不同而改变，因此，工艺尺寸链的封闭环要根据工艺路线去查找。本题加工顺序已经确定，加工最后形成的尺寸就是封闭环，即 $A_0 = 43.3^{+0.20}_{0}$ mm。

（2）查明组成环。根据本题特点，组成环为 $A_1 = R = 20^{+0.02}_{0}$ mm，$A_2 = r = 19.7^{+0.05}_{0}$ mm，X。

（3）画尺寸链图并判断增环和减环。如图 11-6（b）所示。其中，X 和 A_1 为增环，A_2 为减环。

（4）尺寸链计算。

由式（11-1）得

$$A_0 = A_1 + X - A_2$$
$$43.3 = (20 + X) - 19.7$$

即

$$X = 43.3 + 19.7 - 20 = 43 \text{mm}$$

由式（11-2）得

$$ES_0 = (ES_1 + ES_X) - EI_2$$
$$+0.2 = +0.02 + ES_X - 0$$

即

$$ES_X = +0.18 \text{mm}$$

由式（11-3）得

$$EI_0 = (EI_1 + EI_X) - ES_2$$
$$0 = 0 + EI_X - 0.05$$

即

$$EI_X = +0.05 \text{mm}$$

因此

$$X = 43^{+0.18}_{+0.05} \text{mm}$$

用式（11-4）验算

$$T_0 = T_1 + T_2 + T_X$$
$$0.20 = 0.02 + 0.05 + 0.13$$

由此可见，极限偏差的计算正确。

11.3.3　用完全互换法解设计尺寸链

用正计算和反计算两种方法解装配尺寸链。

1. 正计算（校核计算）

根据装配要求确定封闭环，寻找组成环，画尺寸链图，判断增环和减环，由各组成环的基本尺寸和极限偏差验算封闭环的基本尺寸和极限偏差。

【例 11-2】　如图 11-7 所示圆筒，已知外圆 $A_1 = \phi 70^{-0.04}_{-0.12}$ mm，内孔尺寸 $A_2 = \phi 60^{+0.06}_{0}$ mm，内外圆轴线的同轴度公差 $\phi 0.02$ mm，求壁厚 A_0。

解　（1）确定封闭环、组成环、画尺寸链图。A_0 是封闭环。取半径组成尺寸链，A_1、A_2 的极限尺寸均按半值计算，$\dfrac{A_1}{2} = 35^{-0.02}_{-0.06}$ mm，$\dfrac{A_2}{2} = 30^{+0.03}_{0}$ mm。同轴度公差 $\phi 0.02$ mm，允许内、外圆轴线偏移 0.01，可正可负。故以 $A_3 = (0 \pm 0.01)$ mm 加入尺寸链，作增环减环均可，此处以增环代入。画尺寸链图，A_1 为增环，A_2 为减环。

（2）求封闭环基本尺寸。

$$A_0 = \frac{A_1}{2} + A_3 - \frac{A_2}{2} = 35 + 0 - 30 = 5 \text{(mm)}$$

(3) 求封闭环的上、下偏差。

$$ES_0 = ES_1 + ES_3 - EI_2 = -0.02 + 0.01 - 0 = -0.01(\text{mm})$$

$$EI_0 = EI_1 + EI_3 - ES_2 = -0.06 - 0.01 - 0.03 = -0.10(\text{mm})$$

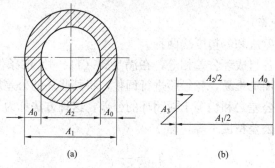

图 11-7　圆筒尺寸链

所以，壁厚为 $A_0 = 5^{-0.01}_{-0.10}\text{mm}$。

【例 11-3】　如图 11-8 所示结构，已知各零件尺寸为 $A_1 = 30^{0}_{-0.13}\text{mm}$，$A_2 = A_5 = 5^{0}_{-0.075}\text{mm}$，$A_3 = 43^{+0.18}_{+0.02}\text{mm}$，$A_4 = 3^{0}_{-0.04}\text{mm}$，设计要求间隙 A_0 为 0.1～0.45mm，试进行校核计算。

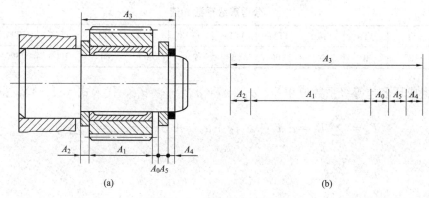

图 11-8　齿轮部件零件图

解　(1) 确定封闭环为要求的间隙 A_0，寻找组成环并画出尺寸链图，判断 A_3 为增环，A_1、A_2、A_4 和 A_5 为减环。

(2) 根据式 (11-1) 计算封闭环基本尺寸。

$$A_0 = A_3 - (A_1 + A_2 + A_4 + A_5) = 43 - (30 + 5 + 3 + 5) = 0$$

(3) 根据式 (11-2) 和式 (11-3) 计算封闭环的极限偏差。

$$ES_0 = ES_3 - (EI_1 + EI_2 + EI_4 + EI_5)$$
$$= +0.18 - (-0.13 - 0.075 - 0.04 - 0.075) = +0.5(\text{mm})$$
$$EI_0 = EI_3 - (ES_1 + ES_2 + ES_4 + ES_5)$$
$$= +0.02 - (0 + 0 + 0 + 0) = +0.02(\text{mm})$$
$$A_0 = 0^{+0.5}_{+0.02}$$

(4) 根据式 (11-4) 计算封闭环公差。

$$T_0 = T_1 + T_2 + T_3 + T_4 + T_5$$
$$= 0.13 + 0.075 + 0.16 + 0.075 + 0.04 = 0.48 (\text{mm}) > 0.35 \text{mm} \quad （已超差）$$

结果表明，封闭环的上、下偏差及公差都已超过规定范围，必须对组成环的极限偏差进行调整。

2. 反计算（设计计算）

反计算又分为等公差法和等精度法两种。

等公差法是先假定各组成环公差相等，在满足式（11-4）的条件下，求出各组成环的平均公差；然后按各环加工难易，凭经验进行调整，将某些环的公差加大，某些环的公差减小，但调整后各组成环公差之和仍等于封闭环的公差，这种方法称为等公差法。采用等公差法时，各组成环得到的公差精度不等，即

$$T_i = \frac{T_0}{m} \tag{11-5}$$

要求严格时，可采用等精度法进行计算。所谓等精度法，是假定各组成环按同一公差等级进行制造，由此求出平均公差等级系数，然后查得公差因子，确定各组成环公差。但是最后也应对个别组成环的公差进行适当调整，以满足式（11-4）的要求。

按 GB/T 1800.1—2009 规定，在 IT5～IT18 公差等级内，标准公差的计算公式为 $T = ai$，其中 i 为公差因子，a 为公差等级系数。公差等级系数值见表 11-1。

表 11-1　　　　　　　　　　　　　公差等级系数 a 值

公差等级	IT8	IT9	IT10	IT11	IT12	IT13	IT14	IT15	IT16	IT17	IT18
系数 a	25	40	64	100	160	250	400	640	1000	1600	2500

令各组成环公差等级系数值相等，$a_1 = a_2 = a_3 = \cdots = a_m$，代入式（11-4），得

$$T_0 = \sum_{j=1}^{m} T_j = a_1 i_1 + a_2 i_2 + a_3 i_3 + \cdots + a_m i_m = a \sum_{j=1}^{m} i_j$$

$$a = \frac{T_0}{\sum_{j=1}^{m} i_j} \tag{11-6}$$

i 值由表 11-2 查得。

表 11-2　　　　　　　　　　　　　公差因子 i 值

尺寸段	>1~3	>3~6	>6~10	>10~18	>18~30	>30~50	>50~80	>80~120	>120~180	>180~250	>250~315	>315~400	>400~500
公差因子	0.54	0.73	0.90	1.08	1.31	1.56	1.86	2.17	2.52	2.90	3.23	3.54	3.89

计算出 a 后，按标准查取与其相近的公差等级系数 a，并通过查表确定各组成环的公差。

用等公差法或等精度法确定了各组成环的公差之后，先留一个组成环作为调整环，其余各组成环的极限偏差按入体原则确定，即包容件尺寸（孔尺寸，大尺寸）的基本偏差为 H，被包容件尺寸（轴尺寸，小尺寸）的基本偏差为 h，一般长度尺寸用 js（上、下偏差绝对值等于公差的 1/2）。

进行公差设计计算时，最后必须进行校核，以保证设计的正确性。

【例 11 - 4】 如图 11 - 9（a）所示齿轮箱，根据使用要求，应保证间隙 A_0 在 1～1.75mm 范围内。已知各零件的基本尺寸为 $A_1 = 140$mm，$A_2 = A_5 = 5$mm，$A_3 = 101$mm，$A_4 = 50$mm。用等精度法求各环的极限偏差。

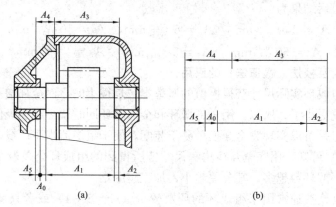

图 11 - 9　齿轮箱部件尺寸链

解 （1）确定封闭环、组成环、画尺寸链图。由于 A_0 是装配后得到的，为封闭环；A_3、A_4 为增环，A_1、A_2、A_5 减环。尺寸链如图 11 - 9（b）所示。

（2）计算封闭环的基本尺寸，得

$$A_0 = A_3 + A_4 - A_1 - A_2 - A_5 = 101 + 50 - 140 - 5 - 5 = 1 \text{（mm）}$$

故封闭环的尺寸为 $1_0^{+0.75}$mm，公差 $T_0 = 0.75$mm。

（3）计算各环的公差。查表 11 - 2 各组成环的公差因子：

$$i_1 = 2.52, \quad i_2 = i_5 = 0.73, \quad i_3 = 2.17, \quad i_4 = 1.56$$

按式（11 - 6）得各环的公差等级系数

$$a = \frac{T_0}{i_1 + i_2 + i_3 + i_4 + i_5} = \frac{750\mu m}{(2.52 + 0.73 + 2.17 + 1.56 + 0.73)\mu m} = 97$$

查表 11 - 1 知 $a = 97$ 在 IT10～IT11 之间，由于箱体零件尺寸大、难加工，衬套尺寸易控制，故选 A_1、A_3、A_4 为 IT11 级，A_2、A_5 为 IT10 级。

查标准公差表 3 - 2 得组成环的公差：

$$T_1 = 0.25 \text{mm}, \quad T_2 = T_5 = 0.048 \text{mm}, \quad T_3 = 0.22 \text{mm}, \quad T_4 = 0.16 \text{mm}$$

校核封闭环公差

$$T_0 = \sum_{i=1}^{5} T_i = 0.25 + 0.048 + 0.22 + 0.16 + 0.048 = 0.726 \text{（mm）} < 0.75 \text{mm}$$

故封闭环公差为 $1_0^{+0.726}$mm。

（4）确定各组成环的极限偏差。根据入体原则，由于 A_1、A_2、A_5 相当于被包容尺寸，故取上偏差为 0，$A_1 = 140_{-0.25}^{0}$mm，$A_2 = A_5 = 5_{-0.048}^{0}$mm。$A_3$、$A_4$ 均为同向平面间距离，留 A_4 作调整环，取 A_3 下偏差为 0，$A_3 = 101_0^{+0.22}$mm。

$$EI_0 = EI_3 + EI_4 - ES_1 - ES_2 - ES_5$$

根据式（11 - 3），有　　　　　　　　$0 = 0 + EI_4 - 0 - 0 - 0$

解得 $EI_4 = 0$

由于 $T_4 = 0.16mm$，故 $A_4 = 50^{+0.16}_{0} mm$。

封闭环的上偏差 $ES_0 = ES_3 + ES_4 - EI_1 - EI_2 - EI_5$

$$= 0.22 + 0.16 - (-0.25 - 0.048 - 0.048) = +0.726 \text{（mm）}$$

结果符合要求。最后结果为

$$A_1 = 140^{0}_{-0.25} mm, \quad A_2 = 5^{0}_{-0.048} mm, \quad A_3 = 101^{+0.22}_{0} mm$$

$$A_4 = 50^{+0.16}_{0} mm, \quad A_5 = 5^{0}_{-0.048} mm, \quad A_0 = 1^{+0.726}_{0} mm$$

11.3.4 完全互换法（极值法）的应用

事实上，各组成环实际尺寸获得极值的概率本来是很小的，而全部增环和减环同时获得相反极值的概率就更小了。所以，用全部增环和全部减环同时获得相反极值为前提的极值法解尺寸链，其优点是可以实现完全互换，易于装配，便于组织流水生产线。

由式（11-4）可知，用完全互换法解尺寸链所得到的组成环公差较小，为保证封闭环公差要求，组成环的环数越多，其公差越小，加工越困难。

因此，完全互换法通常用于组成环的环数较少（$m = 3 \sim 4$）或者只要求粗略计算的尺寸链。

式（11-4）说明封闭环公差为各组成环公差之和，是尺寸链中公差最大的。因此，除装配尺寸链的封闭环取决于装配要求之外，零件尺寸链的封闭环应尽可能选公差最大的环充当。此外，设计时应使形成此封闭环的尺寸链环数越少越好，这称为设计中的最短链原则。

11.4 用大数互换法（概率法）解尺寸链

11.4.1 基本公式

封闭环的基本尺寸计算公式与式（11-1）相同。

1. 封闭环公差

根据概率论关于独立随机变量合成规则，各组成环（独立随机变量）的标准偏差 σ_i，与封闭环的标准偏差 σ_0 的关系为

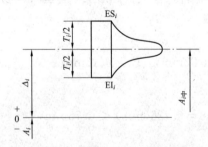

$$\sigma_0 = \sqrt{\sum_{i=1}^{m} \sigma_i^2} \qquad (11-7)$$

如果组成环的实际尺寸均按正态分布，且分布范围与公差带宽度一致，分布中心与公差带中心重合（见图11-10），则封闭环的尺寸也按正态分布，各环公差与标准偏差的关系如下：

$$T_0 = 6\sigma_0, \quad T_i = 6\sigma_i$$

图11-10 组成环按正态规律分布

代入式（11-7），得 $T_0 = \sqrt{\sum_{i=1}^{m} T_i^2}$ $\qquad (11-8)$

即封闭环的公差等于所有组成环公差的平方和的开方。

当各组成环的实际尺寸不按正态分布时，应当引入一个相对分布系数 K，即

$$T_0 = \sqrt{\sum_{i=1}^{m} K_i^2 T_i^2} \qquad (11-9)$$

不同形式的分布，K 值也不同。例如，正态分布时，$K=1$；偏态分布时，$K=1.17$。

2. 封闭环的中间偏差和极限偏差

由图 11-10 可见，中间偏差 Δ 为上、下偏差的平均值，即

$$\Delta_0 = \frac{1}{2}(ES_0 + EI_0) \qquad (11-10)$$

$$\Delta_j = \frac{1}{2}(ES_j + EI_j) \qquad (11-11)$$

封闭环的中间尺寸 $A_{0,m}$ 等于所有增环的中间尺寸之和减去所有减环的中间尺寸之和，即

$$A_{0,m} = \sum_{j=1}^{n} A_{j,m(+)} - \sum_{j=n+1}^{m} A_{j,m(-)} \qquad (11-12)$$

式 (11-11)减式(11-1)，得到封闭环的中间偏差 Δ_0

$$\Delta_0 = \sum_{i=1}^{n} \Delta_{i(+)} - \sum_{i=n+1}^{m} \Delta_{i(-)} \qquad (11-13)$$

$$ES_i = \Delta_i + \frac{T_i}{2} \qquad (11-14)$$

$$EI_i = \Delta_i - \frac{T_i}{2} \qquad (11-15)$$

式 (11-10)～式 (11-15) 也可用于完全互换法。

11.4.2 计算方法

用大数互换法计算尺寸链的步骤与完全互换法相同，只是某些计算公式不同。

1. 校核计算

【例 11-5】 用大数互换法解 [例 11-3]。假设各组成环按正态分布，且分布范围与公差宽度一致，分布中心与公差带中心重合。

解 (1)、(2) 与 [例 11-3] 同。

(3) 根据式 (11-8) 计算封闭环公差。

$$T_0 = \sqrt{\sum_{i=1}^{m} T_i^2}$$

$$= \sqrt{0.13^2 + 0.075^2 + 0.16^2 + 0.04^2 + 0.075^2} = 0.235(\text{mm}) < 0.35\text{mm}$$

(4) 根据式 (11-13) 计算封闭环的中间偏差。

由于 $\Delta_1 = -0.065\text{mm}$，$\Delta_2 = -0.0375\text{mm}$，$\Delta_3 = +0.10\text{mm}$，$\Delta_4 = -0.02\text{mm}$，$\Delta_5 = -0.0375\text{mm}$，所以

$$\Delta_0 = \Delta_3 - (\Delta_1 + \Delta_2 + \Delta_4 + \Delta_5)$$

$$= 0.10 - (-0.065 - 0.0375 - 0.02 - 0.0375) = 0.26(\text{mm})$$

(5) 根据式 (11-14)、式 (11-15) 计算封闭环的极限偏差。

$$ES_0 = \Delta_0 + \frac{T_0}{2} = 0.26 + \frac{0.235}{2} = +0.378(\text{mm})$$

$$EI_0 = \Delta_0 - \frac{T_0}{2} = 0.26 - \frac{0.235}{2} = +0.143 (mm)$$

$$A_0 = 0^{+0.378}_{+0.143} mm$$

结果表明，用大数互换法计算的公差与偏差符合要求，而用完全互换法的计算结果不符合要求。

2. 设计计算

【例 11 - 6】 用大数互换法的等精度法解［例 11 - 4］。同样假设各组成环服从正态分布，且分布范围与公差带宽度一致，分布中心与公差带中心一致。

解 （1）、（2）与［例 11 - 4］同。

（3）计算各环的公差。各组成环有相同的公差等级系数为

$$a = \frac{T_0}{\sqrt{\sum_{i=1}^{5} i_i^2}} = \frac{750 \mu m}{\sqrt{(2.52^2 + 0.73^2 + 2.17^2 + 1.56^2 + 0.73^2)} \mu m} = 196$$

查表 11 - 1，可知 $a = 196$ 在 IT12～IT13 之间，取 A_3 为 IT13 级，其余 IT12 级，即

$$T_1 = 0.40 mm, \quad T_2 = T_5 = 0.12 mm$$

$$T_3 = 0.54 mm, \quad T_4 = 0.25 mm$$

校核封闭环的公差 $\quad T_0 = \sqrt{0.40^2 + 0.12^2 + 0.54^2 + 0.25^2 + 0.12^2} \approx 0.737$ （mm）$< 0.75 mm$

（4）确定各组成环的极限偏差。根据入体原则，1、2、5 为被包容尺寸，3 为包容尺寸留 A_4 作调整环，确定极限偏差，$A_1 = 140^{0}_{-0.40} mm$，$A_2 = A_5 = 5^{0}_{-0.12} mm$，$A_3 = 101^{+0.54}_{0} mm$。

各环的中间偏差为

$$\Delta_1 = -0.20 mm, \quad \Delta_2 = \Delta_5 = -0.06 mm$$

$$\Delta_3 = +0.27 mm, \quad \Delta_0 = +0.369 mm$$

因为 $\quad\quad\quad\quad \Delta_0 = \Delta_3 + \Delta_4 - \Delta_1 - \Delta_2 - \Delta_5$

所以 $\quad \Delta_4 = \Delta_1 + \Delta_2 + \Delta_5 + \Delta_0 - \Delta_3 = 0.369 - 0.20 - 0.06 - 0.06 - 0.27 = -0.221 (mm)$

$$ES_4 = \Delta_4 + \frac{T_4}{2} = -0.221 + \frac{0.25}{2} = -0.096 (mm)$$

$$EI_4 = \Delta_4 - \frac{T_4}{2} = -0.221 - \frac{0.25}{2} = -0.346 (mm)$$

所以 $\quad\quad\quad\quad\quad\quad A_4 = 50^{-0.096}_{-0.346} mm$

最后结果为

$$A_1 = 140^{0}_{-0.40} mm, \quad A_2 = A_5 = 5^{0}_{-0.12} mm$$

$$A_3 = 101^{+0.54}_{0} mm, \quad A_4 = 50^{-0.096}_{-0.346} mm$$

11.4.3 大数互换法（概率法）的应用

通过对要求相同的同一尺寸链进行两种方法的对比计算，说明大数互换法解尺寸链所得到的各组成环公差比完全互换法算得的结果大，经济效益较好。对于校核计算，大数互换法计算精度比完全互换法高。

因此，大数互换法通常用于计算组成环数多而封闭环精度较高的尺寸链。但大数互换法解尺寸链只能保证大量同批零件中绝大部分具有互换性，如取置信水平 $P = 99.73\%$，则有

0.27%的废品率。对达不到要求的产品必须有明确的工艺措施（如修配法）以保证质量。

11.5 保证装配精度的其他尺寸链解法

如果产品装配精度要求很高，按完全互换法或大数互换法计算出的各组成环公差很小，在制造上很不经济，甚至难以实现时，可从生产组织、装配工艺或产品结构方面采取措施，使其达到预定要求。

11.5.1 分组互换法

分组互换法是将组成的公差扩大 N 倍，使其达到经济加工精度要求。加工后将全部零件进行精密测量，按实际尺寸分成 N 组，装配时根据大配大、小配小的原则，按对应组进行装配，以满足封闭环要求。

例如，设基本尺寸为 $\phi 18mm$ 的孔轴配合间隙要求为 $x = 3\sim9\mu m$，若按完全互换法则孔轴制造公差仅为 $2.5\mu m$。若采用分组互换法，将孔轴的制造公差扩大 4 倍，公差为 $10\mu m$，将完工后的孔轴按实际尺寸进行装配，各组的最大间隙为 $8\mu m$，最小间隙为 $3\mu m$，故能满足要求，如图 11-11 所示。

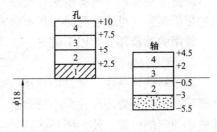

图 11-11 分组互换法

采用分组互换法给组成环分配公差时，为了保证装配后各组的配合性质一致，其增环公差值等于减环公差值。分组互换法的优点：既可以扩大零件的制造公差，又能保证高的装配精度。主要缺点：增加了检测费用；仅组内零件可以互换；由于零件尺寸分布不均，可能在某些组内剩下多余零件，造成浪费。

分组互换法一般适用于大批生产中的高精度、零件形状简单易测、环数少的尺寸链。另外，由于分组后零件的形状误差不会减小，这就限制了分组数，一般为 2~4 组。

11.5.2 修配法

修配法是根据零件加工的可能性，对各组成环规定经济可行的制造公差。装配时，通过修配方法改变尺寸链中预先规定的某组成环的尺寸（该环称为修配环），以满足装配精度要求。

如图 11-12 所示，将 A_1、A_2 和 A_3 的公差放大到经济可行的程度，为保证主轴、尾架等零部件的高性能要求，选取面积最小、质量最轻的尾架底座 A_2 作为补偿环，装配时通过

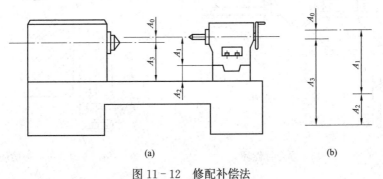

(a)   (b)

图 11-12 修配补偿法

对 A_2 环的辅助加工（如铲、刮等）切除少量材料，以抵偿封闭环上产生的累积误差，直到满足 A_0 要求为止。补偿环不能选择各尺寸链的公共环，以免因修配而影响其他尺寸链的封闭环精度。

装配前补偿环需预留修配余量

$$T_K = \sum_{i=1}^{m} T_i - T_0 \tag{11-16}$$

式中：T_i 为按经济加工精度给定的各组成环的公差值。

修配法的优点是既扩大了组成环的制造公差，又能得到较高的装配精度。修配法的主要缺点是增加了修配工作量和费用，修配后各组成环失去互换性，不易组织流水生产。

修配法常用于批量不大、环数较多、精度要求高的尺寸链。

11.5.3　调整法

调整法是将尺寸链各组成环按经济公差制造，由于组成环尺寸公差放大而使封闭环上产生的累积误差，可在装配时采用调整补偿环的尺寸或位置来补偿。

常用的补偿环分为以下两种。

1. 固定补偿环

固定补偿环是在尺寸链中选择一个合适的组成环作为补偿环（如垫片、垫圈、轴套等）。补偿环可根据需要按尺寸大小分为若干组，装配时，从合适的尺寸组中取一补偿环，装入尺寸链中预定的位置，使封闭环达到规定的技术要求，如图 11-13 所示。两固定补偿环用于使锥齿轮处于正确啮合位置。装配时，根据所测的间隙选择合适的调整垫片作补偿环，使间隙达到要求。

2. 可动补偿环

可动补偿环是指在装配时调整可动补偿环的位置，以达到封闭环的精度要求。该补偿环在机械设计中应用很广，如机床中常用的镶条、调节螺旋等。图 11-14 所示为用螺钉调整镶条位置，以保证所需间隙。

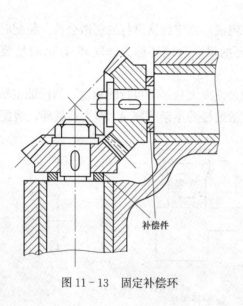

图 11-13　固定补偿环

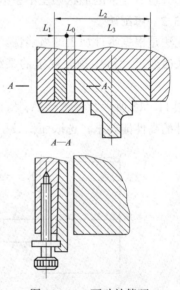

图 11-14　可动补偿环

调整法的主要优点：加大组成环的制造公差，易于制造，同时可得到很高的装配精度；装配时不需要修配；使用过程中可以调整补偿环的位置或更换补偿环，以恢复机器原有精度。调整法的主要缺点：有时需要额外增加尺寸链零件数（补偿环），使结构复杂，制造费用增加，结构刚性降低。

调整法主要应用于封闭环要求精度高、组成环数目多的尺寸链，尤其是对使用过程中组成环的尺寸可能由于磨损、温度变化、受力变形等原因而产生较大变化的尺寸链，调整法具有独特的优越性。

调整法和修配法的精度在一定程度上取决于装配工人的技术水平。

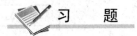

习 题

11-1 什么是尺寸链？有何特点？

11-2 如何确定尺寸链的封闭环？如何区分增环和减环？

11-3 求解尺寸链的方法有哪几种？

11-4 完全互换法和大数互换法、分组互换法、修配法和调整法各有何特点？适用于何种场合？

11-5 有一套筒零件，按 $\phi65h11$ 加工外圆，按 $\phi65H11$ 加工内孔。求壁厚 t 的基本尺寸与极限偏差。

11-6 某轴、孔需镀铬，铬层厚度为 $(10\pm2)\,\mu m$，镀铬后形成配合为 $\phi30H8(^{+0.033}_{0})/f7(^{-0.020}_{-0.041})$，问孔、轴在镀铬前尺寸？（用完全互换法）

11-7 已知某圆盘形零件的图注要求如图 11-15 所示。加工顺序：先车外圆 $\phi120^{0}_{-0.054}\,mm$，再镗孔 $\phi20^{+0.033}_{0}\,mm$，要求保证尺寸 $(40\pm0.08)mm$，试计算 A 的数值和极限偏差。

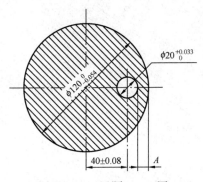

图 11-15　习题 11-7 图

11-8 机床抱闸机构的有关尺寸如图 11-16 所示。已知 $A_0=0^{+0.30}_{0}\,mm$，试用完全互换法（等公差法）确定有关尺寸的极限偏差。

11-9 轴横截面尺寸如图 11-17 所示。加工顺序：先车外圆至 $\phi45.4^{0}_{-0.20}\,mm$，接着铣键槽至 A_2，淬火后，磨外圆至 $\phi45^{+0.018}_{-0.002}\,mm$，加工后需保证键槽深度 $39.5^{0}_{-0.20}\,mm$。试确定工序 A_2。

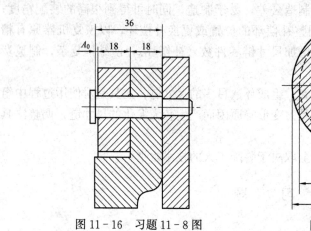

图 11-16 习题 11-8 图

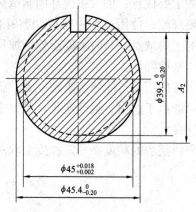

图 11-17 习题 11-9 图

附录 GPS 部分现行标准目录

序号	标准编号	标准名称	GPS 类别
1	GB/Z 20308—2006	产品几何技术规范（GPS）　总体规划	基础
2	GB/T 6093—2001	几何量技术规范（GPS）　长度标准　量块	
3	GB/T 2822—2005	标准尺寸	通用
4	GB/T 321—2005	优先数和优先数系	基础
5	GB/T 19763—2005	优先数和优先数系的应用指南	
6	GB/T 19764—2005	优先数和优先数化整值系列的选用指南	
7	GB/T 19765—2005	产品几何量技术规范（GPS）　产品几何量技术规范和检验的标准参考温度	综合
8	GB/T 1800.1—2009	产品几何技术规范（GPS）　极限与配合　第 1 部分：公差、偏差和配合的基础	通用
9	GB/T 1800.2—2009	产品几何技术规范（GPS）　极限与配合　第 2 部分：标准公差等级和孔、轴极限偏差表	通用
10	GB/T 1801—2009	产品几何技术规范（GPS）　极限与配合　公差带和配合的选择	通用
11	GB/T 1803—2003	极限与配合　尺寸至 18mm 孔、轴公差带	通用
12	GB/T 1804—2000	一般公差　未注公差的线性和角度尺寸的公差	通用
13	GB/T 5371—2004	极限与配合　过盈配合的计算和选用	
14	GB/T 5847—2004	尺寸链　计算方法	
15	GB/T 3177—2009	产品几何技术规范（GPS）　光滑工件尺寸的检验	通用
16	GB/T 16857.2—2017	产品几何技术规范（GPS）　坐标测量机的验收检测和复检检测第 2 部分：用于测量线性尺寸的坐标测量机	通用
17	GB/T 16857.4—2003	产品几何量技术规范（GPS）　坐标测量机的验收检测和复检检测　第 4 部分：在扫描模式下使用的坐标测量机	通用
18	GB/T 16857.5—2017	产品几何技术规范（GPS）　坐标测量机的验收检测和复检检测　第 5 部分：使用单探针或多探针接触式探测系统的坐标测量机	通用
19	GB/T 18780.1—2002	产品几何量技术规范（GPS）　几何要素　第 1 部分：基本术语和定义	综合
20	GB/T 18780.2—2003	产品几何量技术规范（GPS）　几何要素　第 2 部分：圆柱面和圆锥面的提取中心线、平行平面的提取中心面、提取要素的局部尺寸	综合
21	GB/T 18779.1—2002	产品几何量技术规范（GPS）　工件与测量设备的测量检验第 1 部分：按规范检验合格或不合格的判定规则	综合

序号	标准编号	标准名称	GPS 类别
22	GB/T 18779.2—2004	产品几何量技术规范（GPS） 工件与测量设备的测量检验 第 2 部分：测量设备标准和产品检验中 GPS 测量的不确定度评定指南	综合
23	GB/T 18776—2002	公差尺寸 英寸和毫米的互换算	通用
24	GB/T 1184—1996	形状和位置公差 未注公差值	通用
25	GB/T 4249—2018	产品几何技术规范（GPS） 基础 概念、原则和规则	基础
26	GB/T 16671—2018	产品几何技术规范（GPS） 几何公差 最大实体要求（MMR）、最小实体要求（LMR）和可逆要求（RPR）	基础
27	GB/T 1182—2018	产品几何技术规范（GPS） 几何公差 形状、方向、位置和跳动公差标注	通用
28	GB/T 13319—2003	产品几何量技术规范（GPS） 几何公差 位置度公差注法	通用
29	GB/T 16892—1997	形状和位置公差 非刚性零件注法	综合
30	GB/T 17773—1999	形状和位置公差 延伸公差带及其表示法	通用
31	GB/T 17851—2010	产品几何技术规范（GPS） 几何公差 基准和基准体系	通用
32	GB/T 17852—2018	产品几何技术规范（GPS） 几何公差 轮廓度公差标注	通用
33	GB/T 1958—2017	产品几何量技术规范（GPS） 几何公差 检测与验证	通用
34	GB/T 4380—2004	圆度误差的评定 两点、三点法	通用
35	GB/T 7234—2004	产品几何量技术规范（GPS） 圆度测量 术语、定义及参数	通用
36	GB/T 7235—2004	产品几何量技术规范（GPS） 评定圆度误差的方法 半径变化量测量	通用
37	GB/T 11336—2004	直线度误差检测	通用
38	GB/T 11337—2004	平面度误差检测	通用
39	GB/T 8069—1998	功能量规	通用
40	GB/T 1031—2009	产品几何技术规范（GPS） 表面结构 轮廓法 表面粗糙度及其数值	通用
41	GB/T 3505—2009	产品几何技术规范（GPS） 表面结构 轮廓法 术语、定义及表面结构参数	通用
42	GB/T 131—2006	产品几何技术规范（GPS） 技术产品文件中表面结构的表示法	通用
43	GB/T 15757—2002	产品几何量技术规范（GPS） 表面缺陷 术语、定义及参数	通用
44	GB/T 18618—2009	产品几何量技术规范（GPS） 表面结构 轮廓法 图形参数	通用
45	GB/T 18777—2009	产品几何量技术规范（GPS） 表面结构 轮廓法 相位修正滤波器的计量特性	通用
46	GB/T 19067.1—2003	产品几何量技术规范（GPS） 表面结构 轮廓法 测量标准 第 1 部分：实物测量标准	通用
47	GB/T 19067.2—2004	产品几何量技术规范（GPS） 表面结构 轮廓法 测量标准 第 2 部分：软件测量标准	通用
48	GB/T 10610—2009	产品几何技术规范（GPS） 表面结构 轮廓法 评定表面结构的规则和方法	通用

续表

序号	标准编号	标准名称	GPS 类别
49	GB/T 7220—2004	产品几何量技术规范（GPS）　表面结构　轮廓法　表面粗糙度　术语　参数测量	
50	GB/T 6062—2009	产品几何技术规范（GPS）　表面结构　轮廓法　接触（触针）式仪器的标称特性	通用
51	GB/T 18778.1—2002	产品几何量技术规范（GPS）　表面结构　轮廓法　具有复合加工特征的表面　第1部分：滤波和一般测量条件	通用
52	GB/T 18778.2—2003	产品几何量技术规范（GPS）　表面结构　轮廓法　具有复合加工特征的表面　第2部分：用线性化的支承率曲线表征高度特性	通用
53	GB/T 16857.2—2017	产品几何技术规范（GPS）　坐标测量机的验收检测和复检检测　第2部分：用于测量线性尺寸的坐标测量机	通用
54	GB/T 16857.6—2006	产品几何技术规范（GPS）　坐标测量机的验收检测和复检检测　第6部分：计算高斯拟合要素的误差的评定	通用
55	GB/T 157—2001	产品几何量技术规范（GPS）　圆锥的锥度与锥角系列	通用
56	GB/T 4096—2001	产品几何量技术规范（GPS）　棱体的度与斜度系列	通用
57	GB/T 11334—2005	产品几何量技术规范（GPS）　圆锥公差	通用
58	GB/T 12360—2005	产品几何量技术规范（GPS）　圆锥配合	通用
59	GB/T 15754—1995	技术制图　圆锥的尺寸和公差注法	通用
60	GB/T 15755—1995	圆锥过盈配合的计算和选用	通用
61	GB/T 1144—2001	矩形花键尺寸、公差和检验	补充
62	GB/T 1095—2003	平键　键槽的剖面尺寸	补充
63	GB/T 1096—2003	普通型　平键	补充
64	GB/T 192—2003	普通螺纹　基本牙型	补充
65	GB/T 193—2003	普通螺纹　直径与螺距系列	补充
66	GB/T 196—2003	普通螺纹　基本尺寸	补充
67	GB/T 197—2003	普通螺纹　公差	补充
68	GB/T 9144—2003	普通螺纹　优选系列	补充
69	GB/T 9145—2003	普通螺纹　中等精度、优选系列的极限尺寸	补充
70	GB/T 9146—2003	普通螺纹　粗糙精度、优选系列的极限尺寸	补充
71	GB/T 307.1—2017	滚动轴承　向心轴承　产品几何技术规范（GPS）和公差值	
72	GB/T 307.2—2005	滚动轴承　测量和检测的原则及方法	
73	GB/T 307.3—2017	滚动轴承　通用技术规则	
74	GB/T 307.4—2017	滚动轴承　推力轴承　产品几何技术规范（GPS）和公差值	
75	GB/T 275—2015	滚动轴承　配合	
76	GB/T 273.1—2011	滚动轴承　外形尺寸总方案　第1部分：圆锥滚子轴承	
77	GB/T 273.2—2018	滚动轴承　外形尺寸总方案　第2部分：推力轴承	
78	GB/T 273.3—2015	滚动轴承　外形尺寸总方案　第3部分：向心轴承	

续表

序号	标准编号	标准名称	GPS 类别
79	GB/T 10095.1—2008	圆柱齿轮　精度制　第 1 部分：轮齿同侧齿面偏差的定义和允许值	补充
80	GB/T 10095.2—2008	圆柱齿轮　精度制　第 2 部分：径向综合偏差与径向跳动的定义和允许值	补充
81	GB/Z 18620.1—2008	圆柱齿轮　检验实施规范　第 1 部分：轮齿同侧齿面的检验	补充
82	GB/Z 18620.2—2008	圆柱齿轮　检验实施规范　第 2 部分：径向综合偏差、径向跳动、齿厚和侧隙的检验	补充
83	GB/Z 18620.3—2008	圆柱齿轮　检验实施规范　第 3 部分：齿轮坯、轴中心距和轴线平行度的检验	补充
84	GB/Z 18620.4—2008	圆柱齿轮 检验实施规范　第 4 部分：表面结构和轮齿接触斑点的检验	补充
85	GB/T 13924—2008	渐开线圆柱齿轮精度 检验细则	补充

参 考 文 献

[1] 杨曙年，张新宝，常素萍. 互换性与技术测量. 5 版. 武汉：华中科技大学出版社，2018.

[2] 高晓康，陈于萍. 互换性与测量技术. 4 版. 北京：高等教育出版社，2015.

[3] 杨练根. 互换性与技术测量. 2 版. 武汉：华中科技大学出版社，2012.

[4] 胡立志. 互换性与技术测量. 北京：清华大学出版社，2013.

[5] 余兴波. 互换性与技术测量. 武汉：华中科技大学出版社，2014.

[6] 胡凤兰，任桂华. 互换性与技术测量. 武汉：华中科技大学出版社，2013.

[7] 郑凤琴. 互换性及技术测量. 南京：东南大学出版社，2000.

[8] 楼应侯，卢桂萍，蒋亚南. 互换性与技术测量. 武汉：华中科技大学出版社，2016.

[9] 胡凤兰. 互换性与技术测量基础. 2 版. 北京：高等教育出版社，2010.

[10] 刘巽尔. 极限与配合. 北京：北京理工大学出版社，1992.

[11] 刘巽尔. 公差原则. 北京：北京理工大学出版社，1992.

[12] 刘巽尔. 相关要求. 北京：北京理工大学出版社，1992.

[13] 全国产品尺寸和几何技术规范标准化技术委员会. 中国机械工业标准汇编. 极限与配合卷. 3 版. 北京：中国标准出版社，2007.

参 考 文 献

[1] ……
[2] ……
[3] ……
[4] ……
[5] ……
[6] ……
[7] ……
[8] ……
[9] ……
[10] ……
[11] ……
[12] ……